本项目获华东理工大学研究生教育基金资助

景观规划设计

张　杰　龚苏宁　夏圣雪　编著

华东理工大学出版社

EAST CHINA UNIVERSITY OF SCIENCE AND TECHNOLOGY PRESS

·上海·

图书在版编目（CIP）数据

景观规划设计 / 张杰，龚苏宁，夏圣雪编著. 一上海：华东理工大学出版社，2022.9

ISBN 978-7-5628-6874-3

Ⅰ.①景… Ⅱ.①张… ②龚… ③夏… Ⅲ.①景观设计－教材 Ⅳ.①TU986.2

中国版本图书馆CIP数据核字（2022）第140186号

项目统筹 / 左金萍
责任编辑 / 孟媛利
责任校对 / 石　曼
装帧设计 / 徐　蓉
出版发行 / 华东理工大学出版社有限公司
　　　　　　地址：上海市梅陇路130号，200237
　　　　　　电话：021-64250306
　　　　　　网址：www.ecustpress.cn
　　　　　　邮箱：zongbianban@ecustpress.cn
印　　刷 / 上海锦佳印刷有限公司
开　　本 / 787 mm × 1092 mm　1/16
印　　张 / 26.25
字　　数 / 466千字
版　　次 / 2022年9月第1版
印　　次 / 2022年9月第1次
定　　价 / 108.00元

序
Preface

　　景观规划设计不仅包含传统的建筑和园林的技术、艺术，还涉及现代景观规划设计的科学技艺和生态学知识，并涉及多个学科和专业。在对景观进行规划设计的过程中，应关注人类需求与环境的协调，讲究规划设计的经济性、实用性、生态性和美观性。目前，随着现代化和城市化进程的加快，景观规划设计受到城市规划、建筑学、新技术、新思想的影响，在景观感受及景观艺术性等方面出现了新的表现形式，且随着现代城市人口密度增大及环境的变化，景观规划设计的要求也有所改变，即要善于利用有限的土地、资源以及厘清规划中的利弊条件，才能创造出拥有更好视觉效果和实用功能的景观。

　　本书注重全面讲解景观规划设计知识，从宏观到微观、由浅入深，使读者能够更细致、更透彻地了解景观规划设计原理，并能在现有的行业标准规范体系内，进一步推广景观规划设计的方法与设计理念。同时，书中不时穿插、补充了不少知识要点和扩展阅读的资料，可促使读者将注意力放在景观规划设计的技术要领上，可有效拓宽读者的知识面。

　　书中第一章介绍景观规划设计产生的背景、学科的产生与发展、相关概念与特征、绿地类型和指标、设计师的职业范围及现状；第二章阐述景观规划设计的指导思想和原则、设计内容、工作框架、景观的分析和评价、存在的问题和对策；第三章阐述景观规划设计的三元素理论、生态学理论、美学理论、环境行为心理理论、空间设计理论；第四章分析景观规划设计的个体要素、景观生态系统及设计要素；第五章讲解景观规划设计步骤、设计方法及详细设计内容；第六章至第十一章结合案例阐述不同类型景观规划设计的详细设计要点。

本书适合作为高等院校环境设计、园林景观设计专业的教材，同时也适合景观规划设计师与施工人员当参考书。本书的主要创新点如下：

1. 涉及内容全面。本书涵盖了各个方面的内容与知识点，现代景观规划设计不仅注重空间设计的理论、构成要素，更加重视设计对环境所产生的美学效果以及由此而产生的心理效应。设计是科学，也是艺术，人们对环境空间的要求越来越全面，不同的空间类型对设计的具体要求是有区别的，功能性与审美性相结合是设计的总趋势。

2. 重点提升设计师的专业技能。本书涵盖了实践操作环节的知识点，可有效增强设计师的专业技能。除了需要充分理解设计形体和空间外，设计师还要能够对风格、色彩、尺寸、材料等进行准确把握和熟练运用，只有充分掌握实践技术，才能对景观规划设计进行合理科学的布置，才能设计出满足人们的视觉和心理需求的好作品。

3. 拓展设计细节。细化设计已成为景观规划设计的重要环节，很多设计人员都非常渴望掌握设计中的细节技术。本书将理论知识浓缩精简、分点表述，采取理论知识30%+实际案例分析70%的比例来深入剖析，兼顾专业与科普两个方面，着重强调设计方法，介绍了完整的景观规划设计知识体系，可有效引导读者独立进行细节设计。

4. 呈现丰富的设计经验。本书的作者团队长期从事景观规划设计，拥有丰富的实践经验。书中重点讲解了设计方法，多元化的阅读信息（包括学习目标、核心要点、正文、图片、表格、示意图、拓展阅读、思考练习等元素）可有效引导读者主动学习。

目　录
CONTENTS

第三章　景观规划设计的理论基础

第四章 景观规划设计要素

第五章　景观规划设计的步骤与方法

第八章　滨水景观

第九章　公园绿地景观

第十章 旅游度假规划

第十一章　工业遗产景观

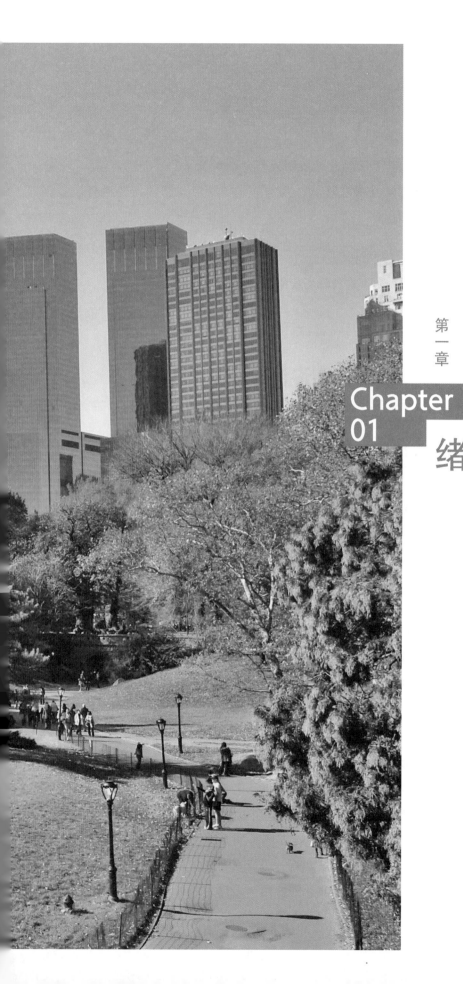

第一章

Chapter 01

绪　论

第一节　景观规划设计产生的背景

一、城市化及其进程与发展趋势

迄今为止，关于城市化仍没有一个统一的定义，人们从不同的角度提出了不同的理解。如按照《城市规划基本术语标准》（GB/T 50280—1998）的定义，城市化是"人类生产与生活方式由农村型向城市型转化的历史过程，主要表现为农村人口转化为城市人口及城市不断发展完善的过程"。还有人认为，城市化是伴随工业化、经济增长、非农业人口比例增加、农村人口向城市转移和集中的过程。城市化的核心是为农村剩余劳动力提供大量非农就业岗位，没有这个前提，就没有所谓的城市化。因此概括地讲，城市化是指原先从事农业生产的人口向城镇或城市地带集中并从事非农业生产的过程，主要表现为城市人口增多和城市规模的不断扩大，城市地区居民的生活方式、居住方式、产业结构等产生了一系列变化。

（一）城市化进程

公元前 3500 年左右，两河流域诞生了古巴比伦、阿卡德、尼尼微、亚述等世界上第一批城市，当时一些城市的人口规模只有 5 000～25 000 人。到公元前 5 世纪，波斯、希腊、印度和中国等都开始出现了人口规模在 10 万人以上的城市。到公元前后，西方的罗马帝国和东方的中国汉朝正处在兴盛时期，其首都罗马和洛阳的人口规模可能达到 65 万人左右。到公元 100 年左右，世界上首个人口超过 100 万的大城市在罗马诞生。再至公元 1400 年，随着西北欧经济的发展，其城市的人口规模开始迅速增长，巴黎成为当时欧洲的第一大城市，人口规模达 27.5 万人。在公元 800—1800 年的大部分时间里，中国的城市数量和规模几乎都位居世界各国之冠，从唐长安（见图 1-1）到宋杭州、南京，再到元、明、清的北京（见图 1-2），这些城市的人口规模一直位居世界前列。18 世纪中叶，源于英国的工业革命给人类社会带来了崭新的面貌，自此，世界开始从农业社会迈入工业社会，从乡村化时代进入城镇化时代，这个时期也被认为是城市化的正式开始。1800 年，人口规模达到 100 万的城市极为罕见，1900 年时有 16 个，1925 年时有 31 个；1990 年，人口规模达到 200 万的城市已有 94 个；到 1950 年，人口规模在 500 万以上的城市有 6 个，2000 年约有 60 个；2005 年，人口规模超过 1 000 万的城市已有 20 个；2018 年，人口规模超过 2 000 万的城市有 9 个。

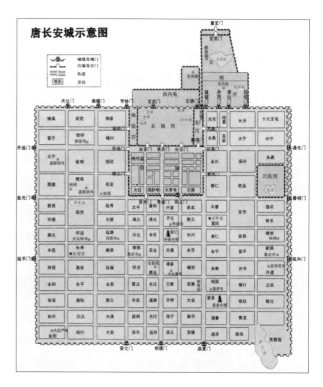

图 1-1　唐长安平面图

（二）城市化发展趋势

从 18 世纪中叶工业革命到 20 世纪末，全球经济一体化，城市化的发展无论在深度、广度，还是在内涵上都发生了很大变化，并表现出以下主要趋势。

1. 城市规模迅速扩大，特别是发展中国家城市化进程加快

19 世纪，发达国家城市规模不断扩张，城市化水平显著提高。20 世纪 50 年代末，随着西方式工业化在全世界范围内的扩散，全球城市规模出现迅速增长的局面，尤其是发展中国家的城市规模增长更

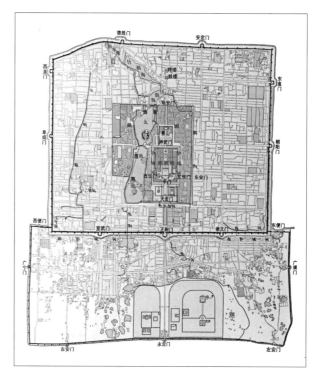

图 1-2　清代北京城平面图

加显著。1950 年，全球范围内，人口规模达到 800 万以上的 2 个特大城市（纽约和伦敦）均分布于发达国家。到 1970 年，全球范围内，8 个新的特大城市中有 3 个（东京、洛杉矶和巴黎）位于发达国家，5 个（墨西哥城、圣保罗、布宜诺斯艾利斯、上海和北京）位于发展中国家。1990 年，20 个世界特大城市中有 6 个分布于发达国家，14 个分布于发展中国家。毫无疑问，随着全球一体化进程的加快，世界城市化发展的主要"阵地"正在向发展中国家转移：2000 年，在人口最多的 10 大城市中，有 6 个位于发展中国家（墨西哥城，1 810 万人；孟买，1 800 万人；圣保罗，1 770 万人；上海，1 420 万人；拉各斯，1 350 万人；北京，1 240 万人）。2020 年，人口最多的 10 大城市依次为：东京，3 748 万人；雅加达，3 053.9 万人；新德里，2 500 万人；上海，2 428.14 万人；首尔，2 348 万人；卡拉奇，2 212.3 万人；墨西哥城，2 181 万人；北京，2 172.9 万人；圣保罗，2 165 万人；拉各斯，2 151 万人。

2. 城市中心向周边郊区扩张，中心区人口下降

人口规模增加到一定程度后，一方面，原有城市的自然承载力已难以承受人口、产业集中带来的资源、交通、环境压力，迫使城市的空间地域结构发生变化，城市中心人口和厂矿企业逐渐向四周扩散，引起城市中心区人口的下降以及郊区城市化的新趋势；另一方面，交通条件的改善也扩大了城市中心人口的扩散。此外，中心区不断攀升的房价、恶化的环境等也成为城市中心向周边地区扩张的动力。这一趋势迫使许多大城市在周边新建卫星城，并借助于高速公路和地下铁道缓解中心区的压力，从而导致一些大城市几乎每天都有几百万人次作"钟摆式"移动，如伦敦老城区白天的人口规模高达 100 多万，夜间只有十几万，北京、上海等特大城市也有明显的"钟摆式"人口流动趋势。

3. 中心区的产业结构和功能进一步强化

在城市人口不断增加和规模不断扩大的压力下，城市的产业结构和社会结构也被动地发生了变化，特别是人口的集聚使城市中第三产业的比重迅速升高，中心区的第三产业甚至超过了第二产业。城市居民的生产、生活和居住方式也发生了巨大变化。城市人口的生产、生活进一步向社会化、信息化、产业化方向发展，并出现了以一些大城市为核心的城市群，城市化进入了信息化、区域一体化与国际化的新阶段，城市中心区的功能得到进一步强化。

4. 区域性城市群的形成与扩张

伴随着现代社会生产和科学技术的飞速发展，以及社会活动的时空领域空前扩大，区域中心的辐射半径不断扩大，产业结构优化与国际竞争形势的加剧使各个大

城市在各方面的联系更加紧密，形成了区域性的城市群（或大都市带），并且区域性城市群在空间规模上不断扩展，合作形式上更加多样化。如现在欧、美、日等发达国家或地区沿着主要交通干线已自发地形成了一些由若干大城市构成的多中心的城市体系，这些城市体系的人口规模均在 2 500 万以上。例如，美国东北部大西洋沿岸大都市带、美国五大湖沿岸大都市带、美国西部沿岸大都市带、英格兰大都市带、欧洲西北部大都市带、意大利北部波河平原大都市带、巴西南部沿海大都市带、日本东部太平洋沿岸大都市带等，在我国，长江三角洲大都市带和珠江三角洲大都市带已初步形成。

二、城市化对环境与人类的影响

（一）城市化的正面效应

1.高效利用自然资源和人力资源，促进生产力发展

大多数城市具备比其他区域更好的自然条件，很多城市水土资源优越，交通便利，人才济济，基础设施齐备，劳动力资源充沛，产业结构完善，工商业、服务业发达，建筑物与设施集中。这些优势使得城市可以高效利用土地资源、水资源、生物资源、人才资源和时间资源，从而有效地节约资源，创造出更高的社会效益和经济效益。

2.有助于改变人的观念，提高人的素质，促进社会文明发展

城市化不仅改变着人类的生产方式和生活方式，同时也改变着人类的思维方式和交往方式，使人的需求发生变化，并改变着人们对生活、工作等的观念意识。此外，城市化不仅为许多农村剩余劳动力提供了就业机会，也为他们提供了学习技能、提高文化水平的机会，更为他们的下一代提供了更好的受教育条件，这些都有助于提高全民族的文化素质，促进社会文明发展，并间接对生态环境的保护发挥重要作用。

3.促进区域体系和产业结构不断完善

城市化发展加速促进了城市竞争，有助于城市产业结构的合理调整和集约化、体系化，最终带动了具有特殊功能或不同特色的新兴城市和专业城市的发展，如钢铁城、煤矿城、石油城、大学城、科学城等，使区域体系不断完善。这种产业集约化有助于提高资源型产业的效益，有助于环境保护和改善。

（二）城市化的负面效应

在城市化的初期阶段，由于人口规模小、生产力水平低，城市化的负面效应并

没有清晰地显露出来。但随着城市化进程的推进，人口高度集中和化学燃料结构、生活方式等的改变引起了城市环境污染加剧与用地紧张、交通拥挤、住房紧缺、基础设施滞后、生态条件恶化、失业率增高等一系列城市问题。

1. 城市环境污染

环境污染是城市化所面临的最严重的问题之一，特别是 20 世纪 50 年代以来，由于工业化进程的迅速推进，城市环境污染达到了极其严重的地步，并产生了一系列灾难性事件，其中较为严重的是"八大公害事件"和"六大污染事故"。而温室效应、厄尔尼诺现象等也与城市排放大量有害气体有关。

2. 土地资源的需求压力增大，生态用地面积缩小

城市规模的扩大使建设用地需求增加，造成了城市中的大规模占地、圈地行为。工业、农业用地过大的价值差也加快了大量的农用地变成建设用地的速度，而建设滞后又造成大量土地闲置。土地资源的不合理利用，既造成了土地的紧缺，又造成了土地的浪费，不仅使城市内用地越来越紧张，也使许多耕地面临减少的威胁。同时，在城市建设中，土地资源紧张使得生态绿地所占比例减小，城市生态承载力进一步下降。在美国，专供城市利用的土地从 1982 年的 2 100 万公顷增加到 1992 年的 2 600 万公顷；10 年内，208 万公顷的林地、153 万公顷的耕地、94 万公顷的草场和 77 万公顷的牧地变成了城市用地。城市的扩张使得原有的大量郊区生态防护带消失，从而导致建成区内的生态用地面积不足，难以消化、吸收城市废弃物造成的污染。

3. 城市化对人类健康的影响

城市化所引起的环境问题直接威胁着人类健康，特别是近几十年来发生的一系列重大伤害事件，已引起全世界的广泛关注：如切尔诺贝利核电站事故、莱茵河污染事故、墨西哥液化气爆炸事件等直接危害人类的健康；城市热岛效应、干岛效应等，特别是城市的环境污染，也会直接或间接地、明显或潜在地影响人类健康。由于城市规模的扩大、高层建筑的增多、绿地的相对减少，动物和其他生物的活动受到大大抑制，许多"城市病"逐渐蔓延开来，各种呼吸系统疾病、心脑血管疾病、肥胖病、癌症等的高发病率都与城市化密切相关。

4. 自然生态系统遭到严重干扰甚至破坏

城市的扩张以及城市的生产生活需求对周围环境造成了越来越大的干扰，使自然生态系统受到严重影响。在城市扩张过程中，大片土地被开发为建设用地，造成自然生态系统面积的相对减少。由于城市的发展秉承"以人为本"的原则，再加上

有些人的生态保护意识淡薄，没有充分认识到自然生态系统中的生物种类及其类型多样的重要性，因而使得众多的生物种类及其群落遭到破坏，许多物种遭到灭绝，还有相当部分物种正处在灭绝或濒临灭绝的边缘，而这些生物种类或群落类型往往是自然生态系统或人类的天然保护屏障，因此，其遭受的破坏必将对城市及其更大范围内的环境造成严重影响。如大量的湿地和沼泽被抽干或填埋，在海滨或沙丘上修建房屋或旅游设施，大规模进行的海岸线延伸及海中的开垦项目等，都会加剧海岸的侵蚀，改变港湾的水文环境，破坏自然演替过程，最终会对环境产生更严重的破坏。如在美国旧金山海湾，填海已使这个港湾城市在过去150年内减少了1/3的海湾区域，其中沿海80%的沼泽已经消失；印度的加尔各答因大量填埋潟湖和沼泽已大大加重了洪水灾害。

城市需求也对自然生态系统产生了严重干扰。如采、挖野生花卉和移植树木会加剧水土流失，草坪铺植换土等会使原有的生态系统结构和功能发生变化，造成自然生态防护效益降低、抗灾能力下降。近年来各地出现的泥石流灾害、沙尘暴灾害等也在一定程度上与城市化进程中不注意自然生态系统的保护有关，尤其是城市化过程中的"硬地化"所造成的自然系统破坏和危害更应引起人类的高度关注。

城市化的发展及其带来的一系列环境问题正是景观规划设计学科诞生和发展的主要动力，也是景观规划设计师面临的最大挑战和需要特别关注的焦点。

第二节　景观规划设计学科的产生与发展

在论述景观规划设计学前，有必要对"景观"的概念和含义加以解释，使我们能更深刻地理解景观规划设计学。

一、景观的含义与发展

什么是景观（Landscape）？景观一词的使用最早见于希伯来语《圣经旧约全书》，其原意是自然风光、地面形态和风景画面。但由于认识角度不同，对景观含义的理解也不同。艺术家认为景观是可以表现与再现的对象，正如风景；建筑师认为景观可以作为建筑物的配景或背景；旅游学家则将景观视为可开发利用的旅游资源；19

世纪初期，德国著名地理学家亚历山大·冯·洪堡（Alexander von Humboldt，1769—1859）最早提出将景观作为地理学的中心问题的观点，并探索将原始自然景观变为人类文化景观的过程；生态学家认为景观是自然、生态和地理的综合。同时期的欧洲大陆自然式风景园的比重越来越大，景物越来越少。纯净的自然式风景园终于出现，包括所有的自然与人为格局和过程。有的景观生态学家将景观定义为："景观是一个由不同土地单元镶嵌组成，具有明显视觉特征的地理实体；它处于生态系统之上，大地理区域之下的中间尺度；兼具经济、生态和文化的多重价值。"在景观规划设计中，景观应包含景象、生态系统、资源价值、文化内涵等多重含义。

（一）景观的视觉美

1. 景观作为城市景象的含义

最早的景观的含义实际上是城市景象。这种景象不仅是早期人类寻求的能够提供安全和庇护的城市聚居地，也是乡野之人逃避大自然、憧憬更美好的生活家园的理想所在。其具体体现是，受新思潮的影响，欧洲18世纪文艺复兴园林走向了净化的道路，逐步转向注重功能、以人为本的设计。在城市的整个发展过程中，无不寄托了人类的美好愿望与追求，而城市本身的发展也体现了人类文明的进程。

2. 景观作为城市的延伸和附属

无论是在文艺复兴之前的欧洲封建领主时代、欧洲文艺复兴时期，还是在18世纪的英国，乃至中国封建时代，无论是最初的乡村风景，如以凡尔赛为代表的巴洛克造园（见图1-3），还是英国的自然风景园林（Landscape Gardening），抑或是中国古代的"园林"，其实质都是贵族和有钱人追求的理想城市，景观只是城市的延伸和附属，是"虚拟的自然"。例如，13世纪末期，博洛尼亚（Bologna）的法学家克雷申齐（Pietro Crescenz）在《乡村艺术之书》中提到了当时的造园技巧：王宫贵族的花园面积以20亩为宜，自主设置围墙、建筑、花坛、鱼池等用以调剂精神的设施，北面设置密林、绿篱以阻挡寒风。

图1-3　凡尔赛宫园林

3. 景观作为对城市的逃避和对抗

从 19 世纪下半叶开始，欧洲和美国各大城市的城市环境极度恶化。19 世纪末，更多的设计使用规则是以园林来协调建筑与环境的关系。城市作为文明与高雅的形象被严重毁坏，相反成为丑陋、恐怖的场所，而自然原野与田园则成为人们避难的场所。因此，作为审美对象的景观也从欣赏和赞美城市，转向爱恋和保护乡村田园。

在城市的发展过程中，景观的视觉美的含义在不断地发生变化和修正，景观的载体也发生了变化，但始终未脱离它仅为少数贵族和富裕阶层服务，是取悦部分人视觉与感受的人工景象的地位。

（二）景观作为栖息地的含义

景观虽然是以人为主体的视觉美的感知对象，但城市景观首先是人类的栖息地，寄托了个人的或群体的社会和环境的理想家园，正如陶渊明笔下的桃花源是中国古代士大夫的社会和环境理想的景观家园一样。无论是古埃及、古希腊、古罗马的城市景观，还是中世纪欧洲、文艺复兴时期的城市景观，均是建立在栖息地家园之上的为封建贵族或宗教服务的视觉或功能载体，这一点也可体现在 13 世纪末彼得罗·克雷森兹（Pietro de Crescenzi）写的《田园考》（*Opus Ruralium Commodorum*）一书中。克雷森兹在该书中将庭园分为上、中、下三等，并就这三等庭园提出了各种设计方案，其中，王公贵族等上层阶级的庭园更是他论述的重点。中国古代园林，无论是私家园林，还是皇家园林，都是建立在"家园"中的为少数人欣赏的景观。因此，景观是人与人、人与社会、人与自然关系在大地上的烙印，是建立在栖息地之上的人类生活、文化、历史影像，反映景观所有者的生活体验。

（三）景观作为系统的含义

随着自然科学尤其是生态学的诞生与发展，景观被赋予了新的含义，即景观是一个自然生态系统或人工生态系统，或是两者的综合体。任何一种景观，一片森林、一片沼泽地、一块草地、一个城市，均是不同的生态系统，系统内有物质、能量组成及流动，各自的功能和结构是变化的、动态的和平衡的。景观作为系统，其含义包括：

1. 反映景观本身与外部系统的关系

即景观自身的生态系统与外部其他生态系统之间的交流关系。

2. 反映景观内部各元素之间的生态关系

即水平生态过程。如森林内部不同树种之间、乔木与草本之间、植被与土壤之间等存在水分、养分等的流动与交换过程。

3. 反映景观元素内部的结构与功能的关系

一棵树、一株花、一根草，无论是自然的还是人工的景观，它们之间都有最适宜的组成结构和功能关系，并且，它们总是在竞争中不断调节自身，以达到最佳的资源利用效率，形成生态平衡。

4. 反映生命与环境之间物质、营养及能量的关系

景观内的生命，包括景观内或外的人类及其他生物，是整个生态系统的组成部分，他们与其载体——环境——之间构成完整的生态系统，在系统内的各要素之间，有着复杂并基于物质、营养及能量的共生、依存和竞争关系，只有形成平衡而合理的关系，景观本身和整个生态系统才是健康而有序的；否则，会对某个要素甚至整个系统构成威胁和伤害。

景观作为一个生态系统，几乎包含了所有上述生态过程，因而其成为生态学的研究对象。

（四）景观作为符号的含义

人类有别于其他动物，是因为他的文化特征，景观是人类文化传播的媒介：它记载着一个地方的历史，包括自然的和社会的历史；它讲述着动人的故事，包括美丽的或是凄惨的故事；它讲述着土地的归属，也讲述着人与土地、人与人以及人与社会的关系。就像16世纪初期英国出现了自然风景园那样，其以起伏开阔的草地、自然曲折的湖岸、成片成丛自然生长的树木为要素构成了一种新的园林。每个人工景观的设计或自然景观的改造都传达了设计者和所有者的意愿，反映了人类在自然环境影响下对生产和生活方式的选择，也反映了人类在精神、伦理和美学价值方面的取向。

综上所述，景观的内涵极其深远而广泛。每个自然的或人工的景观，不仅包含着视觉景象的含义，还被赋予了人类文化的印记，也融入了自然科学的内涵。在当今社会，景观已不再是一个单一的或破碎的片段，而是一个综合了自然科学与社会科学的系统，一个将人类生活、自然界与景观高度结合的、能够保持和谐地球和可持续发展的完整系统。

景观的含义随着社会的发展变革而变化，从封建贵族时代、民主时代，到当今自然科学、社会科学飞速发展的时代，景观的载体、内涵、特征在不断发生变化和完善，它已经从最初的人工景象、栖息地景观演变为整个自然生态系统中重要的构成要素，而不再是单纯依附于人、服务于人的视觉、文化和生活工具，与人类一样是地球生态系统的组成部分，是当今社会可持续发展的关键因子。只有深刻地理解

景观的内涵，才能更好地认识和掌握景观规划设计学。

二、景观规划设计学科的产生及其发展

什么是景观规划设计学？景观规划设计学是一门关于如何安排土地及土地上的物体和空间来为人创造安全、高效、健康和舒适的环境的科学和艺术。它是人类社会发展到一定阶段的产物，也是历史悠久的造园活动发展的必然结果。景观设计师（Landscape Architect）最早于1858年由"美国景观设计之父"弗雷德里克·劳·奥姆斯特德（Frederick Law Olmsted，为与其子区分，以下简称"老奥姆斯特德"）非正式使用，于1863年正式作为一种职业的称号，第一次在纽约中央公园委员会中使用。美国的景观设计专业发展的成熟和完善值得各国研究和学习。

现代意义上的景观规划设计，因工业化对自然和人类身心的双重破坏而兴起，其以协调人与自然的相互关系为己任。与以往的造园相比，最根本的区别在于，现代景观规划设计的主要创作对象是人类的家，即整体人类生态系统；其服务对象是人类和其他物种；它强调人类发展和资源及环境的可持续性。

（一）景观规划设计学科的产生

19世纪，世界范围内的城市化都在快速发展，特别是19世纪下半叶开始，世界上各大城市的规模快速扩张，导致了欧洲和美国各大城市的环境极度恶化，破坏了原有的城市形象，致使人们重新审视城市景观理念，从而促进了以老奥姆斯特德为代表的景观规划设计师的出现和景观规划设计学的诞生，这一诞生时间被锁定在1863年5月。

景观规划设计学最初是以景观规划设计职业的方式出现于美国的。景观规划设计职业在美国的形成与安德鲁·杰克逊·唐宁（Andrew Jackson Downing）、卡尔弗特·沃克斯（Calvert Vaux）及老奥姆斯特德等建筑规划设计学家密不可分，特别是城市公园的兴起与发展成为美国景观规划设计职业出现的基础。由于文化、气候及民主制度的关系，美国民众的户外活动丰富，市民户外活动的空间颇受关注。唐宁认识到了城市开放空间的重要性，倡导在美国建立公园，华盛顿公园成为他计划建造的首座大型公园，他想由此带动其他城市建造公园，为市民提供休憩场所。虽然在他去世时华盛顿公园仅完成了最初的建设，但他仍获得了"美国公园之父"的称号。在唐宁关于浪漫郊区的设想中，他表达了对工业城市的逃避和突破美国方格网道路格局的意愿。在对新泽西公园的规划设计中，他设计了自然型的道路，住宅周

边植被茂密，住宅区中有公园，这种回归自然的设计风格对后来的景观规划设计影响很大。沃克斯是一位英国的建筑师，受唐宁邀请，他在1850年去到美国与其一同从事园林设计，共同完成了许多乡村住宅、小别墅等代表性设计。唐宁和沃克斯都是英国浪漫主义风景派风格的尊崇者，他们的设计深受英国风景园林设计的影响。因此，以公园为载体、以英国风景园林为主体风格、回归自然的设计理念成为景观规划设计学科的基础与萌芽。

被称为"美国景观设计之父"的老奥姆斯特德对景观规划设计学的贡献最早始于他和沃克斯共同设计的纽约中央公园（Central Park，1857）以及他对公园的建设和管理。在对这块位于曼哈顿闹市中心、总面积为320多公顷的公园进行设计时，两人确立了要以优美的自然景色为特征的准则，并强调居民对公园的使用。公园内四条下沉式的过境道路不仅承担了城市交通的功能，也避免了破坏公园内的自然景观，并将城市交通对步行者和公园内其他三条环路造成的干扰降到最低。公园四周用乔木绿带隔离视线和噪声，营造出一个相对安静的环境。公园采用自然式布局，尽可能地保留原有的地貌和植被，保持林木覆盖率。对原有的自然景观保持原貌，对人工景观如道路、雕塑、水体等特别强调富于创造性与多样化，兼顾美观与实用。老奥姆斯特德在设计之初就已经敏锐地认识到了在工业化、城市化的大背景下城市居民对游憩及亲近自然的需求，因此在对中央公园的设计中，他综合考虑了交通组织、游览线路、原始地形、水体、绿化、灌溉、建筑、审美等因素，并最终为纽约市民提供了一处环境优美且充满自然气息的日常游憩场所；并且，在其担任公园主管期间，他还努力维护了公园的完整性。在如今高楼林立的曼哈顿，这一片闹市中的休闲绿地更体现了其生态功能及文化价值，体现了景观规划设计的作用与价值。继纽约中央公园之后，他先后完成了对布鲁克林的展望公园（Prospect Park，1866，见图1-4）、芝加哥的滨河绿地（Riverside Estate，1869）、波士顿的"项链"公园道（Parkway，1878，见图1-5）、芝加哥的哥伦比亚世界博览会（1893）的设计。在对这一系列的公园和其他景观的设计过程中，其关于景观规划设计的理念与核心逐渐形成并完善起来。

尽管他们所从事的还是风景园林设计，但他们所承担的职责已远远超过传统的风景园林师，这也正是人们称呼老奥姆斯特德与沃克斯时采用Landscape Architect而非Landscape Gardener的原因所在。老奥姆斯特德坚持把自己所从事的职业从传统的风景造园（Landscape Gardening）中分离出来，把自己所从事的职业称为"景观规划设计"（Landscape Architecture），把自己称为"景观规划设计师"。以纽约中央公园

图 1-4 布鲁克林展望公园

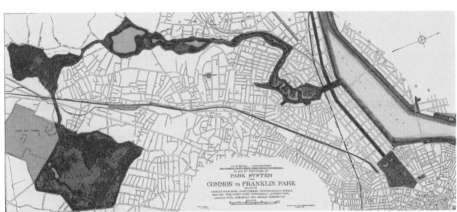

图 1-5 波士顿"项链"公园道

的设计为起点，景观规划设计从此走上了一条独立的道路并发展为一门新的学科。

老奥姆斯特德长达 30 多年的景观规划设计实践、经验、生态思想、景观美学和关心社会的思想奠定了景观规划设计学的基础，因此他被誉为"美国景观设计之父"，他也是美国景观规划设计师协会的创始人和美国景观规划设计专业的创始人。老奥姆斯特德的儿子约翰·查尔斯·奥姆斯特德（John Charles Olmsted）和小弗雷德里克·劳·奥姆斯特德（Federick Law Olmsted Jr.）进一步拓展和完善了景观规划设计的思想，他们父子三人加起来超过 100 年的景观规划设计实践塑造了美国的景观规划设计专业。

1900 年，老奥姆斯特德之子小弗雷德里克·劳·奥姆斯特德和舒克利夫（A. A. Sharcliff）首次在哈佛大学开设了景观规划设计专业课程，并在全国首设了 4 年制的景观规划设计专业学士学位。美国已有 60 多所大学设有景观规划设计专业，其中 2/3 设有硕士学位教育，1/5 设有博士学位教育。英国第一个景观规划设计课程于 1932 年出现在莱丁大学（Reading University），由此，相当多的大学于 20 世纪 50—70 年代早期设立了景观规划设计研究生项目。此外，澳大利亚、德国、斯洛文尼亚等国也都先后开设了景观规划设计专业。

（二）景观规划设计学科的形成与发展

概括地讲，美国的景观规划设计学科发展经历了从花园到风景造园、从风景造园到景观规划设计、从景观规划设计职业到景观规划设计学科三个过程。

作为一门年轻的学科，景观规划设计学思想在 100 多年的发展中不断得到完善和进步。继奥姆斯特德父子之后，亨利·文森特·哈伯德（Henry Vincent Hubbard）、托马斯·丘奇（Thomas Churchch）、盖瑞特·埃克博（Garrett Eckbo）、丹·克雷（Dan Kiley）、劳伦斯·哈普林（Lawrence Harpri）、伊恩·伦诺克斯·麦克哈格（Ian Lennox McHarg）、彼得·沃克（Peter Walker）成为景观规划设计学的第二代代表人物。他们不仅继承和延续了景观规划设计学的原有理论，而且在实践和理论方面有了各自新的认识和观点，由此使得这一学科得到了更加完善和系统的发展。如现代景观规划设计理论家埃克博奠定了现代景观规划设计的理论基础，他认为："人"是景观规划设计的主体，所有的景观规划设计都应该为人服务；景观的形式取决于场地、气候、植物等条件；"空间"是设计的最终目标。作为生态规划的倡导者，麦克哈格基于第二次世界大战后工业化和城市化带来的环境与生态系统的破坏后果，于 1969 年首先提出了生态规划理念，他的《设计结合自然》（*Design with Nature*）建立了当时景观规划的准则，标志着景观规划设计专业开始承担起后工业时代人类整体生态环境规划设计的重任，使景观规划设计专业在老奥姆斯特德奠定的基础上又大大地扩展了活动空间。麦克哈格强调，土地利用规划应遵从自然固有的价值和自然过程，即土地的适宜性，并因此完善了以因子分层和地图叠加技术为核心的规划方法论。这一方法论被称为"千层饼模式"（见图1-6和图1-7），其使景观规划设计提高到了一个科学的高度，成为20世纪规划史上一次最重要的革命。沃克对色彩、模式、层次和空间所形成的视觉景观处理的革新将景观规划设计的艺术提高到了一个新的高度。

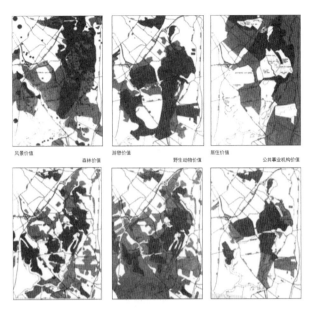

图1-6 "千层饼模式"各自然地理要素图

20世纪80年代，随着自然科学技术的进步与理论创新，特别是景观生态学理论的飞速发展，景观规划设计学理论也不断得到完善和发展。首先，景观规划设计的服务对象已从满足居民休憩、娱乐和生活的公园、小区等其他休憩场所扩展到整个户外活动空间，作为景观主宰的人类也不再凌驾于自然之上，而是将人类置身于生态系统之中，将人类的生存发展与其他物种的生存发展紧密联系起来，景观规划设计的主体也已由单一的景观单元扩展到土地、植被、水文、大气、人类活动等多个要素交互作用形成的多个生态系统的镶嵌体。其

图1-7 "千层饼模式"复合最佳路线图

次，以景观生态学模式"斑块—廊道—基质"为基础形成了景观生态规划模式，通过研究多个生态系统之间的空间格局和相互作用来分析和改变景观，使麦克哈格只强调垂直自然过程的"千层饼模式"发展到了研究景观各单元之间的生态流。再次，以决策为中心的规划模式和规划的可辩护性思想则在另一层次上发展了现代景观规划理论，原先以人为中心的规划基点，发展到了在更高层次上能动地协调人与环境的关系和不同土地利用之间的关系，以维护人与其他生命的健康共存和持续发展。最后，可持续发展成为当代景观规划设计的主要理论依据与规划设计目标，可持续包含了发展和管理自然与资源的所有基本原则，直到现在，尽管没有一个关于自然景观可持续利用的统一概念，但大多数人同意"可持续景观使经济健康发展、生态稳定、社会文化繁荣"这一基本认识。只有在经济、生态和文化相互协调，经济发展过程中没有造成自然和资源破坏的前提下，可持续才能满足当代和后代人的生存与发展需要。这就意味着在景观规划设计过程中必须对现代土地的使用倍加关注和小心，特别是必须保持土地的再生能力，所有的土地使用过程都必须尊重自然，这是景观规划设计的至关重要的先决条件，只有与自然相协调一致的土地利用过程才能决定和改善景观的视觉美感。此外，可持续景观还应该包含很多能够自由和自然发展的自然区域与地方。

对于这门新学科，其理论和方法将随着现代科学的进步和现实问题的不断出现继续得到发展和完善。综观国外的景观规划设计专业教育，都非常重视多学科的结合，既包括生态学、土壤学、城市规划学等自然科学，也包括人类文化学、行为心理学、土地管理学等人文科学，最重要的是必须学习空间设计的基本知识，而这种综合性也进一步推进了学科的多元化发展。

第三节　景观规划设计的定义与特征

一、景观规划设计的概念

学界对景观规划设计目前还没有一个统一的定义，但它包含了规划和设计两个层次的内涵，这也导致了不同学者对这一概念有不同的理解。我们可以从广义的规划和狭义的设计两个角度来认识景观规划设计的概念。

（一）广义的景观规划设计

麦克哈格（1969）认为景观规划设计是多学科综合的，是用于资源管理和土地规划利用的有力工具，他强调把人与自然世界结合起来考虑。

约翰·奥姆斯比·西蒙兹（John Ormsbee Simonds）在《景观设计学——场地规划与设计手册》（*Earthscape: a Manual of Environmental Planning*，1969）中提到：景观研究是站在人类生存空间与视觉总体高度的研究。他认为：改善环境不仅仅是纠正由于技术与城市的发展带来的污染及灾害，还应该是一个创造的过程，通过这个过程，人与自然和谐地不断演进。在它的最高层次，文明化的生活是一种值得探索的形式，它帮助人类重新发现与自然的统一。

美国景观设计师协会（American Society of Landscape Architecture，ASLA）对景观设计的定义是：景观设计是一种包括自然及建成环境的分析、规划、设计、管理和维护的职业。属于景观设计职业范围的活动包括公共空间、商业及居住用地的场地规划、景观改造、城镇设计和历史保护等。

俞孔坚（2003）认为，景观设计学是关于景观的分析、规划布局、设计、改造、管理、保护和恢复的科学和艺术。景观设计既是科学又是艺术，两者缺一不可。景观设计师需要科学地分析土地、认识土地，然后在此基础上对土地进行规划、设计、保护和恢复。

刘滨谊（2005）认为，景观规划设计是一门综合性的、面向户外环境建设的学科，是一个集艺术、科学、工程技术于一体的应用型专业。其核心是人类户外生存环境的建设，故涉及的学科专业极为广泛，包括区域规划、城市规划、建筑学、林学、农学、地学、管理学、旅游、环境、资源、社会文化、心理等。

广义上的景观规划设计概念是随着我们对自然和自身认识程度的提高而不断完善和更新的。景观规划设计主要包含规划和具体空间设计两个环节。规划环节指的是对景观大规模、大尺度上的把握，包括场地规划、土地利用规划、控制性规划、城市设计、环境规划和其他专业性规划。场地规划是通过对建筑、交通、景观、地形、水体、植被等诸多因素的组织和精确规划使某一地块满足人类的各种用途，并使其具有良好的经济、生态环境、文化等发展趋势。土地利用规划又称土地规划，是土地利用管理系统发展战略的总体谋划，是在众多的抉择中经过合理的评估和选择确定组合目标的过程，其包括土地利用现状调查与分析、土地评价、土地供给与需求预测、土地供需平衡和土地利用结构优化、土地利用规划分区，以及居民点、交通运输、水利工程、农业、生态环境用地规划和其他土地利用专项规划。控制性规划主要是根据某项特定要求，解决土地保护、使用与发展的矛盾关系，使其和谐与持续发展，包括景观地质、开放空间系统、公共游憩系统、给排水系统、交通系统等诸多单元之间关系的控制。城市设计主要是指对城市及周边地区的公共空间的规划和交通、构筑物等的设计，如对城市形态的把握、和建筑师合作对建筑面貌进行控制，以及对城市相关设施（包括街道设施、标识）的规划设计等，其目的是满足城市居民的生活需求、文化娱乐需求及经济发展要求。环境规划主要是指对某一区域内自然系统的规划设计和环境保护，目的在于维持自然生态系统的承载力和可持续性发展。

（二）狭义的景观规划设计

景观规划设计是一个综合性很强的学科，其中场地设计和户外空间设计也就是我们所说的狭义的景观规划设计，是景观规划设计的基础和核心。埃克博认为，景观规划设计是在建筑物道路和公共设备以外的环境的景观空间设计。狭义的景观规划设计中的主要要素有地形、水体、植被、建筑及构筑物以及公共艺术品等，主要设计对象是城市开放空间，包括广场、步行街、居住区环境、城市街头绿地以及城市滨湖滨河地带等，其目的是不仅要满足人类生活功能上、生理健康上的要求，还要不断地提高人类生活的品质，丰富人的心理体验和精神追求。

简而言之，景观规划设计是在不同尺度下，采用多学科综合的方法，对城市及其周边地区的土地进行分析、规划、设计、管理、保护和恢复，使之不仅能够满足人类生存和发展的需要，而且能够与自然长期和谐共存。其在含义上包含规划、设计和管理三个层次。

（三）相关概念的比较

虽然景观规划设计学科已有一百多年的历史，但仍然是"年轻"的学科，正因如此，不同知识背景的规划、设计和研究人员对"景观规划设计"这一学科的概念有着不尽相同、各有侧重的理解和看法。因此，有必要对几个彼此关联而又各有区别的概念进行比较。

1. 景观规划设计与风景园林设计

老奥姆斯特德最初将自己从事的景观设计与传统的风景造园分离正是基于景观设计师的职责已远远超过传统的风景园林师，无论是设计对象、理念、方法还是设计目标都有很大差异。与中国传统的造园相比，景观规划设计与其的差异更大。中国传统的造园多是为了满足少数人的欣赏目的，不具备公众观赏性，如上海豫园、苏州拙政园、留园等私家园林，相比之下，现代景观规划设计更强调大众性和开放性。另外，造园的设计规模是局限在一定的区域内，往往是在建筑的周边区域，虽然少数特例如颐和园、圆明园等皇家园林和寺庙园林具有相当于现代公园的规模，但其仍是封闭性的，其功能的复杂性和对于城市的作用远不能和现代景观规划设计相比。景观规划设计师通过对现有土地的规划设计，使其改良，以适应人类的不同需求，其面向的对象是多样的，包括城市公共空间、风景区，甚至是整个城市和区域范围内的绿地系统和生态系统。其功能、系统、文化等多样性远胜过传统的造园。准确地说，造园应该是景观规划设计中的分支之一，造园是对小规模场地的详细设计，是整个景观规划设计流程中的细节体现。

2. 景观规划设计与环境艺术设计

"环境艺术设计"是一个较为宽泛的概念。总的说来，环境艺术设计包含所有人工环境设计，但目前中国诸多艺术院校开设的环境艺术课程中，主要包括室内设计和室外环境设计。作为艺术设计的一个分支，其室外环境设计的主要对象是城市公共艺术品和城市家具造型的艺术创作，含有较多艺术创作的成分；而景观规划设计是以规划设计为手段，集土地分析、管理、保护等众多任务于一身的科学。从这个意义上来说，环境艺术设计中的室外环境设计是景观规划设计和艺术设计两者的交叉学科。

3. 景观规划设计与城市规划

景观规划设计是对物质空间的规划和设计，包括城市与区域的物质空间规划设计，而城市规划更关注社会经济和城市总体发展计划。目前由于中国景观规划设计发展滞后，所以，我国的城市规划专业仍在主要承担城市物质空间规划设计的任务。从将来的发展看，只有同时掌握自然系统和社会系统两方面的知识、懂得如何协调人与自然关系的景观规划设计师，才有可能设计出人地关系和谐的城市环境。

4. 景观规划设计与景观设计

"景观设计"是 Landscape Architecture 的另一译法，与"景观规划设计"表达相似的含义。但"景观设计"这一表述方式容易与"风景园林设计"相混淆。另外，与景观规划设计相比，"景观设计"缺少"规划"两字，但如今在对很多大型场地进行景观设计时会运用到很多城市规划的原理和方法，因此，我们建议使用"景观规划设计"一词。

二、景观规划设计的主要特征

（一）美学特征

景观的视觉美学特征是其最基本的要素特征。由于社会文化背景的差异，人们对于美的感受不会完全一致，或者说敏感度不同，但是在一定程度上，人与人的审美体验还是可以沟通和有共同点的。这种共同的审美体验也就成为我们从事景观规划设计的美学基础。

景观规划设计师能否和景观使用者沟通，一个景观规划设计能否让参观者和使用者感到美和愉悦，这往往是景观规划设计能否成功的重要条件，所以，设计师必须观察原有景观自身在美学上的特色，包括视觉、听觉和触觉等多方面，在设计的同时强化其在美学上的特色，并且深入挖掘景观的历史文化内涵，只有这样，才能触发使用者对景观主体美的享受。

中国传统艺术中的"意境"指的是主观的意、情、神和客观的境、景、物相互结合、相互渗透的艺术整体，体现了主观的生命情调和客观场景的融合，是对景观美学特征很好的释义。中国书画中有"外师造化，中得心源"之原则，这一点在景观规划设计中同样重要。景观规划设计是在现有基地的基础上，有意识地去组织风景，并将其串联在一起，如同写文章一样，这需要设计师在设计之初就要做到脑中先有景观意向，意在笔先。

（二）生态特征

景观规划设计学科诞生初始就将生态学的理念融合其中，将自然生态系统的保护作为设计的主要目标。

20世纪60年代，麦克哈格的《设计结合自然》一书将景观规划设计带到了一个生态结构优化的高度。他认为：美是人与自然环境长期交互而产生的复杂和丰富的反映。景观规划设计的视觉美观是重要的，但不是唯一目标。景观规划设计师既要治标也要治本，在根本上改善人类聚居环境，利用城市绿地来调节微气候、缓解生态危机，这也成为景观规划设计在21世纪的新任务。

对于一个景观规划设计师来说，了解自然环境和人类自身自然节律、秩序，就成为设计之"初"：尊重自然所赋予的河流、山丘、植被、生物，在其中巧妙地设计景观，将人为景观和原有地形地貌结合在一起，以两者和睦相处、相得益彰为最终目标。生态学研究的发展，特别是景观生态学科的兴起，为景观规划设计提供了可靠的理论基础。掌握、了解不同生态系统的结构、功能和相互联系，并充分应用于设计之中，才能使我们的设计达到人与自然相和谐的最终目的。

（三）学科综合的特征

景观规划设计学科在风景园林设计的基础上又吸收了生态学、规划学、环境科学、建筑学、地理学、管理学等多个学科的理论知识，又以可持续发展理论为原则，所以，无论是理论基础，还是技术方法，其都是各学科的集成与发展。它也弥补了原有城市规划和建筑设计的不足，使城市规划与管理更为系统和科学，是现代城市规划和管理的主要工具。只有将城市设计、景观规划设计和建筑设计结合起来，才能塑造出一个有特色的城市开放空间和城市形象。

（四）社会特征

景观规划设计，尤其是宏观的景观规划设计必须立足社会问题，特别应着眼于与当地居民息息相关的住房、交通、休闲娱乐、文化等社会问题，因为一个良好的景观规划设计一定要考虑大多数人的生活、工作与经济利益。如城市绿地规划要考虑生态效益的最大化，居住区规划要考虑大多数中、低收入家庭的购买力和生活工作便利，城市广场、公园的位置、功能规划设计要充分考虑公众的利益和意见，设计区域的经济发展、社会现状、就业、治安、教育等都是景观规划设计者要考虑的。

（五）历史特征

城市景观体现不同时代变化的过程，它随着城市的发展，随着科学的进步不断发展变化，但每个变化都凝结着历史的文化痕迹。以文艺复兴时期的景观变迁为例，在其初期，佛罗伦萨为文艺复兴的发祥地。14世纪初，佛罗伦萨经历了以下变化：毛纺织业为主→资产阶级阵营壮大→美第奇家族脱颖而出→进入市政府机构→君主姿态荣登统治地位→柯西莫·德·美第奇以及其孙洛伦佐对艺术情有独钟→学者与艺术家聚集→酷爱与保护艺术→佛罗伦萨成为学者、文人、美术家的活动中心。由此，佛罗伦萨出现了一批倡导文艺复兴运动的人文主义者。文艺复兴中期即15世纪末，其又经历了这样的过程：美第奇家族衰落→法兰西国王查理八世入侵佛罗伦萨→英国新兴毛纺织业兴起后佛罗伦萨的地位受到挑战→海外贸易转向大西洋→佛罗伦萨失去商业中心的地理优势，文化基础受到影响，人文主义者逃离佛罗伦萨→罗马成为文艺复兴的中心地，表现在景观中就是强调自然式风景园林。而在文艺复兴的末期即16世纪以来，文化中心移至罗马，意大利式的别墅庭园逐步走向成熟。庭园文化成熟时，建筑与雕塑风格向巴洛克（Baroque）方向转移，半个世纪后，即从16世纪末到17世纪，庭园文化进入巴洛克时期。在巴洛克时期，庭园设计反对明快均衡之美，其注重过分表现杂乱无章及烦琐累赘的细部技巧，喜用很多曲线来制造出骚动不安的效果。为此，在现代城市景观改造和建设过程中，我们应当尊重、学习、借鉴历史文化景观，保护历史景观遗迹，使历史景观能够世代延续。

（六）地方性特征

每个城市都有其特定的自然地理环境，有不同的历史文化背景、不同的生活习俗、不同的语言，以及在长期的实践中形成的特有的建筑风格，加上当地居民的素质及其所从事的各项活动构成了每个城市特有的景观，这些地方特有的景观也是需要继承、保护和发展的。

（七）商业特征

在城市化迅速发展的过程中，城市中和城郊原有的自然景观日渐减少，大量的森林、草地、湖泊被城市建筑群取代，城市居民所需的休闲、观光和娱乐的自然景观越来越少，在这种背景下，一些用于满足市民文化、生活、娱乐、观光的人造景观应运而生，如1955年由汉尔特·迪斯尼在美国洛杉矶建造的世界上第一个现代意义上的主题公园——迪斯尼乐园（见图1-8），更多地体现出这种人造景观的商业特征。在洛杉矶迪斯尼乐园10岁生日时，它的游客总数达到了5 000万人，在10年里，迪斯尼乐园的收入高达1.95亿美元之多。自1955年迪斯尼乐园建成开放以来，

图1-8　1955年的迪斯尼乐园

每天到此游玩的约有 4 万人，最多时可达 8 万人，仅一天的门票收入就近百万美元，再加上园内各项服务行业，其收入更为可观。到 20 世纪末，在 40 多年的时间里，迪斯尼乐园已接待游客达 10 多亿人次。这一充满商业特性的主题公园已在洛杉矶、奥兰多、巴黎、东京、香港、上海建园，吸引了来自世界各地的游客。

在世界各地的主题公园中，环球影城、长隆公园、爱宝乐园、欢乐谷公园、方特公园、乐高公园等都设置了不同规模、不同方式的游乐设施和主题性商业设施，来吸引参观者，增加门票收入。而城市中的商业街、购物广场等景观更体现出现代城市景观的商业特征。

第四节　城市绿地的类型与指标

一、城市绿地的分类

为使各类绿地更好地协调发展，统一于城市绿地系统之中，明确的绿地分类标准至关重要，城市园林绿地的相关指标是城市园林绿化水平的基本标志，反映着一个时期的经济水平、文化生活水平和城市环境质量。

中华人民共和国成立以来，有关部门和学者从不同角度出发，提出过多种绿地分类方法。世界各国国情不同，规划、建设、管理的机制不同，所采用的绿地分类方法也不同。

1961 年出版的高等学校教科书《城乡规划》中，将城市绿地分为公共绿地、小区和街坊绿地、专用绿地和风景游览、休疗养区的绿地四大类。其中，"公共绿地是由市政建设投资修建，并有一定设施内容，供居民游览、文化娱乐、休息的绿地。公共绿地包括公园、街道绿地等"。

1963 年中华人民共和国建筑工程部颁发的《关于城市园林绿化工作的若干规定》中关于绿地的分类是我国第一个法规性的绿地分类，其将城市绿地分为公共绿地、专用绿地、园林绿化生产用绿地、特殊用途绿地和风景区绿地五大类。其中，公共绿地包括各种公园、动物园、植物园、街道绿地和广场绿地等。

1979 年 10 月，在第一次全国园林绿化学术会议上，朱钧珍发表的《城市绿地分类及定额指标问题的探讨》一文提出将城市绿地分为公园、一般绿地和特种绿地，并提出以"公园"替代"公共绿地"。

1982年版高等院校试用教材《城市园林绿地规划》将城市绿地分为六大类：公共绿地、居住绿地、附属绿地、交通绿地、风景区绿地和生产防护绿地。

1991年3月1日起施行的《城市用地分类与规划建设用地标准》（GBJ 137—1990）将城市绿地分为公共绿地和生产防护绿地两类。而将居住区绿地、单位附属绿地、交通绿地、风景区绿地等各归入生活居住用地、工业仓库用地、对外交通用地、郊区用地等用地项目之中，且没有单独列出。

1993年原建设部编写的《城市绿化条例释义》中将城市绿地分为公共绿地、居住区绿地、单位附属绿地、防护绿地、生产绿地和风景林地等六类。它基本包括了城市各类绿地，也反映出了各类绿地的功能和特征，但在具体名称上尚有局限，含义不明确（如公共绿地、风景林地等）。这种分法不能完全适应现代各地各级城市规划建设发展的需要。

1995年12月中国林业出版社出版的全国高等林业院校试用教材《城市园林绿地规划》（杨赉丽主编），将城市绿地分为公共绿地、生产绿地、防护绿地、风景游览绿地、专用绿地和街道绿地六类。

经原建设部批准，2002年9月1日起，《城市绿地分类标准》（CJJ/T 85—2002）（以下简称《标准》）开始实施。至此，我国城市绿地分类有了明确的标准。《标准》中规定，城市绿地是指以自然植被和人工植被为主要存在形态的城市用地。它包含两个层次的内容：一是城市建设用地范围内用于绿化的土地；二是城市建设用地之外，对城市生态、景观和居民休闲生活具有积极作用、绿化环境较好的区域。这个概念建立在充分认识绿地生态功能、使用功能和美化功能以及城市发展与环境建设互动关系的基础上，是对绿地的一种广义的理解，有利于建立科学的城市绿地系统。

《标准》将绿地分为大类、中类、小类3个层次，共5大类、13中类、11小类，以反映绿地的实际情况以及绿地与城市其他各类用地之间的层次关系，满足绿地的规划设计、建设管理、科学研究和统计等工作使用的需要。

为使分类代码具有较好的识别性，便于图纸、文件的使用和绿地的管理，该标准使用英文字母与阿拉伯数字混合型分类代码。大类用英文GREEN SPACE（绿地）的第一个字母G和一位阿拉伯数字表示；中类和小类各增加一位阿拉伯数字表示。例如：G1表示公园绿地，G11表示公园绿地中的综合公园，G111表示综合公园中的全市性公园。

该标准同层级类目之间存在着并列关系，不同层级类目之间存在着隶属关系，即每个大类包含着若干并列的中类，每个中类包含着若干并列的小类。

5 大类绿地分别是公园绿地、生产绿地、防护绿地、附属绿地和其他绿地。公园绿地可以分为 5 个中类：综合公园、社区公园、专类公园、带状绿地和街旁绿地。其中，综合公园又分出 2 个小类：全市性公园、区域性公园。社区公园分出 2 个小类：居住区公园、小区游园。专类公园分出 7 个小类：儿童公园、动物园、植物园、历史名园、风景名胜公园、游乐公园和其他专类公园。附属绿地又分为 8 个中类，分别是居住绿地、公共设施绿地、工业绿地、仓储绿地、对外交通绿地、道路绿地、市政设施绿地和特殊绿地（见表 1-1）。

表 1-1　城市绿地分类

类别代码			类别名称	内容与范围	备 注
大类	中类	小类			
			公园绿地	向公众开放，以游憩为主要功能，兼具生态、美化、防灾等作用的绿地	
			综合公园	内容丰富，有相应设施，适合于公众开展各类户外活动的规模较大的绿地	
	G11	G111	全市性公园	为全市居民服务，活动内容丰富、设施完善的绿地	
G1		G112	区域性公园	为市区内一定区域的居民服务，具有较丰富的活动内容和设施完善的绿地	
			社区公园	为一定居住用地范围内的居民服务，具有一定活动内容和设施的集中绿地	不包括居住组团绿地
	G12	G121	居住区公园	服务于一个居住区的居民，具有一定活动内容和设施，为居住区配套建设的集中绿地	服务半径：0.5～1.0 km
		G122	小区游园	为一个居住小区的居民服务，配套建设的集中绿地	服务半径：0.3～0.5 km

类别代码			类别名称	内容与范围	备　注
大类	中类	小类			
G1	G13		专类公园	具有特定内容或形式，有一定游憩设施的绿地	
		G131	儿童公园	单独设置，为少年儿童提供游戏及开展科普、文体活动，有安全、完善设施的绿地	
		G132	动物园	在人工饲养条件下，移地保护野生动物，供观赏、普及科学知识，进行科学研究和动物繁育，并具有良好设施的绿地	
		G133	植物园	进行植物科学研究和引种驯化，并供观赏、游憩及开展科普活动的绿地	
		G134	历史名园	历史悠久，知名度高，体现传统造园艺术并被审定为文物保护单位的园林	
		G135	风景名胜公园	位于城市建设用地范围内，以文物古迹、风景名胜点（区）为主形成的具有城市公园功能的绿地	
		G136	游乐公园	具有大型游乐设施，单独设置，生态环境较好的绿地	绿化占地比例应大于等于65%
		G137	其他专类公园	除以上各种专类公园外具有特定主题内容的绿地。包括雕塑园、盆景园、体育公园、纪念性公园等	绿化占地比例应大于等于65%
	G14		带状绿地	沿城市道路、城墙、水滨等，有一定游憩设施的狭长形绿地	
	G15		街旁绿地	位于城市道路用地之外，相对独立成片的绿地，包括街道广场绿地、小型沿街绿化用地等	绿化占地比例应大于等于65%
G2			生产绿地	为城市绿化提供苗木、花草、种子的苗圃、花圃、草圃等圃地	
G3			防护绿地	城市中具有卫生、隔离和安全防护功能的绿地。包括卫生隔离带、道路防护绿地、城市高压走廊绿带、防风林、城市组团隔离带等	

类别代码			类别名称	内容与范围	备 注
大类	中类	小类			
			附属绿地	城市建设用地中绿地之外各类用地中的附属绿化用地。包括居住用地、公共设施用地、工业用地、仓储用地、对外交通用地、道路广场用地、市政设施用地和特殊用地中的绿地	
	G41		居住绿地	城市居住用地内社区公园以外的绿地，包括组团绿地、宅旁绿地、配套公建绿地、小区道路绿地等	
	G42		公共设施绿地	公共设施用地内的绿地	
G4	G43		工业绿地	工业用地内的绿地	
	G44		仓储绿地	仓储用地内的绿地	
	G45		对外交通绿地	对外交通用地内的绿地	
	G46		道路绿地	道路广场用地内的绿地，包括行道树绿带、分车绿带、交通岛绿地、交通广场和停车场绿地等	
	G47		市政设施绿地	市政公用设施用地内的绿地	
	G48		特殊绿地	特殊用地内的绿地	
G5			其他绿地	对城市生态环境质量、居民休闲生活、城市景观和生物多样性保护有直接影响的绿地。括风景名胜区、水源保护区、郊野公园、森林公园、自然保护区、风景林地、城市绿化隔离带、野生动植物园、湿地、垃圾填埋场恢复绿地等	

　　该标准把绿地作为城市整个用地的一个有机组成部分：首先，把城市用地平衡中单独占有用地的绿地和不单独占有用地的绿地分开；其次，在单独占有用地的绿地中，按使用性质，把为居民游憩服务的绿地和为了生产、防护等目的的绿地分开；最后，城市中附属在其他用地里的各类绿地与城市用地有对应的关系。

二、城市绿地指标

城市绿地指标作为衡量城市绿色环境数量及质量的量化标准，反映了城市绿化水平的高低、城市环境的好坏及居民生活质量的优劣。判断一个城市绿化水平的高低，除了要看该城市拥有绿地的数量，还要看该城市绿地的质量和城市的绿化效果，即自然环境与人工环境的协调程度。

西方国家对城市生态环境的改善重视较早，城市绿化水平相对较高，从城市绿化指标来看，国外的城市绿化指标也普遍较高，指标的涵盖范围较广。国外所采用的城市绿化指标大致有绿地率、人均公共绿地面积、绿被率、绿视率、城市拥有的公园数量、人均公园面积、人均绿地面积、人均设施拥有量等。

由于城市绿地类型的多样性、绿地功能的多重性和植物组成结构的不同，要确定合适的人均绿地面积、绿地率等，除了要考虑城市自身特点和环境质量外，还要考虑绿地的主要功能和绿地的植物组成。有关人均绿地面积究竟多少合适，不同国家和地区都曾进行过不少探讨。1966 年，柏林一位博士提出每个城市居民应有 $30 \sim 40 \text{ m}^2$ 的绿地指标；联合国环境规划署就首都城市提出了"城市绿化面积达到人均 60 m^2 为最佳居住环境"的标准；美国曾提出城市应该把为市民每人规划 40 m^2 的绿地面积作为指标；据对世界 49 个城市的统计，瑞典斯德哥尔摩人均绿地面积为 80.3 m^2，英国人均绿地面积为 42 m^2，莫斯科、华沙等城市人均绿地面积从 $10 \sim 70 \text{ m}^2$ 不等。

（一）我国城市绿地建设衡量指标

我国城市绿地的量化指标正随着经济建设的发展而逐步提高。20 世纪 50 年代，城市绿地指标主要有树木株数、公园个数与面积、公园每年的游人量等；到 1979 年，国家城建总局转发的《关于加强城市园林绿化工作的意见书》中出现了"绿化覆盖率"这一指标。目前，我国关于城市绿地数量与城市绿化水平高低的衡量指标主要有以下几个：绿地率、绿化覆盖率、人均绿地面积和人均公园绿地面积。

以上 4 项指标表现了城市绿化的整体水平，具有可比性与实用性，但都属于二维的平面绿化概念，不能表示绿地的分布形态与布局状况，具有一定的局限性。除了上文这 4 项指标外，还有其他一些绿地量化指标，如：原建设部城建司颁发的《城市园林绿化统计指标》中有 35 项相关指标；原建设部计财司印发的《城市建设统计指标解释》中有 37 项统计指标；历年来原建设部计财司归口编印的《城市建设统计年报》中，涉及城市园林绿化的指标则有 11 项。

（二）我国城市绿地建设标准

我国的城市绿地建设标准在不同的时期各有不同。从总体上来说，各项指标是逐渐提高的，城市绿地建设被纳入城市基础建设之列，一些城市的绿地指标已达到一定的水平（见表 1-2）。

表 1-2　我国部分城市绿地建设指标（2003 年）

城　市	建成区绿地率 /%	建成区绿化覆盖率 /%	人均公共绿地面积 /m^2
全国城市平均	25.8	29.75	5.36
江苏省平均	31.1	35.3	7.1
上海市区		23.8	5.6
苏州	32.2	37.1	7.6
扬州	34.3	37.9	9.2
张家港	36.5	40.2	10.6

1980 年，国家基本建设委员会颁布的《城市规划定额指标暂行规定》中规定，城市公共绿地定额每人近期为 3～5 m^2，远期为 7～11 m^2。1992 年，城市建设主管部门制定的综合评价标准中规定：城市绿化覆盖率不得低于 35%，城市建成区绿地率不得低于 30%，人均公共绿地面积不得低于 6 m^2。1993 年，原建设部正式下达了《城市绿地规划建设指标的规定》，按人均建设用地标准将指标的高低分为三个级别（见表 1-3）：人均建设用地指标不足 75 m^2 的城市，人均公共绿地面积到 2000 年应不少于 5 m^2，到 2010 年应不少于 6 m^2；人均建设用地指标为 75～105 m^2 的城市，人均公共绿地面积到 2000 年应不少于 6 m^2，到 2010 年应不少于 7 m^2；人均建设用地指标超过 105 m^2 的城市，人均公共绿地面积到 2000 年应不少于 7 m^2，到 2010 年应不少于 8 m^2。《城市绿地规划建设指标的规定》对城市绿化覆盖率的要求是到 2000 年应不少于 30%，到 2010 年应不少于 35%；城市绿地率到 2000 年应不少于 25%，到 2010 年应不少于 30%。

表 1-3　城市绿化规划建设指标

人均建设用地指标 / (m^2/人)	人均公共绿地面积 / (m^2/人)		城市绿化覆盖率 /%		城市绿地率 /%	
	2000 年	2010 年	2000 年	2010 年	2000 年	2010 年
＜ 75	≥ 5	≥ 6	≥ 30	≥ 35	≥ 25	≥ 30

人均建设用地指标 / (m²/ 人)	人均公共绿地面积 / (m²/ 人)		城市绿化覆盖率 /%		城市绿地率 /%	
	2000 年	2010 年	2000 年	2010 年	2000 年	2010 年
75 ~ 105	≥ 6	≥ 7	≥ 30	≥ 35	≥ 25	≥ 30
> 105	≥ 7	≥ 8	≥ 30	≥ 35	≥ 25	≥ 30

2001 年 2 月，在全国城市绿化工作会议上提出的 "国务院关于加强城市绿化建设的通知" 的讨论稿中，对绿地指标规定如下：到 2005 年，全国城市规划建成区绿地率达到 30% 以上，绿化覆盖率达到 35% 以上，人均公共绿地面积达到 8 m² 以上，城市中心区人均公共绿地面积达到 4 m² 以上；到 2010 年，以上指标应分别达到 35% 以上、40% 以上、10 m² 以上与 6 m² 以上。

为了加快城市园林绿化建设，推动城市生态环境建设，原建设部自 1992 年起在全国开展了创建国家园林城市活动，并颁布了相关的评选标准与要求，根据《国家园林城市申报与评选办法》(〔2010〕125 号文件)，《国家园林城市标准》的通知中的规定，其绿地指标如下（见表 1-4）：建成区绿化覆盖率不小于 36%；建成区绿地率不小于 31%。人均公园绿地面积按人均建设用地指标分为三个级别：人均建设用地小于 80 m² 的城市，人均公园绿地面积不小于 7.5 m²/ 人；人均建设用地为 80 ~ 100 m² 的城市，人均公园绿地面积不小于 8.0 m²/ 人；人均建设用地大于 100 m² 的城市，人均公园绿地面积不小于 9.0 m²/ 人。文件规定，国家园林城市的申报需满足所有基本项的要求，而国家生态园林城市的申报需满足所有基本项和提升项的要求。截至 2014 年 1 月，我国共有包括北京市、合肥市、珠海市等在内的 113 个城市获得国家园林城市的称号。这些指标要求作为衡量城市绿色环境数量及质量的量化标准，有助于城市绿地建设向较高的水平发展，一定程度上可以指导城市绿地系统的规划。

表 1-4　国家园林城市绿地建设指标

序号	指　　标	国家园林城市标准	
		基本项	提升项
1	建成区绿化覆盖率	≥ 36%	≥ 40%
2	建成区绿地率	≥ 31%	≥ 35%

序号	指　标		国家园林城市标准	
			基本项	提升项
3	城市人均公园绿地面积	人均建设用地小于 80 m² 的城市	≥ 7.5 m²/人	≥ 9.5 m²/人
		人均建设用地为 80 ～ 100 m² 的城市	≥ 8.0 m²/人	≥ 10.0 m²/人
		人均建设用地大于 100 m² 的城市	≥ 9.0 m²/人	≥ 11.0 m²/人

2019 年，中华人民共和国住房和城乡建设部正式下达了《城市绿地规划标准》（GB/T 51346—2019），规定规划城区绿地率、人均公园绿地面积应符合现行国家标准——《城市用地分类与规划建设用地标准》（GB 50137—2011）的规定（见表 1-5）。设区城市各区的规划人均公园绿地面积不宜小于 7.0 m²/人。规划城区绿地率指标不应小于 35%，设区城市各区的规划绿地率均不应小于 28%，每万人规划拥有综合公园指数不应小于 0.06。

表 1-5　公园绿地分级规划控制指标（m²/人）

规划人均城市建设用地		＜ 90.0	≥ 90.0
规划人均综合公园		≥ 3.0	≥ 4.0
规划居住区公园	社区公园	≥ 3.0	≥ 3.0
	游　园	≥ 1.0	≥ 1.0

为统一绿地主要指标的计算工作，便于绿地系统进行规划的编制与审批，以及有利于开展城市间的比较研究，《城市绿地分类标准》（CJJ/T85—2017）给出了人均公园绿地面积、人均绿地面积、绿地率三项主要的绿地统计指标的计算公式。三项指标的计算公式既可以用于现状绿地的统计，也可以用于规划指标的计算；计算城市现状绿地和规划绿地的指标时，应分别采用相应的城市人口数据和城市用地数据；规划年限、城市建设用地面积、规划人口应与城市总体规划一致，统一进行汇总计算。

1. 绿地率

城市绿地率是指市各类绿地总面积占城市面积的比率。

计算公式：绿地率（%）=（公园绿地面积＋生产绿地面积＋防护绿地面积＋附属绿地面积）/ 城市的用地面积 ×100%

2. 绿化覆盖率

绿化覆盖率是指城市中乔木、灌木和多年生草本植物所覆盖的面积占全市总面积的百分比。其中乔木和灌木的覆盖面积按树冠的垂直投影估算；乔灌木下生长的草本植物不再重复计算。利用遥感和航测等现代科学技术，可以准确地测出一个城市的绿地面积，从而计算出绿化覆盖率。按照植物学原理，一个城市的绿化覆盖率只有在 30% 以上，才能达到自身调节的需要。绿化覆盖率是评价城市二维绿量的传统指标之一。

计算公式：绿化覆盖率（%）= 城市内全部绿化种植垂直投影面积 / 城市面积 ×100%

3. 人均公园绿地面积

人均公园绿地面积反映了每个城市居民占有的公园绿地面积，其对民众的身心发展有着直接影响。2008 年全国 660 个城市相关统计数据显示，660 个城市的人均公园绿地面积为 8.98 m^2，其中 110 个国家园林城市的人均公园绿地面积为 11.12 m^2，抽样统计显示，非园林城市的人均公园绿地面积为 10.50 m^2。人均公园绿地面积是评选各级园林城市的重要指标。

计算公式：人均公园绿地面积（m^2/ 人）= 公园绿地面积 / 城市人口数量

4. 人均绿地面积

人均绿地面积是一个测量城市人口获得的开阔绿地面积多少的指标，它是一个有关生活质量的重要指标。据统计，每个城市居民平均需要 10 ～ 15 m^2 绿地，而工业运输的耗氧量大约是人体的 3 倍，因此，整个城市要保持二氧化碳与氧气的平衡，应该使得人均绿地面积达到 60 m^2 以上。

计算公式：人均绿地面积（m^2/ 人）=（公园绿地面积＋生产绿地面积＋防护绿地面积＋附属绿地面积）/ 城市人口数量

为了加快城市园林绿化建设，原建设部开展了创建国家园林城市与生态园林城市的活动，各省也相继开展了创建省级园林城市的活动。各地各级都颁布了相应的评选标准，对绿化指标提出了具体要求，以作为规划绿量指标分级的参照标准。

5. 人均风景游憩绿地面积

计算公式：人均风景游憩绿地面积（m^2/ 人）= 市域风景游憩绿地总面积 / 市域规划人口

注：其中，市域规划人口是指市域范围内的规划人口总量，而非仅包括中心城

区人口。

6. 万人拥有综合公园指数

计算公式：万人拥有综合公园指数 = 综合公园总数（个）/ 建成区内的人口数量
（万人）

注：纳入统计的综合公园应符合现行行业标准《城市绿地分类标准》（CJJ/T85—
2017）的规定；人口数量统计应符合《中国城市建设统计年鉴》的要求。

（三）城市绿地与城市绿地系统

城市绿地分类是为绿地系统建设和管理服务的，作为城市绿地系统的一个组成
部分，每类绿地的主要功能都应区别于其他绿地类型，各类绿地的性质、标准、要
求各有不同，并且能够通过简单的统计和计算反映出城市绿地建设的不同层次和水
平。因此，以绿地的主要功能为城市绿地类型划分的统一依据是比较合适的。

对城市绿地进行科学合理的分类，可以使人们更好地认识和理解城市绿地系统的
组成和各类绿地的基本功能、特征以及它们在城市建设中的地位，并通过明确的绿地
分类，使城市绿地的规划设计和建设管理工作更趋高效。合理的绿地分类，其基本要
求应是能客观地反映出城市绿地功能、投资与管理方式的实际发展，其理想的要求应
是能对城市绿地系统的内部结构、城市大环境绿化的发展起到推动与引导作用。

由于景观规划的性质、规模和功能是影响规划结构的决定性因素，因此，在研
究一个园林绿地的规划结构前，必须了解景观规划在整个城市园林绿地系统中的地
位、功能，明确其性质、规模和服务对象。所以，绿地系统规划可以保障城市绿地
建设的有序进行，景观规划设计应该是在绿地系统规划的指导下进行的、对各类绿
地规划的深化和细化。

第五节　景观规划设计师的主要职业范围及现状

在美国，景观规划设计师实行注册制度，其职业范围包括公共空间、商业及居
住用地场地规划、景观改造、城镇设计和历史保护等。俞孔坚等（1999）对美国景
观规划设计师的职业范围进行过详细介绍，他认为，景观规划设计师的工作内容主
要包括城市规划（City Planning）、新镇和社区规划（New Towns and Communities
Planning）、城市公园（Urban Parks）设计、城市广场（Plazas）设计、社会机构和企

业园林景观（Institutional and Corporate Landscape）设计、国家公园和国家森林（National Parks and National Forests）规划设计、自然景观重建（Landscape Planning and Restored National Landscapes）、滨水区（Waterfronts）规划设计、乡村庄园（Country Estates）设计、花园（Gardens）设计、休闲地（Recreational Areas）设计、墓园（Cemeteries）设计等，近年来广受关注的城市水系整治、海绵城市设计、矿山迹地修复、遗产廊道复新也是景观设计师的重要工作内容之一。

西蒙兹说："我们可以说，景观设计师的终生目标和工作就是帮助人类，使人与建筑物、社区、城市以及他们共同生活的地球和谐共处。"我们可以从中得出这样的结论：广义上说，每个人都是景观设计师，每个人都是景观规划设计的受益者。与此同时，自然系统既是景观规划设计的对象，也是景观规划设计的受益者。正如城市规划从"控制式"向"协调式"发展，从"物质型"向"综合型"发展一样，景观规划设计也需要各个阶层的参与。而若对景观规划设计的效益进行分析，我们会发现，其经济效益、社会效益和环境效益之间呈现出非常微妙的相互制约同时又相互促进的关系，不同时期的侧重点不同，结果也不同，但它们都是景观规划设计发展的驱动性因素。

要促使各个阶层都来参与和关注景观规划设计，经济利益是难以回避的。忽略经济利益空谈社会公平和环境保护是没有意义的。纵观历史，人类为了经济利益，不惜大肆破坏自然，导致人与自然的关系急剧恶化，给人类自身的生存造成威胁。人类从自然那里本应该很自然地得到的东西，如新鲜的空气、洁净的水、宁静的环境，现在却正在变成奢侈品。随着社会的进步，人类开始认识到，人类的生存必须依赖自然，为了经济利益而牺牲环境的最终结果就是毁灭人类自己，但单纯讲自然环境保护依旧很难。人类在注重环境的同时，对经济利益的追求还是存在的。为了人类生存，需要保护环境；为了经济的发展，也需要保护环境。在景观规划设计中，人的利益和自然的利益是一致的。

发展经济和保护环境的目的都是促进人类的进步，所以要体现社会公平原则。景观规划设计的社会效益在于，在协调人与自然的关系的同时也协调人与人的关系，它应该有助于促进社会公平，有助于社会进步。政府管理部门的决策者、开发商、专业人士（职业景观设计师和其他相关专业人员）、公众，每个人都有责任在景观规划设计中发挥作用，在使自然受益的同时，也使自己获得应得的利益。职业景观设计师协调的就是这些利益关系，并使各方利益达到最佳的平衡状态，获得最大的综合效益。

在我国，尚没有实行景观规划设计师注册制度，景观规划设计工作大多由建筑设计部门、规划部门、园林部门及大大小小的相关公司承担，规划师、建筑师、园林设计师是景观规划和设计的主要完成人。这使景观规划设计存在很多弊端：一方面，不同部门之间和不同设计者之间缺少沟通与交流，很难形成统一协调的设计思路；另一方面，规划设计者、建设者、景观管理者分属不同机构，各自为政，很难使景观达到应有的效果。这种相互脱节的景观规划设计、单一的景观元素设计和设计者的知识领域限制，很难使最终的景观成果实现可持续发展的目标。

案例赏析 ▶▶▶

纽约中央公园

这座纽约的"后花园"——中央公园，于 1873 年完成扩建，现占地面积 843 英亩（约 5 000 多亩），是纽约第一个完全以园林学为设计准则建立的公园。公园中有总长为 93 公里的步行道，还有 9 000 张长椅和 6 000 棵树木。园内有动物园、运动场、美术馆、剧院等多种设施，有树林、湖泊和草坪，甚至还有农场和牧场，牧场里面还有羊儿在吃草。在一百多年的历史中，纽约中央公园（见图 1-9 和图 1-10）深刻地影响了这个城市里人与人的关系、阶层与阶层的关系，以及人与城市的关系，乃至影响着纽约人的品性，帮助纽约成长为世界顶级的都市。正是由于科学的地形设计和细致的地貌分类，才形成了中央公园合理的功能分区和步移景异的自然效果。

1858 年，纽约政府便进行了中央公园的公开设计竞赛，而从 35 个备选方案中脱颖而出的，能成就这么伟大工程的是谁呢？"美国景观设计学之父"——弗雷德里克·劳·奥姆斯特德。其方案的绝妙之处在于奥姆斯特德巧妙地解决了公园用地形状狭长的难题。他将林荫道设计成向各种角度放射的轴线，并且运用各种自然元素的组织引导游人的视线不断变换，力图通过对地形和园艺的巧妙运用，把游人的注意力从喧嚣的城市街道转移到公园中。当时的中央公园用地及其周围地区皆远在纽约市的郊外，尚未被开发，当时的设计者即预料到，将来有一天公园的四周发展起来，这里将是居民唯一可以见到自然风光的地方。中央公园的设计师奥姆斯特德在陈述他的设计理念时说："一个城市要想在世界都市里占有一席之地，就必须更加注重人类劳动的更高成果，而不是仅仅注重那些赚钱的行业。"他认为，"城市里应该有大量的图书馆、教堂、俱乐部和酒店"，不能只为一般的商业服务，也要为"人文、宗教、艺术和学术"服务。他还说："公园四周的大楼即使比中国的长城高两倍，我的

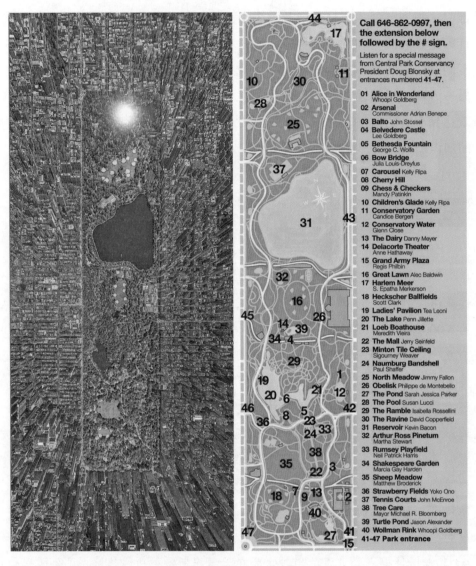

图1-9　纽约中央公园平面图

设计也可以保证在公园里看不到这些大楼。"他的设计中有山有水，拟营造出一派乡村风光。1903年奥姆斯特德去世之时，纽约的人口规模已达到400万，而摩天大楼已经林立，其高度早已超过了长城。纽约中央公园有"三板斧"：丰富的功能分区；先进的道路系统；自然的山水布局。作为超级大公园，自然要满足种种需求，而这就形成了之前从未有过的以人的活动为主要需求的功能分区。中央公园的城市道路系统和景观道路系统也值得一提。由于公园体量巨大，所以公园在东西向贯穿了4条公路，与公园形成了彼此独立的交通体系，这4条公路无缝衔接了城市交通系统，这已经不单单是景观设计了，这是与城市规划结合的优秀案例。

图1-10　纽约中央公园局部

　　公园内部的景观道路系统也同样独具匠心。园内规划有一条约9.6公里长的环形车道，以及比较密集的二级和三级路网，系统组织考虑到能均匀地疏散游人，使游人一进园就能沿着各种道路很快到达自己想去的场所。奥姆斯特德钟爱英国的"田园式"景观，而中央公园与古典式园林有一个很明显的不同，就是最大限度地弱化轴线，基本保持了原有的地貌。这种虽由人作但宛自天开的"无意识"景观非常尊重原始场地。

　　公园东南部原本有一个军火库，后被保留下来，作为公园办公室，并把名人赠送给市政府的一些动物安置在军火库周边地区，从而诞生了美国第一个动物园。

　　公园内的水库以其周围1.58英里的轨道而闻名。数千名跑步者每天都在这里锻炼身体。由于水库周围有不少观赏性樱花树，因此，这里春季的风景尤其优美。

　　公园内的大草坪有13英亩的绿草地，内有棒球场、篮球场以及大量的运动和休闲活动空间。大草坪也是许多音乐会的场地，包括纽约爱乐乐团和大都会歌剧院都在这里举行过表演。

绵羊草原是一个郁郁葱葱的绿色草地，这里拥有绝佳的天际线景观。1864年到1934年，这里真的是用来放羊的。而放羊人住在附近的一座建筑里，那座建筑现在是绿色餐厅里的著名小酒馆。在这里，人们可以进行日光浴、野餐，或是休憩。

莎士比亚花园是一个美丽的小花绿洲。坐在质朴的长椅上，人们可以欣赏到攀爬玫瑰、水仙花、紫罗兰、郁金香和其他花朵。这里只种植莎士比亚戏剧或诗歌中提到的鲜花。

毕士达喷泉及广场位于湖泊与林荫之间，是中央公园的核心，喷泉建于1873年，是为了纪念内战期间死于海中的战士。水池内常常有成群的天鹅悠游其间，也有不少游客在湖中划船。

在湖边的勒布船屋，游人可以租用划艇和自行车，还可以乘坐缆车进行游览。游人也可以在俯瞰着湖泊的甲板上用餐，或在露台上享用小吃。

约翰·温斯顿·列侬的遗孀小野洋子为了纪念她的丈夫（于1980年遇刺），在住处达科塔大厦（也是列侬遇害的地点）前，出资修缮了这个泪滴状区域，并称之为"草莓园"（Strawberry Fields）。每年12月8日（列侬遇害日），全世界的披头士歌迷会聚集在此，一同纪念他，并遥望达科塔旧居；平时也有歌迷会在马赛克图形上点一根蜡烛或放一束鲜花来凭吊他。

坐落在远景岩（Vista Rock）的眺望台城堡（Belvedere Castle）是中央公园的学习中心的所在地，中心内的"发现室"为游客提供园内野生动物相关信息，这里也是眺望中央公园里的戴拉寇克剧院与大草原的好地方，从1919年开始，这座城堡也成为美国的气象中心。

纽约中央公园不仅开了现代风景园林学之先河，更为重要的是，她的建成也标志着普通人可以尽享生活景观时代的到来。美国的现代景观设计从中央公园建成之日开始，就已不再是少数人所赏玩的奢侈品，而是成为让普通公众身心愉悦的空间。在美国最大的公共绿地的规划建设中，诞生了一个新的学科——景观设计学。

奥姆斯特德的规划设计原则：

1.保护自然景观，某些情况下，自然景观需要加以恢复或进一步加以强调，因地制宜，尊重现状。

2.除了在非常有限的范围内，尽可能避免遵循自然式规则。

3.保留公园中心区的草坪或草地。

4. 选用当地的乔灌木。

5. 大路和小路的规划应成流畅的弯曲线，所有的道路形成循环系统。

6. 全园靠主要道路划分不同区域。

奥姆斯特德的 10 条教导：

1. 尊重"那里的精灵"。他希望设计能忠于它们自然环境的特征（那里的精灵）。相信每处都有其生态的和灵性的特质。"接近这个精灵"，然后再由它将所有的设计决定注入其中。

2. 细节服从整体。"设计的精美"将他的作品和花匠的工作区别开来。细节不应被视作独立的元素。他反对将"树、草、水、石、桥看作有自在之美的事物"，这些都是一幅更大的织品上的丝线。

3. 艺术在于隐藏技巧。奥姆斯特德相信，景观规划设计的目的不是让观众看到自己的作品，而是让他们觉察不到它的存在。对他而言，不显露技艺才是艺术。而实现的办法就是消除心理意识的干扰和需求。

4. 旨在创造潜意识。奥姆斯特德是霍勒斯·布什内尔（Horace Bushnell）有关人们"潜意识影响"的著作的忠实读者。奥姆斯特德将这一想法运用到他的布景上，他希望他设计的公园能创造出一种无意识的过程，从中产生放松感。

5. 避免为了时尚而时尚。奥姆斯特德反对做"新奇时尚、科学的或艺术大师倾向以及装饰品的"展示。他认为，流行趋势，比如植物标本或异域花草，带来的往往是干扰而不是有益的帮助。

6. 并不需要正式培训。奥姆斯特德没有受过正式的设计培训，他对园林的见解源自旅行和读书，他游览了大量的公园、私家庄园和乡村景色。他还深受瑞士物理学家约翰·乔治·冯·齐默尔曼（Johann Georg von Zimmermann）的著作的影响。

7. 注重文学艺术的影响。奥姆斯特德经常写作，往往费心思考自己的用词。他拒绝把"景观园艺"这个术语用在自己的作品上，因为他感觉自己的工作范畴远大于园艺爱好者。

8. 有所主张。从他在新英格兰所获得的优秀遗产中，他发展出对社区以及文化与教育等公共组织重要性的信奉。他在南方的旅行，以及他与因 1848 年德意志革命失败而被放逐的革命者的友谊，使他坚信美国有必要证明共和政府和劳动力自由的优越性。他坚信艺术是将美国社会由近乎野蛮的状态改造成他所认为的文明状态的最好方法。

9. 效用胜于装饰。奥姆斯特德的作品总有一种"直接效用或服务的目的"。在他的作品中，服务先于艺术。他觉得，没有目的的树木、花朵、栅栏，"如果不算粗鄙，也是没有艺术性的"。

10.恰到好处。"你曾做的所有作品的最大优点就是，它们里面有更大的地形机会，没有浪费在做平庸的郊区园艺和农舍园艺效果的目的上。我们比绝大多数园艺师更懂得听其自然。但是，不多不少才好。"

拓展阅读 〉〉〉

城市热岛效应

城市热岛效应，是指城市因大量的人工发热、建筑物和道路等高蓄热体及绿地减少等因素，造成城市"高温化"，城市中的气温明显高于外围郊区的现象。在近地面温度图上，郊区气温变化很小，而城区则是一个高温区，就像突出海面的岛屿，由于这种岛屿代表高温的城市区域，所以就被形象地称为城市热岛。形成城市热岛效应的主要因素有城市下垫面、人工热源、水气影响、空气污染、绿地减少、人口迁徙等多方面的因素（见图1-11）。

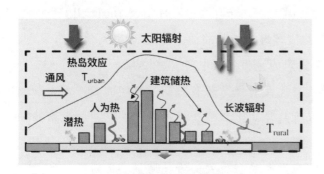

图1-11 城市热岛效应分析图

基本特征：热岛效应是由于人们改变城市地表而引起小气候变化的综合现象，在冬季最为明显，夜间也比白天明显，是城市气候最明显的特征之一。城市热岛效应使城市年平均气温比郊区高出1℃，甚至更多。夏季，城市局部地区的气温有时甚至比郊区高出6℃以上。原则上，一年四季都可能出现城市热岛效应。此外，城市密集高大的建筑物阻碍气流通行，使城市风速减小。由于城市热岛效应，城市与郊区形成了一个昼夜相同的热力环流（见图1-12）。

图1-12 热岛效应示意图

影响因素：蒸发减少、城市下垫面反射率降低、能量输入。各因素对城市热岛效应的影响强度为：蒸发减少 0.05 g/（m^2·s），热输入增加 120.9 W/m^2；城市下垫面反射率降低 10%，热输入增加 30 W/m^2；人工能量输入 10 W/m^2，城市中总热输入增加 160.9 W/m^2。由于受空气对流的影响，实际热输入约为 20 W/m^2，此时的温升约为 3.5℃，这与实际情况比较相符。当夏季空气流通减缓时，热输入会急剧增加，由于城市蒸发系统适应性低，造成城市温度急剧上升；同时，空调和火电厂的加速运转又会造成恶性循环，加剧城市大气温升。城市蒸发量减少也形成了城市干岛效应，造成城市上空大气稳定度升高，不易发生垂直对流，易形成近地表高温，伴生严重的空气污染（如灰霾和光化学烟雾）。

预防措施：

1. 绿化环境

研究表明，城市绿化覆盖率与热岛强度成反比，绿化覆盖率越高，则热岛强度越低：当覆盖率大于 30% 时，热岛效应会得到明显的削弱；当覆盖率大于 50% 时，绿地对热岛效应的削减作用极其明显。规模大于 3 公顷且绿化覆盖率在 60% 以上的集中绿地，基本上与郊区自然下垫面的温度相当，即消除了热岛现象，此时，城市中形成了以绿地为中心的低温区域，该区域便成为人们户外游憩活动的优良场所。

（1）选择高效美观的绿化形式，包括街心公园、屋顶绿化和墙壁垂直绿化及水景设置，可有效降低热岛效应，使人们获得清新宜人的室内外环境。

（2）居住区的绿化管理要建立绿化与环境相结合的管理机制并且形成相关的地方性行政法规，以保证绿化用地。

（3）要统筹规划公路、高空走廊和街道这些温室气体排放较为密集的地区的绿化，营造绿色通风系统，把市外新鲜空气引进市内，以改善小气候。

（4）应把消除裸地、消灭扬尘作为城市管理的重要内容。除建筑物、硬路面和林木之外，全部地表应为草坪所覆盖，甚至在树冠投影处即草坪难以生长的地方，也应用碎玉米秸和锯木小块加以遮蔽，以提高地表的比热容。

（5）建设若干条林荫大道，使其构成城区的带状绿色通道，逐步形成以绿色林木为隔离带的城区组团布局，降低热岛效应。

2. 减少排放

减少人为热的释放，尽量将民用煤改为液化气、天然气，并扩大供热面积。提高能源的利用率，改燃煤为燃气。控制使用空调器，提高建筑物隔热材料的质量，以减少人工热量的排放；改善市区道路的保水性性能。

3. 合理进行城市规划

从城市气象出发，在进行城市规划设计时应考虑以下几个方面：

（1）要保护并增大城区的绿地、水体面积，因为城区的绿地、水体对减弱夏季城市热岛效应起着十分可观的作用。

（2）城市热岛强度随着城市的发展而加强，因此在控制城市发展的同时，要控制城市人口密度、建筑物密度。因为人口高密度区也是建筑物高密度区和能量高消耗区，常形成气温的高值区。

（3）建筑物淡色化以增加热量的反射。

（4）此外，实施透水性公路铺设计划，即用透水性强的新型柏油铺设公路，以储存雨水，降低路面温度。

（5）形成环市水系，调节市区气候。因为水的比热大于混凝土的比热，所以在吸收相同的热量的条件下，两者升高的温度不同，因而形成温差，这就必然加快热力环流的循环速度，而在大气的循环过程中，环市水系又起到了二次降温的作用，这样就可以使城区温度不致过高，就达到了防止城市热岛效应的目的。

（6）提高人工水蒸发补给，如喷泉、喷雾、细水雾浇灌等。

（7）市区人口稠密也是热岛效应形成的重要原因之一。所以，在今后进行新城市规划时，可以考虑在市中心只保留中央政府和市政府以及旅游、金融等部门，其余部门应迁往卫星城，再通过环城地铁连接各卫星城。如北京市位于华北平原中部，三面环山。由于山谷风的影响，盛行南、北转换的风向。夜间多偏北风，白天多偏南风。因此，在扩建新市区或改建旧城区时，应适当拓宽南北走向的街道，以加强城市通风，减小城市热岛强度。

综上所述，热岛效应给人们带来的危害的确不小，但若能正确利用已有的技术，控制城市的过快发展，合理规划城市，这个问题并非不可解决。

干 岛 效 应

干岛效应与热岛效应通常是相伴存在的。由于城市的主体为连片的钢筋水泥筑就的不透水下垫面，因此，降至地面的水分大部分都经人工铺设的管道排至他处，形成径流迅速流走，缺乏天然地面如土壤与植被所具有的吸收和保蓄能力。因而平时城市近地面的空气就难以像其他自然区域一样，从土壤和植被的蒸发中获得持续的水分补给。这样，城市空气中的水分偏少，湿度较低，形成孤立于周围地区的"干岛"。

危害：

大气污染：干岛效应造成城市大气相对湿度降低，大气稳定度提高，底部大气不易与高层发生对流，城市污染物集中于城市下垫面区域，造成持续的大气污染，形成 $PM_{2.5}$ 的灰霾天，进而对人体造成危害。

城市热污染：由于蒸发减少形成干岛，水蒸发带走的潜热减少，形成城市大气热岛，伴生热岛效应，加剧城市热污染。

治理：

增加植被，增加分散水域，增加人工喷泉和喷雾设备，增加楼顶绿化与喷水系统，增加道路雨水收集与蒸发补偿系统。

雨 岛 效 应

雨岛又是什么呢？其实，城市常常产生一种特别的降水，这是在城市热岛环流的推动下水汽迅速上升引起的，也叫城市雨。城市雨的形成主要依靠两点：

一是城市中丰富的尘埃。这为降水提供了充足的凝结核。凝结核是什么？实际上，雨滴中都藏着一粒小小的灰尘。水汽凝结的时候，会附着在某个固体上面，而灰尘这般大小的事物便是不二之选。这些作为雨滴附着的固体便被称为凝结核。

二是城市排放的热量。这些热量使得城市较为安静稳定的大气迅速上升，虽然空气中水分含量并不算多，但是迅速上升则让这些水汽迅速遇冷，在一定的高度，水汽便附着在尘埃上，形成云，水滴越积越多，重力向下作用，便形成了雨。由此，雨岛效应便产生了。

复习思考

一、如何理解景观的含义？

二、城市化对环境的正、负效应及其与城市景观规划学科诞生的关系是怎样的？

三、简述景观规划设计的概念及其学科理论的发展。

四、景观规划设计的特征是什么？

五、景观规划设计师的职业范围及其作用有哪些？

六、景观规划设计与风景造园有哪些区别？

第二章

Chapter
02

景观规划设计的原则、内容与评价

第一节　景观规划设计的基本指导思想与原则

　　中国有着几千年的文明发展史，早在周代就已有了城市建设的规制，城市的布局比西方国家更加理性和严谨。在几千年的发展过程中，城市不断发展建设，现有的大多数城市基本是在旧城的基础上发展起来的，新、旧之间的更新与改造始终是当代城市建设面临的难题。特别是在城市化迅速发展的时期，城市建设中的许多矛盾被激化，给城市景观环境带来严重破坏。现行的城市规划、设计、建设和管理体制也引发了城市风格不统一、形象不突出、资源浪费、景观结构不合理等诸多矛盾。只有遵循景观规划设计理论与方法，保持人工环境与自然环境的有机结合，才能解决现代城市建设中出现的种种矛盾，使城市有序发展，以改善城市环境质量，提高生活品质，达到人与自然协调发展，资源永续利用，最终形成景观格局合理的生态型城市。

一、基本指导思想

　　景观规划设计是综合性极强的学科，不单纯是建筑师或城市规划师个人意图的体现，而是城市发展各项因素综合作用的结果，景观规划设计必须掌握以下 4 个基本观点：

（一）综合与整体的观点

首先，城市是社会生产发展的产物，是人对自然改造的结果，是政治、经济、文化的集中表现，城市面貌是上述诸因素综合作用的形象表达。不同的时代，不同的地理条件，不同的经济水平，不同的政治制度，不同的文化传统，不同的生活习俗，形成了形态各异的多元化的城市。因此，要开展城市景观规划和设计，必须研究城市形象，了解各种城市建设项目对城市形象和生态环境产生的各种正面或负面的影响，并且，要从社会发展的大环境角度来考察，才可能使我们总结出来的经验与教训对今后的建设更有指导意义，这就是城市形象分析的综合观点。其次，城市的形成和发展是政治、经济、文化综合作用的结果，它的形象必然受到这些因素的影响，而这些因素是互相渗透的，它们对城市的影响与制约是不平衡的，最根本的制约性因素还是经济基础。但是在同样的经济条件下，政治因素往往起决定作用，尤其是领导人的决策会产生直接的影响。经济效益、社会效益、环境效益三者在理论上应该统一，但实践证明，这种统一只能是相对的，不同的时间、地点和条件，其对城市的影响是不同的，不可能绝对平衡。因此，城市规划设计工作者在任何时候都不可能成为主宰城市的"救世主"，面对不同的政治、经济形势，他们只能是城市建设决策的"参谋"和正确舆论的宣传员。他们的责任是要审时度势，权衡利弊，做出最佳选择，以此来影响决策者，并向社会宣传、呼吁，争取大众的认同，引导城市景观健康发展，把对城市景观形象塑造的有利因素大加发扬，将损害城市环境的因素降到最低限度。国家和政府部门应当提高城市建设科学决策的水平，增强景观规划设计师参与城市景观决策的权力，避免领导者的主观决策造成失误和偏向。这就要求景观规划设计者要综合经济的、政治的、文化的等多种因素。再次，景观规划设计是多学科综合的产物，每个城市景观的规划设计都要求规划设计者吸纳、借鉴所有相关学科的理论知识，并使决策者、规划设计者、建筑商、管理者形成一个统一协调的整体。最后，景观规划设计学是对人类生态系统的整体规划设计，每个景观的规划设计都应该考虑整体生态系统，将系统内的每个因素进行综合，使景观形成统一协调的系统。

（二）可持续发展的观点

纵观历史和世界发达城市的发展中由于片面追求经济发展忽略了对资源、对历史文化的保护造成的损失和惨痛教训，我们可以发现：一个难以可持续发展的城市是很难保持长久繁荣的，最终都会走向败落。

19世纪，造园风格停滞在自然式与几何式互相交融的设计风格上，花园风格更加简洁、浪漫、高雅，用小尺度具有不同功能的空间构筑花园，并强调自然材料的运用。这种风格影响到后来欧洲大陆的花园设计，直到今天仍有一定的影响力。由此可见，一个城市的可持续发展除了资源的永续利用，更体现在城市历史文化资源的保护和持续上。

20世纪60年代，日本提出了经济发展的倍增计划，在1962年编制的第一次全国综合开发计划（1960—1970年）的基本目标中，只强调地域间的均衡发展，自然资源的有效利用，资本、劳动与技术等资源的适度平衡，没有提到人居环境和谐、历史风貌保护的问题。也正是在这个时期，日本出现了水俣病等严重污染环境的事件。此时，东京进入了超高层建筑发展的时代，在丸内皇居（皇宫）周围建起了百米以上的楼群，历史环境遭到了严重破坏。在1969年提出的第二次全国综合开发计划（1965—1975年）中，首先提出了人与自然的调和，强调了对自然的恒久保护与保存，强调为人们提供安全、舒适、文化的环境。在1977年编制的第三次全国综合开发计划（1975—1985年）中，强调了人居环境的整体目标，在其基本目标中强调了对国土资源开发的限制，提出了对地域特点、历史传统文化的尊重，更加注重人与自然的调和。

第二次世界大战后的经济恢复期，欧洲建了大量的高层房屋，破坏了原有的城市传统风貌。法兰克福的多数建筑在战争中被毁，战后的首要任务是发展经济，但是经济发展给城市面貌带来了不良影响。法兰克福的城市中心区建起了20多栋20层左右的建筑，破坏了传统风貌，人们感到法兰克福越来越像美国，认为城市成为一部由高楼大厦与快速公路组成的紧张运行的机器，缺乏宁静的家庭生活气息。于是，当经济恢复、住宅富余时，人口大量向郊区疏散，造成了市中心区的衰落。1975年，政府开始大量整理并修复仅存的传统建筑，力求保留更多的传统风貌，政府每年拿出数千万马克作为对历史建筑与重要历史地段的整修经费，提倡以传统建筑为荣，试图通过一系列的整建使中心区恢复活力。

20世纪70年代，欧洲各国对历史城市保护的重要性形成共识，大家痛悔在经济恢复时期对城市历史传统造成了过多破坏，于是提出了历史城市保护年的倡议，1972年通过的《关于历史地区的保护及其当代作用的建议》（《内罗毕建议》）就是在这样的背景下产生的，倡议正式提出了保护城市历史地区的问题，强调"历史地区及其环境应被视为不可替代的世界遗产的组成部分，其所在国政府和公民应把保护该遗产并使之与我们时代的社会生活融为一体作为自己的义务"，倡议还提出了对历史城镇的维护、保存、修复和发展的措施。

具有悠久历史的中国城市也同样存在此类问题。在历史发展的长河中，我们常常可以看到不同时代在城市留下的痕迹，历史越悠久，文物古迹积累得越多，对城市面貌的影响就越大。物质文明和精神文明的发展程度越高，对文化遗产就越珍惜，对历史风貌的保护就越重视。世界城市的发展和国内各城市建设的实践都说明了这一点。许多发达国家在经济发展初期，不重视历史风貌的保护，过多地毁坏历史遗存，后来经济发达了，人们富裕了，对历史文化的追求提高了，都为经济发展初期造成的破坏惋惜不已。目前我国大部分城市正处于经济大发展的时代，相当于欧洲与日本在20世纪五六十年代的状况，是历史风貌保护最脆弱的阶段。从全国各城市反映出来的问题看，已有不少历史遗存遭到破坏，造成永久的遗憾。近年来，一些经济较发达的城市已经开始重视对历史环境的保护、整建与修复。我们必须吸取发达国家的历史经验，慎重对待历史遗存，坚持可持续发展的方针，尽量避免建设性的破坏。

资源的永续利用是可持续发展的核心内容，在进行城市景观规划设计时，一定要考虑到光能、热能、水能的高效利用，在各种层次的耗能环节中加入节能措施，如太阳能技术、节水技术、节约土地技术。在热带、亚热带等富热能城市，提高光能利用，尤其是在建筑物、道路等各种设施空间，增加植被覆盖度，将光能转化为植物能，降低热能，减少热辐射，降低电能使用，最大限度地减少自然资源的消耗。在寒带、温带城市，充分利用太阳能、风能资源，合理设计建筑物墙体，利用保温材料节约能源，降低电能、燃料使用。

（三）因地制宜的观点

首先，每个城市的形成和发展，都有其特殊的自然环境和政治、经济、社会、文化背景，形成了各自鲜明的地方特色、形象标志和强烈的个性。例如，明清时期快速发展起来的都城北京，具有中轴明显、格局严整对称、以青灰色的民居烘托金黄色皇宫等鲜明的特色。另外，苏州的白墙黑瓦、小桥流水、咫尺园林；桂林的山、水、城交融，水中映照青山，青山绿水点缀城市；高原古城拉萨夕阳映照下布达拉宫金碧辉煌……无不反映了其不同于其他城市的个性特色：每个城市的风貌不同，风土人情、生活习俗以至土特产品各异，形成了对外界特殊的吸引力。例如，哈尔滨的冰雕、吉林市的雾凇、丽江的纳西古乐、重庆火锅、开平碉楼……在城市发展中如何保持、继承和发扬这些传统特色，是城市设计者应该重视、研究的问题。特别是对于那些历经几百年乃至数千年形成与发展起来的历史城市，在改造、完善城市设施和强化现代城市功能的同时，必须尊重每个城市的实际情况，保持城市的历史文脉和社会联结。其次，景观规划设计应遵循适应性观点，研究学习、发扬光大城市发展过程中形成的和谐、稳定的自然与人工景观，并在城市改造与新城建设中保护自然景观，使人工景观与自然系统和谐发展，最终保持自然生态系统结构与功能的稳定和健康发展。再次，因地制宜和适应性观点并非闭关自守和夜郎自大，而是要充分吸收国内外的先进技术，把城市建设得更加适合现代生活的需要。毕竟，一个有生命力的城市总是能够兼容并蓄，创造出灿烂的文化。但是，吸收外来的东西，必须经过消化、吸收、融入本地的特色，切不可生吞活剥，只讲究表面形式的模仿，把城市搞得不伦不类。最后，不同城市的自然地域差异也是城市景观规划设计者首要考虑的因素，地理地貌特色、生物气候带分布等都是规划设计的基础。

（四）长期而持久的观点

城市是由简单到复杂、由低级到高级，一步一步发展起来的，城市的形成与发展也总是受到当代经济与技术条件的制约。因此，城市形象与景观的塑造和成熟是一个缓慢的过程，城市规划，尤其是在旧城的改造设计过程中，不能拔苗助长，不能只追求眼前局部利益，不能降低标准以勉强加快城市的改造与发展速度、求得一时政绩，因为急于求成的改造常常给城市的进一步发展造成更多的障碍，如近年出现的"草坪热""移植大树风""大广场风"等，都是追求短期时效的结果，最终导致了结构不合理、利用率低、浪费土地等问题。景观规划设计要依据景观生态学的原理和方法，在满足人类物质、精神生活的同时，考虑资源的长期、可持续利用，考虑长期的经济发展和环境保护目标，要从现有人口的发展速度、经济增长速度、城市人口多样化的需求出发，建立长期的城市景观规划，并在此规划基础上开展各项景观规划设计，切忌犯国外许多城市犯过的急功近利的错误。

二、基本原则

（一）以人为本，体现博爱

最早提出以人为本的是 14 世纪的文艺复兴运动。人本主义是与以神为中心的封建思想相对立的，它肯定人是生活的创造者和享受者，要求发挥人的才智，对现实生活持积极态度。这一指导思想反映在文学、科学、音乐、艺术、建筑、园林等各个方面，尤其体现在园林中的是人文主义园林田园情趣。例如，初期的意大利庄园多建在佛罗伦萨郊外风景秀丽的丘陵坡地上，多个台面相对独立，没有贯穿各台层的中轴线。

现代景观规划设计理论家埃克博认为："人"作为景观中最活跃的要素，所有的景观规划设计都必须为"人"服务。环境设计的最终目的是应用社会、经济、艺术、科技、政治等综合手段，来满足人在城市环境中的存在与发展需求。它使城市环境充分容纳人们的各种活动，并能在各种环境中感受到人类的思想，在美好而愉快的生活中激发人们的博爱和进取精神。

人是城市空间的主体，任何空间环境设计都应以人的需求为出发点，体现出对人的关怀，根据婴幼儿、青少年、成年人、老年人、残疾人的行为心理特点创造出满足各自需要的空间，如运动场地、交往空间、无障碍通道等。时代在进步，人们的生活方式与行为方式也在随之发生变化，景观规划设计应适应变化的需求。当然，以人为本并不是将人类从自然生态系统中独立出来，更不能将人类凌驾于其他生物之上，而是将人类与其他生物同等对待，充分利用人类的主观能动性和才智，营造出和谐共存的地球生态系统。

西蒙兹在《景观设计学——场地规划与设计手册》中尝试着把所看到的精彩的景观规划设计作品提炼为基本的规划理论，如中国的天坛、圆明园，日本的龙安寺，法国的香榭丽舍大道等，其以精炼而富有诗情画意的文笔描绘了人们置身其中的体验。人们规划的不是场所，不是空间，也不是物体，人们规划的是体验，首先是确定的用途或体验，其次才是对形式和质量的有意识的设计，以达到希望达到的效果，场所、空间或物体都根据最终目的来设计，以最好的服务来表达功能，产生体验性的规划。这里所说的人们，是指景观设计的主体服务对象，规划的是他们在景观中所想得到的体验，而不是外来者如旅游者、设计师和开发商的体验，但这一点很容易被忽略。设计师和开发商会将自己认为"好"的景观体验放在设计中，并强加给景观的真正使用者。例如，在历史文化名城保护中所强调的生活真实性就是针对当地人而言的。

在景观规划设计中，设计师对主体服务对象、使用者进行充分理解是很有必要的。西蒙兹认为，在景观规划设计中，人首先具有动物性，通常保留着自然的本能并受其驱使，要合理规划，就必须了解并适应这些本能；同时，人又有动物所不具备的特质，他们渴望美和秩序，这在动物性中是独一无二的，人在依赖于自然的同时，还可以认识自然的规律，改造自然，理解人类自身。理解特定景观服务对象的多重需求和体验要求，是景观规划设计的基础。人是可以被规划、被设计的吗？答案显然是否定的，但人是可以被认识的，不同的人在不同的景观中的体验是可以预测的，什么样的体验是受欢迎的，也是可以知道的。人的体验是可以被规划，如果设计师所设计的景观使人们在其中所得到的体验正是他们想要的，那么就可以说这是一个成功的设计。

（二）尊重自然，和谐共存

自然优先是景观规划设计的最基本原则，自然环境是人类赖以生存和发展的基础，其地形地貌、河流湖泊、绿化植被等要素构成城市的宝贵景观资源，尊重并强化城市的自然景观特征和生态功能特征，使人工环境与自然环境和谐共处，有助于城市特色的创造。保护自然资源，维护自然生态过程是改造和利用自然的前提。古代的人们利用风水学说在城址选择、房屋建造、使人与自然达成"天人合一"的境界方面为我们提供了极好的参考榜样。今天在钢筋混凝土大楼林立的都市中积极组织和引入自然景观要素，不仅对保持城市生态平衡，维持城市的持续发展具有重要意义，而且以其自然的柔性特征"软化"城市的硬体空间，为城市景观注入了生机与活力。

景观规划设计的另一个服务对象是自然，是那些受到人类活动干扰和破坏的自然系统。我们所规划的人的体验必须通过物质空间要素才能体现出来，这些要素既有纯粹自然的要素，如气候、土壤、水分、地形地貌、大地景观特征、动物、植物等，也有人工的要素，如建筑物、构筑物、道路等。景观规划设计中对诸要素的综合考虑必须放在人与自然相互作用的前提下。了解自然系统本身的演变是必要的，但还不够。我们要理解的是在人类的作用下，自然系统是怎样发展和演变的。

西蒙兹在《景观设计学——场地规划与设计手册》中分门别类地做了很详细的分析，该书具有很大的实用性。自然有它自己的发展规律，它对人类的干扰和破坏的承受程度是有限的，目前比较受关注的生态设计就是一种很好的思路。西蒙兹认为：自然法则指导和奠定所有合理的规划思想。同时，他还借鉴了辛·范德·赖恩（Sim van der Ryn）和斯图尔特·考恩（Stuart Cowan）的思想，提出了以下看法：生态设计是有效地适应自然并与之统一的过程。美国著名的生态设计学家麦克哈格在他著名的《设计结合自然》一书中也对此做了很好的说明。他一反以往土地和城市规划中功能分区的做法，强调土地利用规划应遵从自然固有的价值和自然过程，这为我们进行景观规划设计时如何正确对待自然指明了方向。

（三）延续历史，创新未来

城市建设大多是在原有基础上所做的更新改造，今天的建设成为连接过去与未来的桥梁。对于具有历史价值、纪念价值和艺术价值的景物，要有意识地挖掘、利用和维护保存，以便以前所经营的城市空间及景观得以延续。同时，应用现代科技成果，创造出具有地方特色与时代特色的城市空间环境，以满足时代发展的需求。

（四）协调统一，多元变化

城市的美体现在整体的和谐与统一之中。正如凯文·林奇（Kevin Lynch）在《城市意象》（*The Image of the City*）一书中所提出的那样：任何一个城市，都存在一个由许多人意象复合而成的公众意象。城市需要标志和特色，而这需要通过城市的整体规划设计和核心景观才能实现，一个城市的整体美至关重要。城市景观艺术是一种群体关系的艺术，其中的任何一个要素都只是整体环境的一部分，只有相互协调配合才能形成一个统一的整体。如果把城市比作一首交响乐，把每位城市建设者比作一位乐队演奏者，那么，在统一的指挥下，他们才能奏出和谐美妙的乐章。

城市的美同时反映在丰富的变化之中。根据行为心理学的研究，人的大脑需要一定复杂程度的刺激，过多的刺激容易使人疲惫，单调的景物又使人乏味，这就需要城市景观既统一而又富有变化。一方面，可以通过建筑的形式、尺度、色彩、质地的变化区分主次建筑；另一方面，可以通过空间序列的组织，营造出空间大小、开合的变化，形成光影的明暗对比，构成有起伏、转承、高潮的空间环境景观。多元化的景观也是生物多样性保护的具体体现。

（五）实用与美观相结合

城市景观首先应考虑其功能，包括文化的、生活的、娱乐的、生态的等；其次要考虑视觉的形象，当然，雕塑、喷泉等除外。实用很重要，不能因为美观过多地装饰建筑物、铺设华丽的地砖、摆设大量的盆花，而忽略了其功能，浪费了很多资源和财力。这种只注重美观而忽略实用的风气尤其体现在文艺复兴末期，那时的城市景观设计喜欢用过多的曲线来制造出有些骚动不安的效果，装饰上大量使用灰色雕塑、镀金的小五金器具、彩色大理石等，竭力显示出令人吃惊的豪华之感。有些过度追求新颖别致的水景设施造成了资源浪费。在很多城市，华丽的路灯、过于艺术的垃圾箱、湿滑的人行道、不实用的公园座椅……都是忽视了景观实用功能的产物。

（六）节能、节俭和高效相结合

可持续就是要实现资源的永续利用，景观规划设计自始至终都要考虑资源的节约和高效。从整个城市的生态系统、交通系统、居住区，到公园、广场中的一盏灯，都应尽最大可能地节约每寸土地，节约每度电、每吨水，进而保持最大的生态服务功能价值，保持最大的土地效益。

第二节 景观规划设计的内容与工作框架

一、景观规划设计的主要内容

景观规划设计涵盖了规划与设计两方面的内容。

（一）景观规划

景观规划包括国土规划、场地规划和特殊景观规划三个层次。国土规划主要指自然保护区规划和国家风景名胜区保护规划，场地规划包括旧城区改造规划、新城建设规划、城市绿地系统规划、旅游规划等，特殊景观规划包括开发区规划、商业区开发规划、居住区规划、公园规划及其他专项用地规划。

景观规划的主要内容如下。

1. 规划区基本情况调查分析

规划区基本情况调查分析包括对区位、自然条件、人文、经济、历史、土地利用现状、交通现状、市政设施现状、公共服务设施现状、环境保护现状、风景名胜区现状、自然保护区现状等情况的调查、资料收集与分析。

2. 上层次规划、已有规划与相关规划的解读和要求

分析上层次规划的内容与要求，评价已有规划的实施效果和存在问题，分析与本规划相关的其他专项规划，借鉴其优点，并保持相关内容的一致与协调。

3. 城市发展战略、定位与目标确定

根据上层次规划的要求和规划区社会、经济与自然条件现状，分析确定城市或规划区域规划期内及未来发展战略，合理定位，制定总体目标和阶段性建设目标，确定规划期内的发展规模，如人口规模、经济发展指标、建设用地规模、生态用地规模、环境保护指标等。

4. 空间布局规划

空间布局规划包括城市空间结构、空间形态、产业功能布局、交通规划、生态绿地规划、市政设施规划等。

5. 确定规划期内建设的重点项目

根据规划目标和功能布局确定产业区、交通、市政、绿地、环保、商业、居住

等重点建设的项目内容、计划与目标。

6. 规划的实施与保障

采取规划实施的一系列详细可行的保障措施。由于规划的层次不同，规划要求的内容也有所差异，因此，应根据具体的规划要求确定规划的内容。

（二）景观设计

景观设计是指在城市景观规划指导下的具体设计内容，主要指城市公共空间的具体景观设计，包括城市公园设计、城市广场设计、商业区设计、道路绿化设计、城郊防护林带设计、滨水景观带设计、住宅区设计、庭园设计和景观小品等。景观设计的内容与景观规划的内容大致相似，只是景观设计所设计的区域小，内容要求更细，设计图纸比例大，说明更详细，并要有详细的造价预算、实施计划。

二、景观规划设计的工作框架

刘滨谊（2005）提出了景观规划设计过程实践的宏观、中观、微观三个层次框架（见图2-1）。宏观景观规划设计包括土地环境生态与资源评估和规划；中观景观规划设计包括场地规划、城市设计和旅游度假区、主题公园、城市公园规划设计；微观景观规划设计包括街头小游园、街头绿地、花园、庭园、景观小品等。

王学斌认为，不同层次的景观规划设计蕴含着3个层面的追求以及与之相对应的理论研究：

1. 人类行为以及与之相关的文化历史与艺术层面，包括潜在于景观环境中的历史文化、风情、风俗习惯等与人们精神生活世界息息相关的东西，这直接决定着一个地区、城市、街道的风貌，影响着人们的精神文明，即

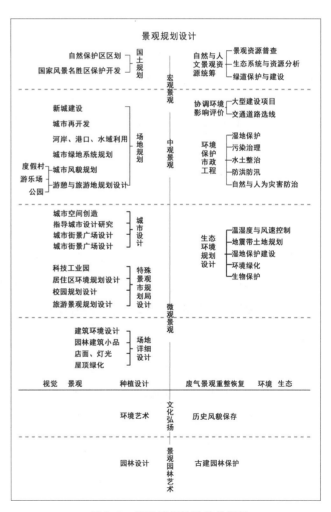

图2-1 景观规划设计整体框架

人文景观。

2. 环境、生态、资源层面，包括土地利用、地形、水体、动植物、气候、光照等人文与自然资源在内的调查、分析、评估、规划和保护，即大地景观。

3. 景观感受层面，基于视觉的所有自然与人工形体及其感受的设计，即狭义景观。

如传统的风景园林设计一样，景观规划设计的这 3 个层次的共同的追求仍然是以艺术与实用为目的。

第三节　景观的分析与评价

一个景观，无论是自然景观还是人工景观，分析其价值，评价其功能、结构及合理性是十分重要的，合理分析与评价才能使我们准确认识其生态价值、文化价值、服务功能，才能发现不足，从而改造和建设最具生态、人文价值的景观。因此，景观的合理评价对于自然资源的合理利用和保护，对于城市空间和结构的合理布局，对于人类文明的发展有重要的意义。

一、景观的主要评价方法

关于景观的合理性评价，目前还没有一套大家公认的完整的评价体系。但国外关于景观质量评价的方法值得我们借鉴。从 20 世纪 60 年代开始至今，关于景观评价的研究成果层出不穷，学派林立，概括而言，可分为专家学派、心理物理学派、认知学派（或称心理学派）、经验学派（或称现象学派）。

（一）专家学派

专家学派（Expert Paradigm）认为，凡是符合形式美原则的景观都具有较高的景观质量。该学派通过线条、形体、色彩和质地四个基本元素对景观进行分析，强调诸如多样性、奇特性、统一性等形式美原则在决定风景质量分级时的主导作用。另外，专家学派还常常把生态学原则作为风景要量评价的标准。这一评价方法已被英美等国的许多官方机构所采用，如美国林务局的风景管理系统（Visual Management System，VMS）、美国土地管理局的风景资源管理（Visual Resources Management，VRM）、美国土壤保护局的风景资源管理（Landscape Resources Management，LRM）、联邦公路局的视觉污染评价（Visual Impact Assessment，VIA）等。但由于各个部门的性质及管理对象不同，各个风景评价系统共同构成景观规划设计工程的整体框架。

此外，管理系统也有差异。美国林务局的 VMS 系统和土地管理局的 VRM 系统主要适用于自然风景类型的景观规划评估，主要目的是通过对自然资源（包括森林、山川、水域等）的风景质量进行评价，制定出合理利用这些资源的措施；美国土壤保护局的 LRM 系统则主要以乡村、郊区风景为评估对象；而联邦公路局的 VIA 系统则适用于更大范围的风景类型，主要目的是评价人的活动（如建筑施工、道路交通等）对风景的破坏作用，以及如何最大限度地保护风景资源等。专家学派（以 VMS 系统为例）的主要评价方法如下：

1. 景观类型的分类

VMS 系统比较强调风景分类，主要按照自然地理区划的方法，基于数据库和数据调查，以地形地貌、植被、水体等为主要分类依据来划分风景类型和亚型。

2. 景观质量评价

在 VMS 系统中，丰富性（多样性）是景观质量分级的重要依据，根据山石、地形、植被、水体的多样性划分出三个景观质量等级：A. 特异景观；B. 一般景观；C. 低劣景观。

3. 敏感性分析

敏感性（Sensitivity）是用来衡量公众对某一景观点关心（注意）程度的指标。人们的注意力越集中于某一景观点，其敏感性程度就越高，即该点是影响人们审美态度的敏感点。VMS 系统根据敏感性程度把景观区域划分为三个等级：① 高度敏感区；② 中等敏感区；③ 低度敏感区。在各敏感性等级区内，又以主要观赏点及娱乐中心划分出三个距离：① 前景带；② 中景带；③ 背景带。

4. 管理及规划目标的设定

景观质量评价和敏感性评价结果是确定景观管理与规划目标的主要依据。将标有景观质量等级的地图与标有敏感性等级和距离带的地图进行叠加，得到综合评价结果，由此确定每个地段或区域内的管理措施与规划目标。VMS 系统根据管理措施的差别划分为四个等级区：① 保留区；② 部分保留区；③ 改造区；④ 大量改造区。

5. 视觉影响评价

视觉影响评价（Visual Impact Assessment）就是评价或预测某种活动（如修建公路、架设高压线路等）将会给区域内景观的特点及质量带来多大程度的影响的指标。在 VMS 中，常用"视觉吸收能力"（Visual Absorption Capability）这一概念描述景观本身对外界干扰的承受能力。而 VRM 系统中的视觉污染评价体系则较为完善，它首先以地形、地貌、植被、水体、建筑等的形体、线条、色彩、质地为基本元素，分析现状景观的特点，然后，将计划活动（工程）也分解为形体、线条、色彩和质地四个基本元素，再对这两组基本元素的对比度进行评价，划分出四个等级：A. 没有对比——各对应元素之间的对比性不存在或看不到；B. 对比不明显——各对应元素之间的对比性能够觉察，但不引人注意；C. 对比中等——对比性开始引人注意，并将成为景观的重要特征之一；D. 对比强烈——对比成为景观的主导特征，并使人无法避开对它的注意。通常情况下，对比度越强烈，则对原景观的冲击就越大，对景观的破坏也就越严重。

6. 最终决策

根据各种评价过程及结果对景观做出评判，并制定管理措施或规划目标。

（二）心理物理学派

心理物理学派（Psychophysical Paradigm）把景观与景观审美的关系理解为刺激—反应的关系。该学派把心理物理学的信号检测方法应用到景观评价中来，通过测量公众对景观的审美态度，得到一个反映景观质量的量表，然后使该量表与各景观成分间建立起反映这种主客观作用的关系模型。心理物理学派认为主要有两种景观评价模型：

1. 测量公众的平均审美态度（景观美景度）的两种测量方法

（1）评分法，SBE（Scenic Beauty Estimation Procedure）法：以归纳评判法为依据，让被试者按照自己的标准给每个景观进行评分（0～9），各个景观之间不经过充分的比较。

（2）LCJ（Law of Comparative Judgment）法：以比较评判法为基础，通过让被试者比较一组景观来得到一个美景度量表。

2. 对构成景观的各成分的测量

比如在森林景观评价中，直接测量林木的胸径、下层灌木及地被的多少、各部分的面积比例、天空面积比例等，并将这些成分与公众的审美评判建立关系。心理物理学派的方法在森林景观评价及景观管理、远景景观评价、娱乐景观评价等方面得到了很好的应用。

（三）认知学派

认知学派（Cognitive Paradigm）将景观作为人的生存空间和认识空间来评价，强调景观对人的认识及情感反应上的意义，尝试从人的进化过程及功能需要的角度去解释人类对景观的审美过程。该学派以英国地理学家阿普顿（Appleton）的"了望—庇护"理论为评价基础。主要评价模型有卡普兰（Kaplan）的景观审美理论模型、乌尔里希（Ulrich）的景观评价模型。认知学派认为，在景观审美过程中，景观具有可以被辨识和理解的特性——"可解性"（Making Sense）与可以不断地被探索和包含着无穷信息的特性——"可索性"（Involvement）两大特性（见表2-1），当某个景观同时具备两个特性时，说明这一景观质量好。卡普兰将这两个特性分别在二维、三维空间中进行了扩展，并形成了思维模型：可解性（二维平面）一致性（三维空间）可续性；可索性（二维平面）复杂性（三维空间）神秘性。这一理论模型又经过布朗（Brown）和伊丹（Itami）等人的加工，转化为反映具体地形地貌特征的实用模型。

表2-1　景观具有的两大特性（认知学派）

类　型	可　索　性	可　解　性
地形	坡度，相对地势	空间多样性，地势对比
地物	自然性，和谐性	内部丰富性，高度对比

（四）经验学派

经验学派把景观的价值建立在人与景观相互影响的经验之上，而人的经验同景观价值也是随着两者的相互影响而不断地发生变化。该学派把景观作为人类文化不可分割的一部分，用历史的观点，以人及其活动为主体来分析景观的价值及其产生的背景，而对客观景观本身并不注重。通过考证文学艺术家们的关于景观审美的文学、艺术作品，考察名人的日记等来分析人与景观的相互作用及某种审美评判所产生的背景方法，来分析某个景观产生的背景及环境。采用心理测量、调查、访问等方式，记述现代人对具体景观的感受和评价，但这种心理调查方法同心理物理学的方法是不同的：在心理物理学方法中，被试者只需就景观打分或将其与其他景观比较即可；而在经验学派的心理调查方法中，被试者不是简单地给景观评出优劣，而是要详细地描述他的个人经历、体会及关于某景观的感觉等。

四个学派各有优缺点，专家学派强调景观本身，其他学派突出主观要素。专家学派的景观评价方法在土地利用规划、景观规划以及管理等各个领域中都起到了很大的作用；心理物理学派的方法则是各种景观评价方法中最严格、可靠性最好的一种方法；认知学派强调景观评价模型的普遍适用性，它从更为抽象的维度（如复杂性、神秘性等）出发来整体把握景观；经验学派（现象学派）的研究方法则以高灵敏性为特点，强调人的主观作用及景观审美的环境，尽管该方法缺乏实用价值，但可以作为加强景观美育的理论依据。但各个学派、各种研究方法不是互相矛盾的，而是互相补充的。如将专家学派强调景观本身与经验学派强调人的作用互为补充，则能更客观、更全面地评价景观的质量。

此外，将生态学中生态服务功能价值评价方法、生态足迹评价方法等与景观评价方法结合，也是将来景观评价的研究方向。

二、景观的综合评价

上述景观评价方法无论是从景观本身还是从人类主观角度评价景观，都不能忽视景观的多重属性。景观既是生态系统，又是人类文化载体；既是人类生活娱乐的基础，又是经济发展的要素。对景观的评价一定要考虑其多重属性。总体上讲，需要从以下几个方面来综合评价某一景观是否合理和完善。

（一）景观的生态价值

景观规划设计学的最大进步在于将景观置于整个生态系统之中，同时，规划设计遵循自然优先的原则，强调自然系统的保护和资源的持续发展。特别是在全球经济一体化、城市化高度发展的 21 世纪，环境保护成为人类的主题。景观的生态服务功能体现在单位土地的生态效益上，特别是单位土地面积的第一性生产量上，在满足人类生活、生产的基础上，根据生态学原理合理配置生物资源，尽可能地保护自然生态系统，增加生物产量。在景观规划设计中，应充分遵循节地、节水、节电、减污原则，提高土地、生物、水、电、光利用率。避免当前"大广场、大草坪"等土地资源浪费行为，大力推广可持续景观设计技术，推广屋顶绿化、循环经济、地下空间开发等技术。生态服务功能价值评价方法是评价区域景观生态价值的最好方法。

（二）景观的社会效益与经济效益相互结合

城市规划和设计在于合理利用城市空间，营造秩序井然的社会环境。但在竞争日趋激烈的国际背景下，经济发展成为城市规划中的首要目标，在城市空间布局中，工矿、商业用地、产业园区等成为城市用地的主导，公共绿地逐渐萎缩。城市居民的活动空间减少，削弱了人类的交流活动，从而影响到居民的精神风貌、社会道德秩序、社会安定与安全方面等。在保持经济效益的同时，一定不能忽略社会效益，因为两者相互影响，相互促进。在进行城市空间布局时，应充分考虑居民的文化生活、休闲娱乐、健身交流等场所的建设。有了良好的社会环境，才能有团结繁荣的经济环境。社会效益需要依赖城市交通、教育、卫生、体育等公共设施基础条件和公园、广场、街头绿地、运动场等休闲活动空间，只有充分满足居民的文化、生活、娱乐、健身等多元化需求，才能使居民的生理、心理保持健康，才能使居民有崇高的精神追求和文化素养，才能形成和谐稳定的社会。

（三）景观环境的生活价值

景观环境的生活价值一方面体现在城市景观是否满足居民的基本生活需求如交通、购物、活动等方面上，另一方面体现在景观环境是否使居民在视觉、情感等方面感到愉快和满足上。在城市景观规划设计中，无论是对道路、购物中心、公园广场、居住小区，还是对医院、学校等进行规划设计，都应按照人性化设计原则，保证设计与人的日常行为、心理需求相吻合。不仅要满足人工作、娱乐、休息、饮食等各种要求，而且要满足居民高质量生活的需求。

（四）景观环境的文化价值

景观是人类文化的载体，是体现人类历史文化的精粹。虽然景观的文化价值是抽象而又难以评价的，但可以通过景观对人类的感染力和持久性来衡量其文化价值。设计者通过景观的塑造来表达意愿，并让其他人感受到景观的内涵。好的景观环境不仅能使人产生共鸣，从中得到有意义的启迪和富有想象力的参与以及产生民族认同感，而且能从中获得精神上的满足与体验。

（五）景观环境的再创造价值

无论是自然的还是人工的景观，都有动态变化的过程，都不是静止的，自然景观有繁育—生长—更新的不断更替过程，人工景观如广场、雕塑、水景等也会随着自然环境、社会环境的变化而使其原有价值发生变化，如何使景观价值保持最大？这就需要景观的再创造，也就是景观环境的开发、管理和更新。尤其是景观的管理，在其中显得尤为重要。在我们周边及很多城市，经常可以见到许多新建的公园、广场人头攒动，但不久之后，由于管理不善，这些公园、广场便垃圾遍地、杂草横生、污水遍地、人迹罕至，丧失了原有的价值，限制了其综合效益的发挥。为了再创造，除了加强管理、及时更新外，更要在规划设计中因地制宜和留有余地，并为群众参与提供必要的条件，达到常在常新的效果。

景观的多重特征决定了对其的评价是一个非常复杂的体系，由于景观本身的多样性和复杂性，加之人类科学技术的限制性和人对景观评价的多主体性等原因，我们目前还很难全面、完整、系统而准确地描述和评价景观，但利用现代科学技术理论与方法，在某一时段对某一区域或某一景观做出定性和基本准确的定量评价还是可行的。需要特别强调的是，在进行景观评价时，一定要采用多学科综合、多种技术集成的方法。

第四节　我国景观规划设计中存在的问题及对策

一、景观规划设计中存在的问题

（一）"形式追随功能"

"形式追随功能"出自美国著名现代主义建筑大师沙利文，西蒙兹的景观规划设计理念也深受其影响，同时，西蒙兹又将其进一步发展，他认为：规划与无意义的模式和冷冰冰的形式无关，规划是一种人性的体验，活生生的、搏动的、重要的体验，如果构思为和谐关系的图解，就会形成自己的表达形式，这种形式发展下去，就像鹦鹉螺壳一样有机；如果规划是有机的，它也会同样美丽。但在我们的现实生活中，形式主义的景观规划设计却是随处可见，例如，现在盛行的"城市美化"运动，很多城市不顾自身自然条件、历史文化背景以及市民最需要的是什么，建设了一样的中心大道、一样的市民广场、一样的观赏草坪、一样的罗马柱、一样的繁复装饰……这种抹杀自然本性，不顾人类最根本需求，不顾自身的文化背景一味追求新奇的做法，引发了大量问题，它给我们带来的教训是需要我们思考和研究的。与此同时，我们也要注意反对极端"功能主义"。西蒙兹认为："任何对象、空间或事物都应为最有效地满足所要完成的工作而设计，而且要恰到好处。而如果设计者能实现形式、材料、装饰和用途真实的和谐，对象不仅能运作良好，而且会赏心悦目。"

（二）只会模仿，不会创新

当前我国的景观规划设计作品缺乏创新元素，这同时也影响了当地文化、本土民俗的有效融入。在设计中，虽然设计者具备一定的景观规划设计功底，但是却缺乏创新精神，最终导致其只会模仿，从而影响现代景观规划的良好发展前景。

（三）未能对生态环境和生活质量予以重视

受到技术与经验的影响，设计人员在园林设计中会出现重美观、轻生态的问题，最终使得生态环境遭受破坏，将降低人们的生活质量。另外，在设计中也会过多重视景观的视觉感受，最终使得景观园林具备了"美与艺术"，却丧失了对生态环境的保护功能。

（四）在进行植物的选取与搭配中存在问题

一是设计人员在设计之初没有考虑到建园的土壤、气候等，且过分重视植被的名贵性，最终出现植被"水土不服，大量死亡"的状况；二是设计人员对本地植物没有重视，并过分依赖外来植物，最终使得园内物种丧失特色；三是设计人员未能做好乔灌木的搭配，使得园内景观植物单调乏味，丧失了美观性。

二、景观规划设计问题的解决对策

（一）重新树立规划理念

基于当前国内城市建设发展的要求，我们可以将设计理念大致分为三种。首先是游憩型设计理念。该设计理念要求在自然景观与人工景观的设计中找到平衡点，通过两种景观的合理搭配，设计出可以满足旅游、休憩的园林场地。其次是景观型设计理念。该设计理念要求设计人员充分运用各种建筑景观，有效彰显当地的风俗习惯、文化底蕴等，同时要融入新时代特征，从而符合现代景观园林的未来发展趋势。最后是生态保护型设计理念。该设计理念要求设计者应全方位地了解所有生态保护区的自然状况，然后使用合理的监控措施及设计方式降低景观园林设计产生的危害，进而让景观园林与生态保护的和谐发展成为现实。

（二）放弃照搬照抄，积极开拓创新

首先，基于视觉景观角度分析：设计者应从中国传统价值观念、思想认识角度出发，融合现代及传统园林设计手段，打造视觉特色突出的景观园林。比如，在色彩上应该大胆地使用橘红、粉红等颜色，打破植被颜色单一的效果，创新园林布局；在空间布局中，要敢于使用不同创新的空间，利用平台、跌台、假山、水波等形成真真假假、虚虚实实的空间，打造多层次虚实之美，提高园林的景观效果（见图2-2和图2-3）。

图2-2　宁波新希望·董麟上府

图2-3　杭州绿都·东澜府

其次，基于精神景观角度分析：一是要借助植被寓意传达景观园林的思想文化，如玉兰花、海棠花等表示"金玉满堂"，梧桐树表示"始终不渝"，梅花则表示"坚忍不拔"，竹子表示"高风亮节"等；二是设计者要通过自然的设计方式，将山水景色的灵性表达出来，为园林营造意境与氛围；三是要结合传统与现代铺砖方式打造园林特色，将历史遗留砖块与现代时尚砖搭配铺设，通过对比效果，提高景观园林观赏价值；四是做好本土风俗、文化的彰显，通过在景观园林设计中融入当地民俗风情、文化等方式，提高景观园林的文化内涵与吸引力。例如，在大雁塔四周进行景观规划设计时，将陕西八怪做成景观雕塑，展示当地的文化特色，提高景观园林的人文气息。

（三）做好园林植物的选择与搭配

首先要遵循植被多样性原则，设计者应科学选择、搭配乔灌木植物，提高植被群落的稳定性，做好空间的利用，完善光照效果，从而提高生态效益。其次，要完善植被的整体规划和协调统一。在进行园林规划时，要实现乔灌木、花草等植被的层次设计，做好结构调整，并应重视当地特色植被的引入，要突出景观园林的本地植物特点。再次，要合理引入植物，应基于当地土壤、气候等条件以及外来植物的生长习性等进行合理安排，切忌为了美而引入无法适应当地环境的植物。只有这样，才能提高城市园林的植物多样性与群落稳定性。最后，要密切观察植被的全年生长状况，为实现园林的"四季皆景"效果，可以有针对性地选择观叶或观花植被，改善园林景观状况。

　　　　　　　　　　　　　　　　　　　　　　　　　　　　　　景观规划设计

西安大唐芙蓉园

西安大唐芙蓉园（见图2-4）位于陕西省西安市曲江新区、大雁塔东南侧，南与曲江池遗址公园相连，其园中的芙蓉湖与曲江池水域相通。大唐芙蓉园建于原唐代芙蓉园遗址所在地，占地1 000余亩，其中水域面积300亩，总投资13亿元。大唐芙蓉园分别从帝王文化区、女性文化区、诗歌文化区、科举文化区、茶文化区、歌舞文化区、饮食文化区、民俗文化区、外交文化区、佛教文化区、道教文化区、儿童娱乐区、大门景观文化区、水秀表演区这十四个景观文化区，集中展示了唐王朝一柱擎天、辉耀四方的精神风貌、璀璨多姿、无与伦比的文化艺术，以及它横贯中天、睥睨一切的雄浑大气。园内主要景点有紫云楼、凤鸣九天剧院、御宴宫、唐市、芳林苑、仕女馆、彩霞亭、陆羽茶社、杏园、诗魂、唐诗峡、曲江流饮、旗亭、丽人行、桃花坞、茱萸台等。这些景点主要沿芙蓉湖而建，分布在芙蓉湖四周。紫云楼为整个景区的中心。下面简单介绍几个大唐芙蓉园的景观文化区：

图2-4　西安大唐芙蓉园

帝 王 文 化 区

帝王文化区以全园标志性建筑——紫云楼——为代表，展示了"形神升腾紫云景，天下臣服帝王心"的唐代帝王风范。历史上的紫云楼，据载建于唐开元十四年，每逢曲江大会，唐明皇必登临此楼，欣赏歌舞，赐宴群臣，与民同乐。依史料重建的紫云楼位于现园区中心位置，也是全园最主要的仿唐建筑群之一，主楼共计四层，每层都以不同的角度和不同的载体共同展示了盛唐帝王文化。一层由反映贞观之治的雕塑、壁画和大型唐长安城复原模型以及国家一级唐文物展等组成。二层为唐明皇赐宴群臣、八方来朝、万邦来拜的大型彩塑群雕。紫云楼是园区内的一个重要的景点表演区，三层的多功能表演厅为游客们上演宫廷演出"教坊乐舞"，四层设有如意铜塔投掷游戏。

水秀表演区

水秀表演区位于紫云楼观澜台前的湖面，是大唐芙蓉园集水幕电影、音乐喷泉、激光火焰、水雷水雾为一体的世界级大型现代化水体景观。这里有全球最大的水幕电影，宽120 m、高20 m的水幕，以激光辅助，突出水幕上水的流动质感，利用激光表演组成了音乐、喷泉、激光三者相结合的水上效果，以及火焰、水雷、水雾各种变化多端的感官刺激性效果设计，使游人们从视觉、听觉、触觉上感受这一集声、光、电、水、火为一体的绝无仅有的水秀表演。水幕电影《大唐追梦》带领游客穿越时空与历史名人相约；水幕电影结束后，还有火龙钢花表演。

歌舞文化区

歌舞文化区位于紫云楼南的凤鸣九天剧院，是歌舞文化区内一个蕴涵盛唐风韵的现代化皇家剧院。剧院装修豪华，体现皇家风范。剧院的保留主打节目《梦回大唐》以现代艺术手法，配以全新视听效果，展现了盛世大唐的精神风貌。

饮食文化区

"唐风食府悦客来，道逢佳肴口流涎。依水品花饮美酒，逍遥自在随意间。"御宴宫位于园区西门北侧，是展示唐代饮食文化的中心，集美食、美器、美酒、美乐为一体的大型主题餐饮区。内设以唐文化为包装以及以Party文化为特色的体验式大型餐饮宴席园，为游客提供皇家御宴、中高档的团体宴、商务宴和Party宴。此外，还为游客提供了以自助餐为主要形式的就餐场所，全方位满足游客的就餐需求。

民俗文化区

"市井平常事，最是热闹处。"民俗文化区内的唐市位于园区的南面，由唐集市和戏楼广场组成，面积为12 022 m²。唐市二期项目是以古长安城进行贸易、商业活动市集为缩影，以反映唐代"商贾云集、内外通融"的商业文化氛围为核心，集观赏、游乐、消遣、体验、交流、消费为一体的唐朝风俗文化街，经过一年的打造，于 2012 年 5 月 1 日对游客开放,为市民与游客复原出一个盛世大唐繁华的古代市集。同时,"第二届西安曲江国际光影节"也在此举办了开幕仪式。

假期时,唐市街区会举行精彩表演,来自各地的民间绝活、民俗舞蹈、精彩杂技、西洋乐队、舞狮锣鼓、活体雕塑、惊险武术、古装走秀等表演团队轮番上阵,加之独特的开市、闭市仪式,为游客打造了一个唐朝文化情景式的体验街区。

除了节日的演出外,唐市还为游客与市民准备了日常演出,包括秦腔、杂技、舞狮、音乐等诸多项目。每逢周末,抛绣球选亲、霓裳羽衣舞、西洋情调乐队将为游客带来不同的感受。

女 性 文 化 区

女性文化区以位于芙蓉池北岸的仕女馆及彩霞亭为代表,展示了唐代女性"巾帼风采,敢与男子争天下;柔情三千,横贯古今流芳名"的精神风貌。仕女馆是由以望春阁为中心的仿唐建筑群组成,分别从服饰、体育、参政、爱情等方面全方位展示了唐代女性积极向上、乐观自信的精神风貌。仕女馆的北厅,以"艳影霓裳"唐仕女服饰展演的节目演出,华丽的服饰、绚丽的色彩、优美的古乐动态展示了唐代仕女的风采。总长度近 300 m 的彩霞亭,由北向东依水延伸,时而和湖畔接壤,时而立于湖水之中,如一抹彩霞,是展示唐代女性传奇故事、反映唐代女性生活百态的文化故事长廊。

品 茶 文 化 区

"三篇陆羽经,七度卢仝茶,临窗会友细味禅茶,笑看曲江波,淡然超脱间。"位于园区茶文化区内的以唐代"茶圣"陆羽命名的"陆羽茶社",展现了唐代茶文化主题,是一个由帝王茶艺、文人茶艺、世俗茶艺、茶艺表演组成的综合性高档茶艺会所。在这里,游客不仅可以品尝到香茗,还可以欣赏到茶艺表演。

科 举 文 化 区

紧邻园区北门的杏园,是科举文化区内展示唐代进士文化、仕途文化的一处景点,历史上的杏园因盛植杏树而得名。每逢早春之际,满园杏花盛开,人们便来此赏花、游览。杏园也是唐代新科进士举行"杏园探花宴"的场所。现重建的杏园为庭院式的仿唐建筑群,是以反映唐代科举文化为主题的展示、经营场所。园内特邀少林寺弟子上演武术表演,让游客领略中国武术的独特魅力。

诗 歌 文 化 区

唐诗是我国古典诗歌的瑰宝，也是世界文化遗产的明珠。以唐诗峡诗魂为代表的诗歌文化区，不仅用雕塑的形式展示了唐代诗歌文化，让游客在观赏雕塑艺术的同时，领略唐代诗人的旷世风采以及唐诗的内在精髓；同时，也是运用中国园林造景、中国雕塑、中国书法、中国印章刻字、图形纹样等多种传统艺术手法塑造出的大型景观艺术雕塑区。

外 交 文 化 区

外交文化区展现盛唐时期各国使节的频繁往来，及民间"商贾云集、内外通融"的商业文化氛围。让游客切身感受到盛唐时期世界诸国与唐帝国往来的开元盛世。位于区内的曲江胡店，三面环水，是往来船只的停靠港口，亦是水上游客休闲娱乐的最佳去处。

儿 童 娱 乐 区

唐代的神童不胜枚举，位于西门北侧的儿童游乐区以"神童文化"为核心，通过妙趣横生、寓教于乐的娱乐设施和形式多样的景观手法以及丰富多彩的唐代少儿游乐活动，展示了唐代的神童故事、传奇。比较有名的有虎子寨、水车、自凉亭、元白梦游曲江、神童之路等。

拓展阅读 >>>

城 市 意 象

凯文·林奇是将心理学引入城市研究的学者之一，其标志是他于 1960 年所著的《城市意象》一书，这是一本有关城市意象研究最具影响力的著作。书中，凯文·林奇通过画地图草图和言语描述这两种方法对美国三个城市波士顿、泽西城、洛杉矶的城市意象做了调查和分析，提出了有关公众意象的概念，并就城市意象及其元素、城市形态等问题做了论述。

凯文·林奇在书中对人的"城市感知"意象要素进行了较深入的研究。他认为，"一个可读的城市，它的街区、标志或是道路，应该容易认明，进而组成一个完整的形态"，凯文·林奇将对城市意象中物质形态研究的内容归纳为五种元素——道路、边界、区域、节点和标志物，这五个要素在城市研究领域有较大的影响（见图2-5）。

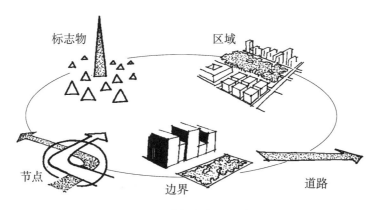

图2-5　城市意象五要素

1. 道路是城市意象感知的主体要素，通常情况下，一个陌生人到一个新的城市首先要找参照物或认路。"道路"经常与人的方向感联系在一起，"那些沿街的特殊用途和活动的聚集处会在观察者心目中留下极深刻的印象"。林奇说："人们习惯于去了解道路的终点和起点，想知道它从哪里来并通向哪里。起点和终点都清晰，而且知名的道路具有更强的可识别性，能将城市联结为一个整体，使观察者无论在何时经过都能清楚自己的方位。"道路作为城市物化环境的景观元素，使景观获得"联系和连续的关系"，道路只要可以被识别，就一定是连续性的。道路作为"线型连续"方式各不相同而各有特色。林奇十分强调城市道路的方向性、可度性和网状空间体系。他认为，所有城市的道路必然具有网状关系，在道路上行走的人需要有明确的方向，或者说在道路上行走的人本身就是在选择方向和目标。在这一过程中，对道路的长度和距离，人们是通过道路两旁的要素比较而感知的。人们对自己已经熟悉的道路，或者在一条不断变化景观的道路上行走，在相对意义上不觉得路很长，而且有预期感，这就是所谓的"移步异景"的心理，每个人应该都有过类似的经验。

2. 边界是除道路以外的第二个线性要素，城市的边界构成要素既有自然的界线，如山、沟壑、河湖、森林等，也有人工界线，如高速公路、铁路线、桥梁、港口和约定俗成的人造标志物等。城市边界不仅在某些时候形成"心理界标"，而且有时还会使人形成不同的文化心理结构。

3. 区域是观察者能够想象进入的相对大一些的城市范围，具有一些普遍意义的特征。在人们的经验中经常会获得这样的感知：你生活在城市的哪个区？城市作为一种结构性的存在，必然要划分为不同的功能区域，正因为有不同的功能，区域性的存在才是人们对城市感知的重要源泉。当人们走进某一区域时，会感受到强烈的"场域效应"，形成不同的城市意象。

4. 城市节点是城市结构空间及主要要素的联结点，也在不同程度上表现为城市意象的汇聚点、浓缩点，有的节点更有可能是城市与区域的中心及意义上的核心。节点往往成为城市占主导地位的特征，林奇把节点视为不同结构的连接处与转换处，是观察者可以进入的战略性焦点，典型的如道路的连接点和某些特征的集中点。相比于其他城市意象要素而言，城市节点是一个相对宽泛的概念，节点可能是一个广场，也可能是一个城市中心区。城市节点是城市结构与功能的转换处。

5. 城市标志物是点状参照物，"是观察者的外部观察参照点，有可能是在尺度上变化多端的简单无知元素"。它作为一种地标，在人们对城市意象的形成中经常被用作确定身份和结构的线索。当一个城市的某一人工物体被公认为该城市的标志性建筑时，这个标志就已成为一个空间结构系统，它与其他要素"在有规律的相互作用或相互依赖中构成一个集合体"，另外，城市标志物最重要的特点是"在某些方面具有唯一性"，在整个环境中"令人难忘"。

城市意象是一种城市特色，虽然它不是城市特色的唯一指标，但它是城市特色的重要元素。通过对城市意象差异性的研究，分析城市中不同群体形成不同城市意象的原因，能够为城市特色建设提出建议。城市特色作为城市长期积淀的结果，充分反映在人们的城市意象中，因此我们可以从城市发展中人们所反映的城市意象内容对城市特色进行研究，在城市设计实践中塑造城市环境特色。

复习思考

一、景观规划设计的主要指导思想与原则是什么？

二、景观规划设计的主要内容有哪些？

三、简述景观评价的常用方法及其各自的优缺点。

四、阐述如何在景观规划设计中运用《城市意象》的主要观点？

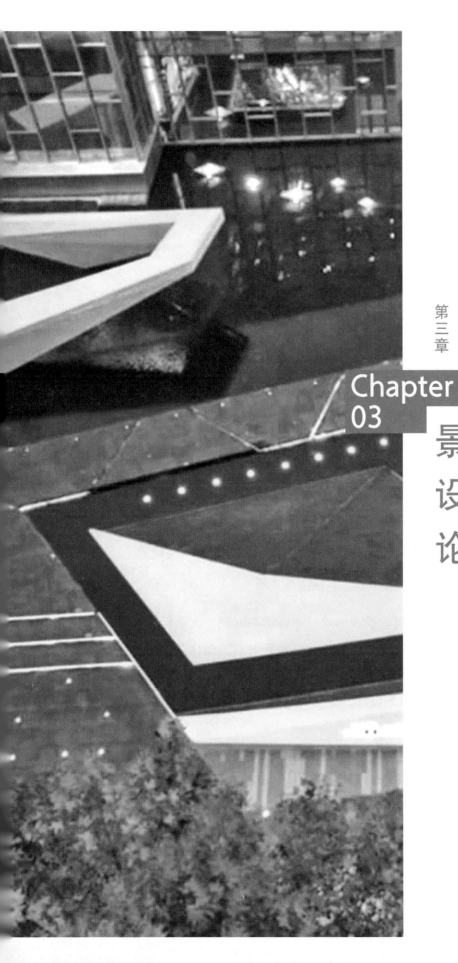

第三章

Chapter 03

景观规划
设计的理
论基础

　　景观规划设计的多学科综合性决定了其理论的复杂性与变化性，在景观规划设计学短短 100 多年的发展历史中，其理论与实践方法在不断发展和完善，但仍然处于探索和研究阶段，今后，随着现代科学技术的发展和景观领域学者的不断努力，景观规划设计理论将得到更加系统和完善的发展。

第一节　景观规划设计的三元素理论

　　现代景观规划设计包括视觉景观形象、环境生态绿化、大众行为心理三方面的内容，这三方面也被称为现代景观规划设计三元素。刘滨谊认为，任何一个具有时代风格和现代意识的成功之作，都包含着对这三个方面的刻意追求和深思熟虑，所不同的只是视具体情况进行规划设计，三元素所占的比例各有不同而已。

一、三元素的概念与内涵

　　视觉景观形象是从人类视觉形象的感受要求出发，根据美学规律，利用空间虚实景物，研究如何创造赏心悦目的环境形象。创造成功的视觉景观形象需要研究景观美学的理论和人类的视觉美观感受，因此，美学理论是景观规划设计的最基本理论。

环境生态绿化是随着现代环境意识运动的发展而注入景观规划设计的现代内容。它主要是从人类的生理感受要求出发，根据自然界生物学原理，利用阳光、气候、动植物、土壤、水体等自然和人工材料，研究如何创造令人舒适的物理环境。这不仅需要研究景观生态学的理论，也要研究城市生态学、园林生态学、生态经济学、植物学、地理学等理论。

大众行为心理是随着人口增长、现代多种文化交流以及社会科学的发展而注入景观规划设计的现代内容。它主要是从人类的心理精神感受需求出发，根据人类在环境中的行为心理乃至精神活动的规律，利用心理、文化的引导，研究如何创造使人赏心悦目、浮想联翩、积极上进的精神环境。这需要研究景观社会行为学、大众心理学的理论。

视觉景观形象、环境生态绿化、大众行为心理三元素对于人们的景观环境感受所起的作用是相辅相成、密不可分的。通过以视觉为主的感受通道，借助于物化了的景观环境形态，在人们的行为心理上引起反应，即所谓鸟语花香、心旷神怡、触景生情、心驰神往。一个优秀的景观环境为人们带来的感受，必定包含着三元素的共同作用。这也是中国古典园林中的"三境一体"——物境、情境、意境的综合作用。

三元素背后皆有理论支撑：视觉景观形象的支撑理论是景观美学，环境生态绿化的支撑理论主要为景观生态学，游憩行为心理学则是大众行为心理的支撑理论。其中，景观生态学是现代城市规划设计最主要的基础理论。

二、基于三元素的景观规划设计目标

景观规划设计应包含"视觉景观形象""环境生态绿化"和"大众行为心理"三方面的规划与设计。"视觉景观形象"的规划设计，又称为风景园林规划与设计，其核心是对游憩行为、景观项目及设施建设进行空间布局、实施分期、设施设计，统称为规划设计；"环境生态绿化"的规划设计，其核心是对景观环境、景区、景点的自然因素环境与因景观开发建设而产生的影响进行识别、分析、保护的规划设计；"大众行为心理"的规划设计，其核心是对景观资源（分自然资源和人为创造资源两类）、人们的行为心理与项目经济运作这相互交织的三者进行揣摩、分析、设定和预测，可统称策划。虽然每个景观的规模、层次、深度各不相同，但景观规划设计都应考虑上述三方面的要求，只是不同景观在这三方面所占的比重、深度有所差异。

三、基于三元素的景观规划设计操作方法

根据景观规划设计的理论内涵，任何一个景观的规划设计都必须遵循游憩行为—视觉景观的时空形态分布—环境生态保护三者相结合的宗旨，并由此决定了景观规划设计应具备多部门、多学科专业人员介入、层次明确的系统理论等特点。景观与城市规划师的规划专业素质是景观规划设计师的实践根基，这种规划的根基，除了要对时空布局与形态进行设计外，还要做到：一方面要具备条分缕析、辨别纲目的严密的理性思维并采取相应行动；另一方面，还要具备灵活应变、始终创新、自由浪漫的感性思维并采取相应行动。多部门、多学科专业人员介入是景观规划设计成功与否的关键，麦克哈格首次将气象学家、地质学家、土壤学家、植物生态学家、野生动物学家、资源经济学家、计算机专家和遥感专家组织在一起共同从事景观设计的教学科研与实践，并奠定了景观规划设计学科独特的、不可替代的地位。由此，多学科结合才能实现景观规划设计的最终目标。基于景观生态学、景观美学、心理学等学科的系统理论是开展景观规划设计的技术保障。

第二节　景观生态学理论与景观规划设计

一、景观生态学的概念和内涵

生态学（Ecology）一词源于希腊文 Oikos，原意为房子、住所、家务或生活所在地，Ecology 原意为生物生存环境科学。生态学就是研究生物、人及自然环境的相互关系，研究自然与人工生态结构和功能的科学。生态学由于其综合性和理论上的指导意义而成为一门在现今社会中无处不在的科学。

景观生态学的概念是 1939 年德国植物学家特罗尔（Troll）在利用航片解译研究东非土地利用时提出来的，其是用来表示对支配一个区域单位的自然—生物综合体的相互关系的分析。他当时认为，景观生态学并不是一门新的学科，也不是科学的新分支，而是综合研究的特殊观点。特罗尔对创建景观生态学的最大历史贡献在于

通过景观综合研究开拓了由地理学向生态学发展的道路，进而为景观生态学建立了一个生长点。

1998 年，国际景观生态学会（International Association for Landscape Ecology, IALE）在修改的会章中指出：景观生态学是对于不同尺度上景观空间变化的研究，包括对景观异质性、生物、地理及社会原因的分析。它是一门联结自然科学和有关人类学科的交叉学科。景观生态学的核心主题包括：景观空间格局（从自然到城市），景观格局与生态过程的关系，人类活动对于格局、过程与变化的影响，尺度和干扰对景观的作用。

肖笃宁是这样定义景观生态学的：景观生态学是研究景观空间结构与形态特征对生物活动与人类活动影响的科学；景观的空间结构包括类型与格局，而景观的形态则是指人类感知的视觉景观，两者共同组成了景观的基本特征——空间构型。

福尔曼（Forman）等认为景观生态学的研究重点在于：① 景观要素或生态系统的分布格局；② 景观要素中动物、植物、能量、矿质养分和水分的流动；③ 景观镶嵌体随时间的动态变化。总之，景观生态学就是研究由相互作用的生态系统组成的异质地表的结构、功能和动态。结构指明显区别的景观要素（地形、水文、气候、土壤、植被、动物栖居者）和组分（森林、草地、农田、果园、水体、聚落、道路等）的种类、大小、形状、轮廓、数目和它们的空间配置；功能指要素或组分之间的相互作用，即能量、物质和有机体在组分（主要是生态系统）之间的流动；动态指结构和功能随时间的改变。

总之，景观生态学是一门新兴的多学科交叉的学科，它的主体是地理学与生态学之间的交叉。景观生态学以整个景观为对象，通过物质流、能量流、信息流与价值流在地球表层的传输和交换，通过生物与非生物以及人类之间的相互作用与转化，运用生态系统原理和系统方法研究景观结构和功能、景观动态变化以及相互作用机制，研究景观的美化格局、优化结构、合理利用和保护。景观生态学强调异质性，重视尺度性，具有高度综合性。景观生态学是新一代的生态学，从组织水平上讲，处于个体生态学—种群生态学—群落生态学—生态系统生态学—景观生态学—区域生态学—全球生态学系列中的较高层次，具有很强的实用性。景观综合、空间结构、宏观动态、区域建设、应用实践是景观生态学的几个主要特点。从学科地位上来讲，景观生态学兼有生态学、地理学、环境科学、资源科学、规划科学、管理科学等许多现代大学科的优点，适宜于组织协调跨学科、多专业的区域生态综合研究，因而在现代生态学分类体系中处于应用基础生态学的地位。

二、景观生态学的相关概念

景观生态学中的许多概念如空间格局、多样性、异质性（不均匀性）等都来自相邻学科，它们都是群落生态学中描绘种的分布时所经常使用的概念。

（一）斑块—廊道—基质模式

斑块（Patch）—廊道（Corridor）—基质（Matrix）模式都是构成并用来描述景观空间格局的基本模式。其概念来自生物地理学（主要是植物地理学）中对不同群落分布形式的描述，这一概念给出了更加明确的定义，从而形成了一套专有概念和术语体系。如斑块乃是在景观的空间比例尺上所能见到的最小的异质性单元，即一个具体的生态系统。廊道是指不同于两侧基质的狭长地带，可以看作一个线状或带状斑块，连接度、节点及中断等是反映廊道结构特征的重要指标。基质是景观中范围广阔、相对同质且连通性最强的背景地域，是一种重要的景观元素，它在很大程度上决定着景观的性质，对景观的动态起着主导作用。

斑块—廊道—基质模式的形成，使得人们对景观结构、功能和动态的表述更为具体、形象，而且，斑块—廊道—基质模式还有利于考察景观结构与功能之间的相互关系，比较它们在时间上的变化。但在实际研究中，要确切地区分斑块、廊道和基质往往是很困难的，也是不必要的。景观结构单元的划分总是与观察尺度相联系，所以斑块、廊道和基质的区分往往是相对的。例如，某一尺度上的斑块可能成为较小尺度上的基质，也可能是较大尺度上廊道的一部分。

（二）景观结构与格局

景观作为一个整体成为一个系统，具有一定的结构和功能，而其结构和功能在外界干扰和其本身自然演替的作用下，呈现出动态的特征。

景观结构是指景观的组分构成及其空间分布形式。景观结构特征是景观性状最直观的表现方式，也是景观生态学研究的核心内容之一。不同的景观结构是不同动力学发生机制的产物，同时还是不同景观功能得以实现的基础。

在景观生态学中，结构与格局是两个既有区别又有联系的概念。比较传统的理解是，景观结构包括景观的空间特征（如景观元素的大小、形状及空间组合等）和非空间特征（如景观元素的类型、面积比率等）两部分内容，而景观格局概念一般是指景观组分的空间分布和组合特征。另外，这两个概念均为尺度相关概念，表现为大结构中包含小的格局，大格局中同样含有小的结构。

景观生态研究通常需要基于大量空间定位信息，在缺乏系统景观发生和发展历史资料记录的情况下，从现有景观结构出发，对不同景观结构与功能之间的对应联系进行分析，成为景观生态学研究的主要思路。因此，景观结构分析是景观生态研究的基础。格局、异质性和尺度效应问题是景观结构研究的几个重点领域。

（三）异质性

异质性（Heterogeneity）是指在一个景观区域内，景观元素类型、组合及属性在空间或时间上的变异程度，是景观区别于其他生命层次的最显著特征。景观生态学研究主要基于地表的异质性信息，而景观以下层次的生态学研究则大多需要以相对均质性的单元数据为内容。

景观异质性包括时间异质性和空间异质性，更确切地说，是时空耦合异质性。空间异质性反映一定空间层次景观的多样性信息，而时间异质性则反映不同时间尺度景观空间异质性的差异。正是时空两种异质性的交互作用维持了景观系统的演化发展和动态平衡，系统的结构、功能、性质和地位取决于其时间和空间的异质性。所以，景观异质性原理不仅是景观生态学的核心理论，也是景观生态规划的方法论基础和核心。

异质性来源于干扰、环境变异和植被的内源演替，其存在对于整个生物圈意义重大，地球上多种多样的景观是异质性的结果，异质性是景观元素间产生能量流、物质流的原因。

（四）尺度

尺度是指研究对象时间和空间的细化水平，任何景观现象和生态过程均具有明显的时间和空间尺度特征。景观生态学研究的重要任务之一，就是了解不同时间、空间的尺度信息，弄清研究内容随尺度发生变化的规律。景观特征通常会随着尺度变化出现显著差异，以景观异质性为例，在小尺度上观测到的异质性结构，在较大尺度上可能会作为一种细节被忽略。因此，在某一尺度上获得的任何研究结果，不能未经转接就向另一种尺度推广。

不同的分析尺度对于景观结构特征以及研究方法的选择均具有重要影响，虽然在大多数情况下，景观生态学是在与人类活动相适应的相对宏观的尺度上描述自然和生物环境的结构的，但景观以下的生态系统、群落等小尺度资料对于景观生态学分析来说仍具有重要的支撑作用。不过，最大限度地追求资料的尺度精细水平同样是一种不可取的做法，因为小尺度的资料虽然可以提供更多的细节信息，但却增加了准确把握景观整体规律的难度。所以，在着手进行一项景观生态问题研究时，确定合适的研究尺度以及相适应的研究方法，是取得合理研究成果的必要条件。

景观尺度效应的实质是不同的尺度水平具有不同的约束体系，属于某一尺度的景观生态过程和性质受制于该尺度特殊的约束体系。不同尺度间约束体系的不可替代性，导致大多数景观尺度规律难以外推。不过，不同等级的系统都是由低一级亚系统构成，不同等级之间存在密切的生态学联系，这种联系也许能使尺度规律外推成为可能。在地理信息系统技术应用日益广泛的今天，由于景观的特征信息可以利用各种图件方便地存储和表达，尺度差异可以直观地利用图像信息的分辨率水平来表示，这就为尺度效应分析提供了良好的技术和资料基础。

三、景观生态学与景观规划设计

景观生态学为景观规划设计提供了很好的理论与技术，两者既有共性，也有互补性。

（一）学科背景与研究对象的一致性

景观规划设计学科的诞生是由于工业革命导致的城市环境的极度恶化，同样，景观生态学的诞生也是由于工业社会对自然土地的日益破坏引起的当代社会景观之间的紧张。两者都将"景观"作为主要的研究对象，虽然在生态学家眼中和在景观规划师眼中"景观"的内涵略有不同，但"景观"是自然、生态和地理的综合体，是不同生态系统镶嵌组成的异质区域的概念得到了两者的共同认可。尽管景观生态学家也研究人类干扰与景观格局变化之间的关系，但景观的自然属性是他们研究的主体，而景观规划师眼中的"景观"，不仅具备生态学中的自然生态属性，也具备景观的人文属性；尽管景观规划设计将景观作为生态系统整体，但以人为本，将人类的物质和精神追求作为规划设计的一大目标仍然是景观规划设计师最关注的问题。两者同样应用于自然保护、城乡景观建设、旅游景观建设、退化景观恢复等方面，从规划层面上讲，两者是相通的，但在设计层面，景观规划设计的范围更具体、更实用。

（二）规划与管理目标的一致性

营造和谐的人类与自然环境，实现资源可持续利用是两者共同的目标。景观生态学注重研究人类对于景观的广泛影响，把人们的行为包含在生态系统中，在人类尺度上分析景观结构，把生态功能置于人类可感受的框架内进行表述，这对了解景观建设和管理对生态过程的影响是有利的。景观规划设计使自然决定的规划重心回到以人为本的规划基础上，保证了在更高层次上能动地协调人与自然及不同土地利用之间的矛盾，以维护人与其他生命的健康共存与持续发展。因此，无论是景观的规划、设计，还是管理维护，最终目标都是在人类与自然和谐共存的基础上促进人类文明的进步。

（三）研究方法与理论的相互借鉴

在野外调查与观测中，植被调查、土壤调查、地质地貌调查、水文调查以及社会经济与人文调查等方法都是景观生态学与景观规划设计共同采用的方法。"3S"技术的快速发展为景观生态学与景观规划设计更宏观、更科学地进行规划提供了帮助。而 CAD、3DMAX 等制图软件为规划和设计提供了更快捷高效、更准确的技术手段。

景观生态学的"斑块—廊道—基质模式"，为描述景观结构、功能和动态提供了一种空间语言，也为景观规划设计提供了很好的理论指导。各种孤立的生态园林类型所形成的生态效益，只能是微观效益，只有用生态线（廊道）把各个生态点（斑块）和生态面（基质）联系起来，形成系统，才能发挥更大的生态效益。因此，在进行交通道路规划设计时，应使各类绿地斑块具有最佳的位置、最佳的面积、最佳的形状，且均匀地分布于城市道路景观中；廊道（绿化带）把这些零散分布的绿地斑块连接起来，以形成城市道路绿地景观的有机网络，这样才能使城市道路绿地成为一种开放的空间，把自然引入城市之中，给生物提供更多的栖息地和更广阔的生存场所。

四、景观生态学的运用分析

景观的生态性并不是新鲜的概念。无论在怎样的环境中建造，景观都与自然有着密切的联系，这就必然涉及景观与人类和自然的关系问题，只是因为今天的环境问题更为突出，所以生态似乎成为最受关注的话题之一。席卷全球的生态主义浪潮促使人们站在科学的视角上重新审视景观行业，景观设计师们也开始将自己的使命与整个地球生态系统联系起来。现在，在景观行业发达的一些国家，生态主义的设计早已不再是停留在论文和图纸上的空谈，也不再是少数设计师的实验，生态主义已经成为景观设计师内在的和本质的考虑。尊重自然发展过程，倡导能源与物质的循环利用和场地的自我维持，发展可持续的处理技术等思想贯穿于景观设计、建造和管理的始终。在设计中对生态的追求已经与对功能和形式的追求同等重要，有时对生态的追求甚至超越了后两者，占据了首要位置。

生态学思想的引入，使景观设计的思想和方法发生了重大转变，也影响甚至改变了景观的形象。景观设计不再停留在花园设计的狭小天地，它开始介入更为广泛的环境设计领域。对场地生态发展过程的尊重、对物质能源的循环利用、对场地自我维持和可持续处理技术的倡导，体现了浓厚的生态理念。

越来越多的景观设计师在设计中遵循生态的原则，这些原则的表现形式是多方面的，但具体到每个设计，可能只体现了一个或几个方面。通常，只要一个设计或多或少地应用了这些原则，都有可能被称作"生态设计"。

设计中要尽可能使用再生原料制成的材料，尽可能循环使用场地上的材料，最大限度地发挥材料的潜力，减少生产、加工、运输材料而消耗的能源，减少施工中的废弃物，并保留当地的文化特点。德国海尔布隆市砖瓦厂公园（见图3-1）充分利用了原有的砖瓦厂的废弃材料——砾石作为道路的基层或挡土墙的材料，它可以当作增加土壤渗水性的添加剂，石材可以砌成挡土墙，旧铁路的铁轨可以作为路缘，所有这些废旧物在利用中都获得了新的表现，从而也保留了上百年砖厂的生态和视觉特点。这一设计充分利用了场地上原有的建筑和设施，赋予了其新的使用功能。德国国际建筑展埃姆舍公园中众多的原有工业设施被改造成了展览馆、音乐厅、画廊、博物馆、办公场所、运动健身场地与娱乐建筑，使得它们得到了很好的利用。公园中还设置了一个完整的230 km长的自行车游览系统，在这条系统中，可以最充分地了解、欣赏区域的文化和工业景观，利用该系统进行游览，可以有效地减少对机动车的使用，从而减少环境污染。

图3-1　德国海尔布隆市砖瓦厂公园

高效率地用水、减少水资源消耗是生态原则的重要体现。一些景观设计项目能够通过雨水利用解决大部分的景观用水问题，有的甚至能够完全自给自足，从而实现对城市洁净水资源的零消耗。在这些设计中，回收的雨水不仅用于水景的营造、

　　　　　　　　　　　　　　　　　　　　　　　　　　　　　景观规划设计

绿地的灌溉，还用作周边建筑的内部清洁。拉茨设计的德国北杜伊斯堡风景公园（见图 3-2）最大限度地保留了原钢铁厂的历史信息，原工厂的旧排水渠改造成水景公园，利用新建的风力设施带动净水系统，将收集的雨水输送到各个花园，用来灌溉。柏林波茨坦广场的水景为都市带来了浓厚的自然气息，形成了充满活力的满足各种人需要的城市开放空间，这些水都来自雨水的收集。地块内的建筑都设置了专门的系统，收集屋顶和场地上接纳的雨水，用于建筑内部洁具的冲洗、室外植物的浇灌及补充室外水面的用水。水的流动、水生植物的生长都与水质的净化相关联，景观被理性地融合于生态的原则之中。

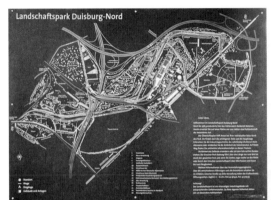

图 3-2　德国北杜伊斯堡风景公园

尽管从外在表象来看，大多数景观或多或少地体现了绿色，但绿色的不一定是生态的，要花费大量人力、物力、财力才能形成和保持效果的景观，并不是生态意义上的"绿色"。设计中应该多运用乡土植物，尊重场地上的自然再生植被。自然有自身的演变和更新规律，从生态角度看，自然群落比人工群落更健康、更有生命力。一些设计师认识到了这一点，他们在设计中或者充分利用基址上原有的自然植被，或者建立一个框架，为自然再生过程提供条件，这也是发挥自然系统能动性的一种体现。

第三节　景观美学理论

一、美的含义

　　提到美，人们头脑中出现的是形象生动、五彩缤纷的世界，美的形态是丰富多彩的，美的欣赏是轻松愉快的。但美是什么？美的标准是什么？关于美的定义，众说纷纭。在西方，古希腊的毕达哥拉斯学派认为美在于"对立因素的和谐统一，把杂多导至统一，把不协调导至协调"。

　　柏拉图从哲学的高度对美的问题进行了深入探讨。他不仅对当时流行的种种美学见解提出异议，而且辨析了"什么是美"和"什么东西是美的"这两个不同性质的命题，他强调，回答"什么是美"，就是要找出"美本身"具有的特点，把握美的普遍规律。

　　亚里士多德肯定了现实生活中美的客观存在，肯定了艺术美对生活的依存关系，肯定了艺术作品中塑造的人物可以而且应该"比原来的人更美"。

　　康德和黑格尔都是以感性为思考的中心，致力于解决感性与理性的和谐自由统一问题。黑格尔把艺术纳入绝对理念发展的历史，视艺术为理念外化为主体心灵的感性表现，即美作为理念的感性显现，并认为其经历了一个有序的发展过程。在文艺复兴初期，人们以简洁为美，由此出现了自然风景园——以起伏开阔的草地、自然曲折的湖岸、成片成丛自然生长的树木为要素构成了一种新的园林。在文艺复兴末期，人们以华丽铺装为美，代表建筑为阿尔多布兰迪尼庄园（见图3-3），该园的精妙之处是别墅对面的水剧场，水剧场中有壁龛，内有雕塑喷泉（过去有水风琴），

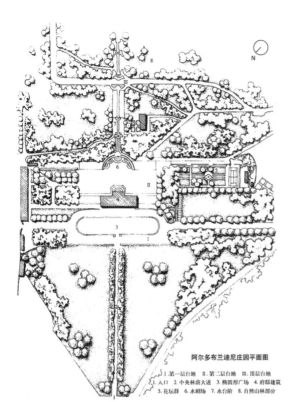

阿尔多布兰尼庄园平面图

Ⅰ.第一层台地　Ⅱ.第二层台地　Ⅲ.顶层台地
1.入口　2.中央林荫大道　3.椭圆形广场　4.府邸建筑
5.花坛群　6.水剧场　7.水台阶　8.自然山林部分

图3-3　阿尔多布兰迪尼庄园

后面为丛林，在丛林的中轴线上布置阶梯式瀑布、喷泉和一对族徽装饰的冲天圆柱，这些都体现了文艺复兴末期的巴洛克风格。

马克思主义美学认为，美是人类社会的特有现象，与动物单纯追求生理快感的活动和感觉有本质的区别。宇宙太空之间，在人类社会以前，日月星辰、山水花鸟都早已存在，并且按照自身的规律发展，但那不过是一些自在之物，并未与人类发生关系，因而也就无所谓美或不美，美不可能脱离人类社会而单独存在。美在人类的社会实践中产生，事物的使用价值先于审美价值。

美学作为独立学科建立以来已取得了长足的发展，形成了学派林立、多元发展的局面。归纳来看，对于美的概念，从上面的讨论中我们可以得到以下启迪：

1. 美是人的感受，任何美学理论都不可避免地论及审美主体与客体的关系，强调美是人的情感因素的主观论如此，强调美是事物的客观属性的客观论也是如此，审美过程若缺少了人这个主体便无从谈起。

2. 美是形象的，是人们通过感官可以感觉到的具体形象。凡属美的事物，无不以其感性具体的形象诉诸人们的视觉、听觉、味觉以及其他感官，是看得见、摸得着的。

3. 美属于人的思想意识和情感的范畴。美与纯生理性质的快感不同，美能动人以情，给人以感染，使人获取愉悦的感觉，追本溯源，它必然与人的物质生存的基本需求是统一的，因而美不可避免地带有功利性，亦即美具有目的性。

4. 审美是一种价值判断。审美是社会价值体系中的一个组成部分。中国美学中美与伦理道德的高度统一是社会价值判断在审美中的表现，审美是一种社会现象。

5. 个体的审美判断的根源在于个体特性。个体的美感经验在很大程度上受限于个体的社会经验和文化经历，不同个体的欲望、要求、情感、个性以及社会经验、文化经历往往是有差异的，因而审美必然存在个体差异性。

二、景观美的含义

"景观"从诞生之日起，就与美学息息相关。农业时代，人类的生存环境主要是被自然景观所围绕，再加之科学技术的局限性，人类对于周围的环境充满了神奇的幻想。许多文人雅士在受到尘世之事困扰后往往寄情于山水，将自己心目中经过抽象和美化的自然环境绘在画上，写在诗里。

通俗观点认为废弃地上的工业景观是丑陋可怕的，没有什么保留价值，于是在进行景观设计时，要么将那些工业景象消除殆尽，要么将那些"丑陋"的东西掩藏起来。而今天，艺术的概念已发生了相当大的变化，现代艺术的思想影响了人们对工业景观的理解。在一些艺术家和设计师看来，废弃地上的工业遗迹就如同大地艺术，是工业生产在大地上留下的艺术品。在工业景观设计中，生锈的高炉、废旧的工业厂房、生产设备、机械不再是肮脏的、丑陋的、破败的、消极的，相反，它们是人类历史上遗留的文化景观，是人类工业文明的见证。这些工业遗迹作为一种工业活动的结果，饱含着技术之美。工程技术建造所应用的材料，所造就的场地肌理，所塑造的结构形式与如画的风景一样能够打动人心。

景观设计作品中的美更多地体现在园林作品上，卢新海认为：园林美是一种以模拟自然山水为目的，把自然的或经人工改造的山水、植物与建筑物按照一定的审美要求组成的建筑综合艺术的美。它与自然美、生活美和艺术美既有紧密联系又有区别，是自然美、生活美与艺术美的高度统一。

首先，园林美源于自然，又高于自然，是大自然造化的典型概括，是自然美的再现。无论是园林整体，还是组成园林的个体，都具有"将自然美典型化"的特点。假山、盆景、小桥流水等都是再现典型自然美的表现手法，是"外师造化，中得心源"的结果。

其次，园林美是园林艺术家按照客观的美学规律和对自然美的艺术理解将某种审美观念进行创造的产物，是现实美的集中和提高，是艺术家对社会生活形象化、情感化、审美化的结果。但园林美与其他艺术美又是有所区别的，在许多方面都接近或近似于自然美。园林美不允许根本改变自然，更多的是体现人对"人是自然的一部分"的明智态度和自我意识，体现人们对"人征服自然"又是"自然的一部分"的辩证统一关系的认识和态度。

所以，园林美是一种独立的艺术，是一种不能分割的整体艺术美，是包括自然环境和社会环境在内的、艺术化了的整体生态环境美，它随着文学绘画艺术和宗教活动的发展而发展，是自然景观和人文景观的高度统一。

三、园林景观美的特征

（一）园林景观中的自然美

植物是构成园林的最基本材料，也是体现园林美的最直观视觉形象。植物的自然美，首先表现在大自然赋予植物的多样性，包括多样的形态、多样的色彩、多样的功能和多样的物种组合。北京香山的红叶，杭州西湖的苏堤春晓、孤山雪梅、曲院风荷等是美，高山针叶林、亚热带阔叶林、热带雨林同样是美。健康的、自然的植物都具有美的特征，关键在于人类如何利用。17世纪和18世纪，绘画与文学两种艺术热衷于自然的倾向影响了英国造园，加之受中国园林文化的影响，英国出现了自然风景园。风景园在欧洲大陆的发展是一个净化的过程，自然风景式园林所占的比重越来越大，到1800年后，纯净的自然风景园终于出现。

自然界中的万物万象，如高山流水、江河湖海、日月星辰及四季变化都是构成园林自然美的最佳素材。园林艺术家正是利用优美的自然风光造就了令人流连忘返的美景。例如，杭州西湖十景，每处都能体现最佳的自然美，体现四季变化的"苏堤春晓""平湖秋月"，体现一日变化的"雷峰夕照"，体现气候特色的"曲院风荷""断桥残雪"，突出山景的"双峰捕云"，皆呈现出异常丰富的自然景观。

园林景观中的声音美是另一种自然美。海潮击岸的咆哮声，"飞流直下三千尺"的瀑布发出的轰然雷动鸣声，峡谷溪涧的哗哗声，"清泉石上流"的潺潺声，雨打芭蕉的嗒嗒声；山里的空谷传声、风摇松涛、林中蝉鸣、树上鸟语、池边蛙奏……都是大自然的演奏家给予游人的音乐享受。

（二）园林景观中的生活美

园林景观的服务对象是人，为人类提供一个可游、可憩、可赏、可学、可居、可食的综合空间，提高人类生活水平，满足人类多样化的物质和精神需求是园林设计的基本目标。

第一，园林中环境健康，空气清新，水体清澈，绿树成荫，清洁安全。第二，要有宜人的小气候，通过合理的水面、草地、树林配置营造最佳的环境。冬季既要防风又能有和煦的阳光，夏季则要有良好的气流交换条件也要有遮阳的措施。第三，营造安静的园林环境。第四，营造多样化的植物种类，使绿色植物生长健壮繁茂，形成立体景观。第五，要有方便的交通、完善的生活福利设施，以及适合园林的文化娱乐活动和美丽安静的休息环境。既要有广阔的户外活动场所，有安静的休息、散步、垂钓、阅读、休息的场所，又要有划船、游泳、溜冰等体育运动的设施，还要有各种展览、舞台艺术、音乐演奏等的场地，这些都能愉悦身心，带来生活的美感。第六，要有可挡烈日、避寒风、供休息、就餐和观赏相结合的建筑物，尽量为人们创造接近大自然的机会，接受大自然的爱抚，享受大自然的阳光、空气和特有的自然美。在大自然中充分舒展身心，解除疲劳，恢复健康与活力。

（三）园林景观中的艺术美

艺术美是社会美和自然美的集中、概括和反映，它虽然没有社会美和自然美那样广阔和丰富，可是由于它对社会美和自然美经过了一番去粗取精、去伪存真、由此及彼、由表及里的加工改造，去掉了社会美的分散、粗糙和偶然的缺点，去掉了自然美不够纯粹、不够标准的特点，因而，它比社会美和自然美更集中、更纯粹、更典型，因而也更富有美感。园林的艺术美还体现在文艺复兴初期，园林受新思潮的影响，走向了净化的道路，逐步转向注重功能、以人为本的设计。以卡斯特洛别墅园（Villa Castello）为例，该园位于佛罗伦萨西北部，是美第奇家族的别墅园，初建于 1537 年，体现了初期简洁的特点，布局为规则式，建筑风格保留了一些中世纪的痕迹，建筑与庭园部分都比较简朴、大方，有很好的比例和尺度，喷泉、水池作为局部中心，绿丛植坛为常见的装饰，图案花纹简单。

园林景观之美是一种时空综合艺术美。在体现时间艺术美方面，它具有诗与音乐般的节奏与旋律，能通过联想与想象，使人将一系列的感受转化为艺术形象。在体现空间艺术美方面，它具有比一般造型艺术更为完备的三维空间，既能使人感受和触摸，又能使人深入其内、身临其境，观赏和体验到它的序列、层次、高低、大小、宽窄、深浅、色彩。

在园林形式的艺术美方面，园林景物轮廓的线形和景物的体形、色彩、明暗、静态空间的组织、动态风景的节奏安排是园林形式美的重要因素。

园林艺术美还包括意境美。园林意境就是通过园林的形象所反映的情意，使游赏者触景生情产生情景交融的一种艺术境界。陈从周老先生是这样定义意境的："园林之诗情画意即诗与画的境界在实际景物中出现之，统名意境。"意境是一种审美的精神效果，它不像一山、一石、一花、一草那么实在，但它是客观存在的，它应是言外之意、弦外之音，它既不存在于客观，也不完全存在于主观，而存在于主客观之间，既是主观的想象，也是客观的反映，只有当主客观达到高度统一时，才能产生意境。意境具有景尽意在的特点，因物移情，缘情发趣，令人遐想，使人流连。

园林是自然的一个空间境域，与文学、绘画的不同之处在于，园林意境寄情于自然物及其综合关系之中，情生于境而超出其所激发的境域事物之外，带给感受者以余味或遐想的余地。要想创造出意境，就要求作者用强烈而真挚的思想感情去深刻认识所要表现的对象，去粗取精、去伪存真，经过高度概括和提炼的思维过程，才能达到艺术上的再现。简而言之，即"外师造化，中得心源"，关键不在于形似，而在于神似。如园林中的假山，并不是模拟某一座真山的外形，而是造园者在观赏了众多大好河山的自然风貌后得出山的典型性的特征体现。如环秀山庄假山，尽管仅有半亩，却有真山的意境。

意境之所以能引起强烈的美感，是因为以下几点。一是意境美具有生动的形象。意境中的形象集中了现实美的精髓，也就抓住了生活中那些能唤起某种情感的特征，只有艺术家在自然形象中抓住那种富有情、意的特征，才能引起人的美感。二是意境美中包含着艺术家的情感，有人说，"以情写景意境生，无情写景意境亡"，这是有道理的。李方膺有两句诗是"触目横斜千万朵，赏心只有两三枝"，这会心的两三枝就是以情写景的结果，这两三枝是最能表达艺术家情感的两三枝。意境之所以感人，是因为形象中寄托了艺术家的感情，形象成为艺术家情感的化身。三是意境中包含了精湛的艺术技巧。意境是一种创造，"红杏枝头春意闹"中的这个"闹"字，就体现了语言运用的技巧。"闹"字，既反映了自然从寒冬中苏醒，一切都活跃起来的春天特有的景色，又表现了诗人心中的喜悦。四是意境中的含蓄能够唤起欣赏者的想象。意境中的含蓄，使人感到"言有尽而意无穷"，"意则期多，字则期少"，都是说以最少的言辞、笔墨表现最丰富的内容。利用含蓄给欣赏者留有想象的余地，使游人获得美的感受。

对欣赏者而言，因人而异，见仁见智，不一定都能按照设计者的意图去欣赏和体会，这正说明了一切景物所表达的信息具有多样和不定性的特点，意随人异，境随时迁。

第四节　环境、行为和心理基本知识

景观设计所研究的对象以外部空间设计为主。由于人是一切空间活动的主体，也是一切空间形态的创造者，因此景观设计不能脱离身处其中的人的行为。而环境行为学是一门以人类行为为课题的科学，涵盖社会学、人类学、心理学和生物学等，通过研究人的行为、活动、价值观等问题，为生机蓬勃和舒适怡人环境的生成提供帮助。

景观生态要素是关于各种自然因素对于人类生理的影响，同样，景观设计中的各种要素对于人心理的影响也直接关系到景观设计的价值合理与否，环境、行为和心理之间的关系是景观设计研究中必不可少的内容之一。环境、行为和心理之间的

　　　　　　　　　　　　　　　　　　　　　　　　景观规划设计

联系研究早在 20 世纪初在欧美等发达国家就开始了，最初是在地理学研究中起步的。1908 年，美国地理学家加勒弗（Gallover）发表了《儿童定向问题》一文。1913年，美国科学家特罗布里奇（Trowkridge）发表了《想象地图》。之后便是一系列开拓性的研究，费斯廷格（Festinger）、沙克特（Schachter）与巴克（Back）在群体行为的传统社会心理研究中发现，物质环境的布置对行为有明显影响这一研究被广泛认为是关于环境对人类行为影响方面研究的起点。

20 世纪 50 年代以后，环境行为心理的研究进入了第二个阶段：系统分析研究阶段。美国堪纳斯大学心理学家贝克（Baker）在美国米德威斯特建立了心理学实验场，重在研究真实行为场景对行为的影响，并在不同国度之间做了比较。另外一位对环境行为心理做系统性分析的人类学家是霍尔（E. T. Hall），其于 1959 年所著的《沉默的语言》和 1966 年所著的《被隐藏的维度》颇具影响力。他认为，空间距离与文化有关，它就像一种沉默的语言影响着人的行为，同时他提出"空间关系学"的概念，并在一定程度上将这种空间尺度以美国人为模板加以量化：密切距离（0 ～ 0.45 m）、个人距离（0.45 ～ 1.20 m）、社交距离（1.20 ～ 3.60 m）、公共距离（7 ～ 8 m）。

20 世纪 60 年代以后，这种作为心理学前沿的学科开始直接对设计学起到指导作用。挪威建筑学教授诺伯格·舒尔兹（Norberg Sehulz）的《存在、建筑与空间》一书，对于空间的理解和分析比过去前进了一大步。

环境行为的研究使我们的景观设计更加具体和有针对性，因此，我们有必要了解对于景观设计比较常用的几个概念。

一、空间的环境

空间（气泡）即 Space，是由三维空间数据限定出来的；场所即 Place，也是由三维空间数据限定的，但是限定得不如空间那么严密精确，它有时没有顶面，有时没有地面等；领域即 Domain，它的空间界定则更为松散。空间、场所和领域三者给人的感觉是不同的。空间是通过生理感受限定的，场所则是通过心理感受限定的，领域则是基于精神方面的量度。因而设计的时候就要根据不同特点进行考虑，如建筑设计的边界限定多以空间为基准，景观规划设计的边界限定则要以场所和领域为基准。

（一）气泡

气泡的概念是由爱德华·T. 霍尔提出的，指的是个人空间。任何活的人体都有一个使其与外部环境分开的物质界限，同时在人体近距离内有个非物质界限。人体的上下肢运动所形成的弧线决定了一个球形空间，这就是个人空间尺度——气泡。我们下面所谈到的尺度要大一些的空间大多是气泡空间的延伸：人是气泡的内容，也是这种空间度量的单位。

（二）场所

舒尔茨在《场所精神：迈向建筑现象学》中认为"场所是有明显特征的空间"，场所依据中心和包围它的边界两个要素而成立，定位、行为图示、向心性、闭合性等同时作用形成了场所的概念，场所的概念也强调了一种内存的心理力度，吸引、支持人的活动：例如，公园中老人们相聚聊天的地方、广场上儿童们一起玩耍的地方。从某种意义上来讲，景观设计是以场所为设计单位的，目的是设计出有特色的场所，将其置于建筑和城市之间，相互连贯，在功能、空间、实体、生态空间和行为活动上取得协调和平衡，使其具有一定的完整性，并且让使用者体验到美感。

只有当认同于环境并在环境中定位自己时栖居才具有意义。要使栖居过程有意义，就必须遵从场所精神。因此，设计的本质是体现场所精神，以创造一个有意义的场所，使人得以栖居。"场所精神"途径的评价模型旨在回答：怎样的场所是有意义和可栖居的呢？即怎样才能有场所性？结论是认同和定位。认同是对场所精神的适应，即认定自己属于某一地方，这个地方由自然的和文化的一切现象所构成，是一个环境的总体。通过认同人类所拥有的外部世界，感到自己与更大的世界相联系，并成为这个世界的一部分。定位则需要对空间的秩序和结构进行认识，一个有意义的场所，必须具有可辨析的空间结构，这便是林奇的可印象景观。

所以"场所精神"途径所描述的景观由一系列场所构成。而每个场所由两部分构成，即场所的性格（Character）和场所的空间（Space）。一个场所就是一个有性格的空间。空间是构成场所的现象（Things）之三维组织，而性格则是所有现象所构成的氛围或真实空间（Concrete Space）。两者是互为依赖而又相对独立的。空间是由边界构成的，大地与天空，定义了空间之上下，四顾的边界定义了空间的周际。性格取决于场所的物质和形式构成，要了解性格，我们必须先回答以下问题：足下之地是怎样的，头顶的天空是怎样的，视野的边界是怎样的？因此，在构成空间的边界上，场所的性格和空间得以重合。因此就有了：浪漫的景观——天、地、人互相平衡，尺度适宜，氛围亲切；宇宙的（Cosmic）景观——天之大主宰一切，可感受自然之神秘与伟大，使人俯身相依；经典的（Classic）景观——等级与秩序将个性化的空间联系起来。

　　　　　　　　　　　　　　　　　　　　　　　　景观规划设计

（三）领域

领域一词最早出现在生物学中，指自然界中不同物种占据不同的空间位置，"一山不容二虎"就说明了这个概念。如一只老虎的活动范围约为 40 km²，这一范围内一般不会出现第二只老虎，这 40 km² 就是这只老虎的活动领域。这一概念被引入心理学中，人类的行为也往往表现出某种类似动物的领域性，人类的领域行为与动物既有相似点，又有区别。人类的领域行为有四点作用，即安全、相互刺激、自我认同（Self-identity）和管辖范围。人类的领域行为大概分为以下四个层次：公共领域（Public）、家（Home）、交往空间（Interaction）和个人身体（Body）。气泡也可以被视作领域空间的最小单位。如 13 世纪末克雷森兹所著的《田园考》中提到，王公贵族等上层阶级的庭院面积以 20 英亩为宜，四周围墙，在庭院的南面设置美丽的宫殿，构成一个有花园、果园、鱼池的舒适的居住环境；庭院的北面种植密林，这样既可形成绿树浓荫，又可使庭院免受暴风的袭击。这也是领域这一词在庭院中的运用。

在生活体验中可以发现，即使没有人告诉我们，我们也可以认知某一空间的用途，并且自觉地用某种行为去对应空间的功能。一般容易为人所认知的空间大体有三个特征：滞留性、随意消遣性和流通性。心理学研究表明，在行为个体对环境认知以后，就会本能地对自己的领域进行维护，如果受到冲击和干扰，就会在心理上和行为中有反感的表示，由此感到不悦。对此，我们在景观设计中要特别注意空间的尺度对人心理的影响，可以通过植物、矮墙或者某些构筑物来增强滞留空间使用者的私密性，也可以通过不提供适宜滞留领域空间来暗示使用者流动空间的性质，从而提高流动空间的效率。这里要注意人与人之间过度的疏远和靠近都会造成一种心理上的不安定。

二、人的行为

心理学家亚伯拉罕·H. 马斯洛（Abraham H. Maslow）在 20 世纪 40 年代就提出人的"需要层次"学说（见图 3-4），这一学说对行为学及心理学等方面的研究具有很大的影响。他认为，人有生理、安全、爱／归属、尊重及自我实现等需求，这些需求是有层次的。最下面的需求是最基本的，而最上面的需求是最有个性和最高级的，不同情况下，人的需求不同，这种需求是会发展变化的。当低层次的需求没有得到满足时，不得不放弃高一层次的需求。然而人本身所具有的复杂性使得人常常同时

图3-4 马斯洛"需要层次"学说

出现各种需求，但并不是按照层次的先后去满足的。但这一学说对于我们认识人的心理需求仍然具有一定的借鉴意义。

根据马斯洛"需要层次"学说的理论，景观设计所应满足的层次也应该包括从低级到高级的层次过程，环境景观的参与者在不同阶段对环境场所有着不同的接受状态和需求。景观是研究人与自身、人与人、人与自然之间关系的艺术，因此，满足人的需要是设计的原动力。

我们研究景观中的人类行为，就不能不考虑人类行为最基本的规律。马斯洛的人类行为需要层次理论只是一家之言，诸如此类的理论还有很多。人的行为往往是进行景观设计时确定场所和动线的根据，环境建成以后会影响人的行为。同样，人的行为也会影响环境的存在。

（一）行为层次

景观设计强调开放空间，我们关注的行为亦是人在户外开放空间中的行为，我们可以将这些行为进行简单分类，大概可以分为以下三类。

1. 强目的性行为：也就是设计时常提到的功能性行为，在商店的购物行为、博物馆的展示功能，这是设计的最基本依据。

2. 伴随强目的性行为习性：典型的例子是抄近路，在到达目的点的前提下，人会本能地选择最近的道路，虽然我们可以用围墙、绿化、高差来强行调整，但是效果往往不佳，所以在设计时应该充分考虑这类行为，并将其纳入动线的组织之中。

3. 伴随强目的性行为的下意识行为：这种行为比起上面两种，更加体现了一种人的下意识和本能。例如人的左转习惯，人虽然意识不到为什么会左转弯，但是实验证明，如果防火楼梯和通道设计成右转弯，疏散行动的速度会变慢。展览空间如果是右转布置，也会造成逆向参观和动线的混乱。这种行为往往不被人们所重视，但却非常重要。

（二）行为集合

行为集合是为达到一个主目的而产生的一系列行为。例如在设计步行街时，隔一定距离要设置休息空间，设计动线时要考虑无目的性穿越街道的行为，以及通过空间的变化来消除长时间购物带来的疲劳等。

（三）行为控制

这个概念可以让我们认识到设计对人的行为的作用。卢梭说人是环境的产物，有时我们设计空间时，同时也设计了一种相应的行为模式，这种模式在日复一日的强化下，很可能演化成一种习惯，这就是环境对行为的控制作用。著名心理学家斯金纳（B. F. Skinner）认为，研究者不但要预测行为的发生，还要通过操纵自变量而对行为产生影响，这说明他已经充分地了解了行为。例如在设计花坛的时候，为了避免人在花坛上躺卧，可以将尺度设计得窄一些。

三、聚居地的基本需求分析

希腊学者道萨迪亚斯（C. A. Doxiadis）曾对人类对其聚居地的基本需要做过扼要概括。

（一）安全性

安全性是景观设计所要满足的最基本要求，人要有土地、空气、水源、适当的气候、地形等，以适合人类抵御来自大自然与其他人的侵袭，这也属于马斯洛提出的基础层次的需要。具体到景观设计的安全性上，首先体现在对特定领域的从属性上，在个人化的空间环境中，人需要能够占有和控制一定的空间领域。心理学家认为，领域不仅提供相对的安全感与便于沟通的信息，还表明了占有者的身份与对所占领域的权力象征。

（二）选择与多样性

在满足了基本生存条件的前提下，要满足人们根据其自身的需要与意愿进行选择的可能。"钟爱多样性"是生物学家、人类学家、心理学家的格言，因为多样性是一切"人"包括生物界的本性。

（三）需要满足的因素

在进行景观规划设计时，下列五个方面的需要应予以最大、最低或最佳限度的满足。

1. 最大限度的接触：与自然、与社会、与人为设施、与信息等有最大限度的接触，即与它的外部世界有最大限度的接触，最后归结为其活动上的自由度，这种自由度随着科学技术的发展正在扩大。

2. 以最省力（包括能源）、最省时间、最省花费的方式，满足自己的需要。

3. 在任何时间、任何地点，都要有一个能受到保护的空间（Protective Space），无论是暂时的，还是长期的，无论是一人单独地在什么地方，还是与一群人在一起。根据上述原则，人不但要把许多与自己有关的事物拉近到自己的身边，同时还要使自己靠近人群。人的生存离不开人群（社会）。人群的聚集是社会内聚力的表现，在物质空间上体现为密度，中心与非中心体现在密度的差别上。成组、成团体现为秩序的接近，只要有人群就有中心。此外，如果中心变得过于拥挤，人会自动地拉开距离，保护其个人与小群体的私密性和领域性。公共性与私密性是人的基本需要。所有的聚居地与建筑都是这两者间矛盾平衡的体现。

4. 人与其生活体系中各种要素之间有最佳的联系，包括大自然与道路、基础设施与通信网络。

5. 根据具体的时间、地点，以及物质的、社会的、文化的、经济的、政治的各种条件，取得几个方面的最佳综合、最佳平衡。在小尺度范围内，人为环境要适应人的需要，在大尺度范围内的人造物要适应自然条件。

第五节　空间设计理论

环境空间设计基础在城市规划设计、建筑设计、室内设计、景观设计等诸多学科中都是必须掌握的，是相通的。环境空间设计的主要内容是空间造型的方法和原理。无论空间尺度大小，其使用者都是人，都是以人为基本模数的，所以，这些设计学科都具有相同的空间设计基础。多年来，以建筑师为首的不同专业人士开展了一系列研究，成果丰硕，而且在现行教育体系中起着举足轻重的作用。通过对环境空间的训练过程加以分析，可以简单地分为认知和操作两个环节。

空间形态分为两大类：积极形态和消极形态。积极形态，即指人可以看到和触摸到的形态，又被称为实体形态。消极形态，指看不到、摸不到的，只能由实体形态所暗示出来的形态，又被称为虚体形态。例如，身处广场之中，周围的建筑就是实体形态，而广场因有建筑围合而暗示出来的空间就是虚体形态。

形态的表现形式主要有三大类：两维空间（平面）、三维空间（立体）、四维空间（立体加上时间）。应该说，景观设计主要是对后两者的设计和创造，但是在处理实体和空间的界面时，平面的设计和创造也不可或缺。

一、造型基础

景观的审美感受是通过视觉形象来实现的，视觉形象又是由造型的元素——点、线、面、色组成的，造景离不开造型，景观形象给予人的感受和印象，都是以微观的造型要素的表情为基础的，具体可表示如下。

（一）点

点是构成形态的最小单元和细胞，它是图形、图像最基本的组成部分，点排列成线，线堆积成面，面组合成体。在几何学中，点表示位置，不具备面积大小和方向，然而在我们生活的空间中是没有单独的点元素的，我们所说的点往往被放在环境中，和周围的形态相对比呈现出面积较小、相对集中的特点，我们都将其抽象成点元素。点包括平面的点、立体的点、三角的点和球形的点等，点有长短、宽窄及运动方向，是由各元素相互对应、相互比较而确定的。随着点与块的缩小与扩大，它们之间互相转换，在形态上，造型语言的不同会在心理上产生不同的感受，如角状点有强烈的冲击力，曲形点则有柔和的飘浮感（见图3-5）。

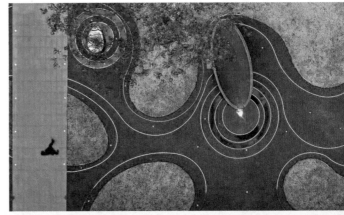

中世纪意大利庭园中的小水池、园亭、雕塑等皆为点。现代景观设计中点的内容逐步得到扩大，植物、山石、亭塔、台凳、汀步、石矶、灯光、水池、雕塑等有一定位置的、形状不大的要素，都可以视为物化了的点。单独的点元素会起到加强和强调那个位置的作用，具有肯定的特性。两个点往往暗示了线的趋势。如果一个平面内有三个或五个点，会产生消极的

图3-5　宜兴港龙·湖光珑樾景观的点
资料来源：上海栖地建筑规划设计有限公司

面的联想，具有松散的面的特点。如果一个面内的点密集到了一定的程度就会形成点群的特点。在景观设计中可以运用点的群化特性来对景物进行设计和创造，达到景观设计的目的。主要有以下几种方式。

1. 运用点的积聚性及焦点特性，创造空间美感和主题意境

点的群化特性很容易形成视觉的焦点和中心。点既是景的焦点，又是景的聚点，小小的点可以成为景中的主体主景。例如，在十字路口中间，在缘地或景观建筑的一角，在道路的起点、尽头，或在广场中央等，点都可以成为视觉的焦点。

2. 运用点的排列组合，形成节奏和秩序美

点的运动、点的分散与密集，可以构成线和面。同一空间、不同位置的两个点，相互严谨地排成阵列，会让人联想到严肃大方的性格，具有均衡和整齐的美感。

3. 散点构成在景观中的视觉美感

不同位置、大小不一的点在景观环境中可以产生一种动感，可以增加环境的自由、轻松、活泼的特性，有时由于散点所具有的聚集和离散感，往往可以给景观带来如诗的意境。

（二）线

视觉中的线，是众多的点沿着相同的方向，紧密地排列在一起所形成的。16世纪中叶，人们喜欢用线条的复杂化来体现巴洛克风格。意大利庭园的细部通过轴线对称来布局。以花坛、泉池、台地为面，以园路、阶梯、瀑布等为线，以小水池、园亭、雕塑等为点，这些都强化了对称性。线存在于点的运动轨迹，也存在于面的边界以及面与面的断、切、截取处，它具有丰富的形状和形态，并能形成强烈的运动感。线的特点主要是具有长度和方向，其外形有长短、粗细、轻重、强弱、直接、转折、顿挫等不同的变化。同点一样，日常生活的空间中也不存在纯粹的线元素，如周围的物体都是由若干面组成的实体。但是，抽象化的线元素的研究对于设计来说非常重要。线从形态上可分为直线和曲线两大类，直线往往是十分确定的，粗直线给人以强有力、稳重的感觉，细直线给人的感觉是敏锐和精致。总体而言，直线具有阳刚的气质。相对而言，曲线具有优雅柔软的气质。圆弧和椭圆弧等几何曲线给人以充实饱满的感觉；抛物线近于流线，有速度感；双曲线有一种曲线平衡的美，有较强的现代感；螺旋曲线是具有渐变韵律的曲线，富有动感；自由曲线最具抒情特色，也是较难运用的一种曲线形态，需要较高的构成修养。

1. 直线在景观艺术中的应用

直线分为水平线、垂直线和斜线三种。水平线平静、稳定、统一、庄重，具有

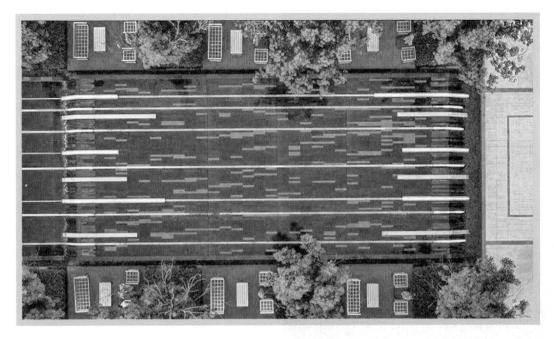

图3-6　杭州绿都·东澜府景观的直线

资料来源：上海栖地建筑规划设计有限公司

明显的方向性。在景观中，直线形道路、铺装、绿篱、水池、台阶都体现了水平线的美感。直线另外体现在中世纪文艺复兴中期的意大利庭园中，有中轴线贯穿全园，景物对称布置在中轴线两侧。垂直线给人以庄重、严肃、挺拔向上的感觉，在景观中，使用垂直线造型的疏密相间、有序排列的栏杆及护栏等，具有明显的节奏感、韵律美（见图3-6）。斜线运动感较强，具有奔放、上升等特性，但容易产生不安定感。景观中的雕塑使用斜线，可以表现出生命力，达到动中有静、静中有动的意境。直线能够表现出简洁、明快、动感的个性特征。

2. 曲线在景观艺术中的应用

曲线轻柔、温和，富有变化性、流畅性，带给人自然、飘逸的感觉。曲线的种类，分为椭圆曲线、抛物曲线、双曲线、自由曲线，能够表达出丰满、圆润、柔和感，富有人情味，具有强烈的流动感。曲线在园林设计中运用得最广泛，园林中的廊、桥、墙、花、建筑等，处处都有曲线的存在（见图3-7）。古今中外在曲线利用上各有特点，如在15世纪初期，意大利文艺复兴运动兴起，新艺术运动的目的是希望通过装饰的手段来创造出一种新的设计，主要表现为追求自然曲线形和追求直线几何形两种形式。文学和艺术飞速进步，引起一批人爱好自然、追求田园趣味，由此，文艺复兴园林盛行，并逐步从几何形向巴洛克艺术曲线形转变。文艺复兴末期

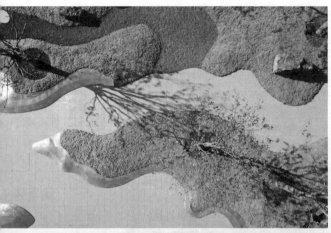

图3-7　扬州世茂恒通·璀璨星辰景观的曲线
资料来源：上海栖地建筑规划设计有限公司

的巴洛克风格倾向于使用烦琐的细部装饰，运用曲线的技巧来增强立面效果。

在景观设计中，曲线以多种形式出现，形成了各具特色的景观。设计师塔哈所设计的新泽西州特伦顿市保护局的庭园绿亩园就是利用各种叠加在一起的曲线形成的层层叠叠的硬质景观，这些曲线仿佛大海退潮后在沙滩上留下的层层波纹，极具曲线的美感。

（三）面

面是由线运动而成的，是线的封闭状态，不同形状的线可以构成不同形状的面。点移动的轨迹，点的扩大，线的宽度增加等也会产生面。自然界中面的形状有很多，所以其特点也较为复杂，但是我们在设计过程中还是以较为简单的面元素用得较多。例如，方形面给人以单纯、大方、安定、呆板的感觉；圆形面给人以饱满、充实、柔和的感觉；三角形面中正，较为单纯、安定、庄重、有力；倒三角形面单纯却动荡和不稳定。对于较为复杂的面，评价标准是：其所含的直线成分越多，越接近于直线性格；其所包含的曲线越多，越接近于曲线性格。

1. 几何形平面在景观艺术中的应用

几何形平面具有严谨性，主要应用于体现规则的园林中的空旷地和广场外形轮廓、封闭型的草坪、广场空间等。几何形平面的园林的布局显得整齐、庄严，富有气魄而亲切，且易于与建筑、道路等整齐规则的直线形平面环境协调一致，刚柔相济，产生秩序安定、温馨的美感（见图3-8）。

在文艺复兴初期，几何形平面在当时的应用主要表现在追求自然式和追求几何式两种形式。19世纪，造园风格停滞在自然式与几何式两者互相交融的设计风格上，甚至逐步沦为对历史样式的模仿与拼凑，直至工艺美术运动和新艺术运动中产生新的园林风格的诞生。

图3-8　温州中梁都会中心景观的面
资料来源：上海栖地建筑规划设计有限公司

2. 自由曲线形平面在景观艺术中的应用

　　自由曲线形平面是曲线和面结合的产物，突出了自然、随和、自由生动的特性，一般应用于自然式园林中。在中国古典园林中，无论是园林中的空旷地或广场的轮廓，还是水体的轮廓，都是自然形的。例如，喷泉及细部的线条少用直线而多用曲线，形成园林中开朗明净的空间；草地植物的种植形成立体效果，地形平面也是自由曲线形的。在现代园林中，园林中的草地、水面、树林等形成的面也采用自由的曲线形平面。在很多地方，曲线形平面和几何形平面结合使用，甚至有的自由曲线形平面在某个区域结合几何形来设计，将人工和自然完美地结合起来（见图3-9）。

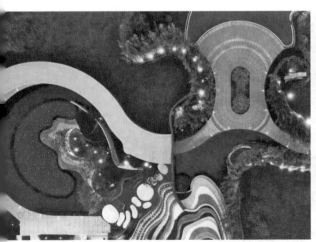

图3-9　肇庆世茂·滨江壹号景观的曲面
资料来源：上海栖地建筑规划设计有限公司

（四）形体与形态

形体是形在三维空间中的运动，是面移动而成的，它不是靠外轮廓表现出来的。当不同的面处于不同的方向，并在边沿的位置连在一起时就形成了形体。形体是形状在空间中的延伸，是形变化的延续，它能引导人们的视线从水平线以下向高处发展，使得空间也随之发生改变，给人以不同的视觉体验和心理感受。形体的种类从大的方面可分为三类，即直线系形体、曲线系形体和中间系形体。由于人对于形体是通过朝向自己的若干个面来观察的，形体的表情就是围合各种面的综合表情。因而形体的构成规律原则上和面是一致的，它的特殊性在于：人在四面移动观察一个形体时会产生四维空间。形体在景观设计中经常表现为假山、雕塑、建筑、装置等，它可以打破景观设计中面的单调，同时它也可以和平面上的图形相呼应、协调，使得景观产生舒适的视觉感受。在现代景观设计中，大量的形体被广泛地运用，在设计中创造了一种符合现代人审美趣味的构成感（见图3-10）。

形态是指物体的形体事态和内涵的有机结合，它包括物与物之间、人与人之间等多层关系，是形体的表现。在景观艺术中，形体与形态既互相区别，又彼此互相作用。组成形态的形体包括形体的数量、体量、尺度、空间、组合方式等方面。每个形体的变化都会引起形态性格的变化，具体包括以下内容：

1. 由于形体数量的多少不同，所反映的形态特征也会完全不同。

2. 体量是指物体内部的容积、量与度的外在表现，它体现了一个物体的长、宽、高的尺度。通过体量的对比可产生优美的景观艺术效果。

图3-10　重庆融创文旅城云朵乐园的形体与形态

资料来源：上海澜道环境设计咨询有限公司

3. 对于尺度的把握在景观设计中是极其重要的。尺度是使一个特定物体或场所呈现恰当比例关系的关键要素。尺度可分为绝对尺度和相对尺度两种。绝对尺度是指物体的实际空间尺寸,也是一种功能上的实际尺度,人可以去亲身体会物体的存在。而相对尺度则是指人的心理尺度,体现了人的心理知觉在空间尺度中所得到的感受,相对尺度通过相互对比与协调关系来使观察者获得心理上的满足感。

4. 形态使物体通过一定的形式语言来进行组合,由于它们组合的方法和形式不同,其呈现的空间形态也各不相同。

(五)空间

空间和形体是一种内与外的关系,空间是指区域与区域、物与物之间的空间距离。如果两个空间之间的距离相对过大则会给人以平淡、松散的感觉,若两个空间之间的距离相对太小则会显得拥挤和局促。因此,在景观设计中,要获得一种良好的空间效果,就要通过不同的空间组合和变换来营造出特殊的空间氛围。不同大小空间的对比、面的高低变化以及不同次序的排序,对于景观中视觉空间设计和规划都是较为关键的因素。景观设计师要善于抓住不同的空间变化给人的视觉和心理的感受来设计出具有空间变换感的景观设计作品。

(六)色彩

色彩是视觉元素中非常重要的一个元素,它在视觉艺术中占有重要的地位。色彩是眼睛受到光线刺激所引起的感觉作用,色彩能够影响人的情绪及心理,无论是艺术家还是设计师都借助色彩来表现情感。色彩是景观中能引起形式美感的元素,一个好的景观设计师应该是善于利用色彩给人的不同视觉感受来进行景观设计的,合理地使用色彩,才能对景观环境的艺术表现起到一定的强化和烘托作用(见图3-11)。

图3-11 重庆融创文旅城云朵乐园的彩虹色彩

资料来源:上海澜道环境设计咨询有限公司

在进行景观色彩设计时，应遵循以下基本原则。

1. 色彩与景观功能相适应

色彩的对比在文艺复兴中期主要体现在理水技术成熟上，如水景与背景在明暗与色彩上的对比，光影与音响效果（水风琴、水剧场），跌水、喷水等，秘密喷泉、惊愕喷泉等。在文艺复兴末期，色彩的对比主要体现在植物色彩上：以常绿树为主色调，其间点缀了白色的各种石造建筑物、构筑物及雕塑；丛林与花坛部分采用了明暗对比的巧妙处理。

不同的景观为了满足不同的需要而设计，而不同的功能对景观空间环境的需求不同，因而对色彩的设计要求也不同。要根据观察者的心理需求和心理反应来使用颜色，不同的色彩会让人们产生不同的联想和感受，以至影响人们的行为。例如红色可表现出热烈、喜庆、刺激的感情色彩；黄色代表着温暖、高贵、干燥和黄土的感觉，具有强烈的视觉刺激作用；蓝色则是一种理性的颜色，可表现宁静、辽阔之感等。在景观环境中，纪念性建筑、烈士陵园等景观场所，营造的气氛是庄重、肃穆、严肃的，这是较为稳重的冷色系中的类似色的色彩设计可以营造出的相应气氛；而娱乐性空间，如主题公园、游乐园等则需要营造出活跃的、热烈的、欢快的气氛，这时就应该充分利用亮度和彩度比较高的对比色来形成丰富的视觉感受；在安静的休息区，需要的是宜人的、舒适的、平和的气氛，这时应该采用以近似色为主，同时较为调和的色彩进行设计，可以以自然环境色彩为主，同时要有一些重点色，以形成视觉的焦点，从而满足人较长时间休息的心理需要。

2. 色彩与服务人群主体相和谐

不同的人对色彩的喜爱有不同的偏好，如为儿童设计的色彩，应该采取彩度较高的暖色系，符合儿童喜爱鲜艳、温暖色彩的心理；为老年人设计的景观，应采用稳重、大方、调和的色彩，以符合老年人的心理需要；在炎热地区，应该使用让人感到凉爽和宁静的色彩，而在北方寒冷地区，则应使用温暖、鲜艳的色彩。

因此，在景观环境设计中，对于物体色彩的设定都不是以某种单一的表现方式来展现的，而是要通过色彩与色彩的搭配、组合以及渐变等手法来形成丰富的视觉及心理感受，为人们提供多层次、多方位、多情感的色彩艺术空间。

3. 色彩在中国古典园林中的应用

中国的古典园林产生于商周，经过2 000多年的发展，在清朝中叶达到其发展的顶峰。在造园的理念上，中国古典园林强调天人合一的境界，要求的是源于自然而高于自然的艺术。于是，自然的色彩在整个空间中占据了主导地位。造园要素主要由山石、水体、植物与建筑构成，在园林的营造中，建筑往往依附于整体景观规划之中，山石的灰或黄、植物的苍翠、水体的淡蓝色，往往是整个园林空间色彩构成的基础，自然的颜色在园林营造中占据着主导地位。

中国的古典园林依据风格因素的差异，在表现形式上，以江南地区的私家园林和北方地区的皇家园林最为出名。江南的私家园林，是咫尺之间营造古典园林空间意境的典范，强调的是"一拳则太华千寻，一勺则江湖万顷"的营造手法；北方的皇家园林，则是大范围、大尺度的空间营造，强调的是真山真水的意境，在大自然的环境背景中，依山傍水，将自然美与中国古典的园林意境结合到了极致，是辉煌的东方古典园林艺术的杰出代表，在营建过程中所表现出来的种种创作手法与表现形式，对于后代的景观创作与营造，具有很好的借鉴作用。

就风格而言，北方的皇家园林和江南地区的私家园林是典型的代表之作。皇家园林在大范围大尺度的空间中营造，强调真山真水，于是山体的绿色和水体的蓝色是主要的色彩构成，其间有建筑金黄琉璃瓦面和朱红建筑主体的衬托，整个环境大气和谐，彰显皇家气派。江南的私家园林，往往处在高深的院墙的环绕之中，整体空间较小，便在抽象化的构筑之间做文章，对于山川与水体的凝练与概括，整体色彩朴素、雅致、天然。两者也就分别形成了中国园林具有代表性的两种区域色彩风格。

总体而言，皇家园林的景观色彩营造，通常使用大范围的深色作为基底，使用色彩明度和纯度相对较高的颜色打破这种平淡的色彩布局，同时突出所要表现的景观内容，从深层的意义上来看，这与皇家园林的皇家气质和唯我独尊的造园理念是分不开的。而江南的私家园林在造园的过程中，理念则要低调很多，黑白灰的简单结合，营造的是疏朗、雅致、天然的艺术境界，以绿色色彩的纯度与亮度的变化，打破这一色调的单调组合，这是造园过程中色彩的常用搭配形式，而漏窗这一景观构筑物，则是对于光影变化灵活运用的体现。针对现代景观设计中不同设计理念的需求，结合古典园林中的色彩搭配方式的应用，对于景观设计整体中国风格的形成，可以起到积极的促进作用，其也不失为园林设计中古今结合的一条思路。

（七）质感

质感对于景观设计师来说是另一个重要的视觉元素，任何材料都具有自身的质感，材质是指材料的质感。材质是人通过触觉和视觉而感知到的物体特征，材质所表现的是材料的肌理美，是由触觉经验经过视觉作用来加以判断的。质感则是通过材质的天然色彩来展现其自然的魅力。不同的材质会在人的心理上产生不同的感官效应。

图3-12 合肥银城·旭辉樾溪台景观的质感

资料来源：上海栖地建筑规划设计有限公司

在景观设计中，不同景观材质的变化会带给人感情上的波动和影响。质感的体现主要是通过对比的方法，如材质的粗糙和光滑、柔软和生硬等。景观设计中常用的不同质感的材料主要有金属、玻璃、岩石、木材、混凝土、陶瓷、塑料等，在设计过程中，将这些不同的材料相互搭配，使材料的质感能够最大限度地发挥其应有的作用，可以创造出不平凡的景观作品（见图3-12）。例如，岩石的表面和其切割的立面形成对比，同时又和周围的玻璃及岩石空隙中蓝色玻璃存在着质感上的反差，这些都极大地丰富了景观设计中的视觉效果，吸引观者的眼球。

在景观设计中，质感的表现应遵循以下原则。

1. 充分发挥材质固有的美

材质本身可以营造出丰富的视觉感受，因此在景观设计中应强化材质本身的特征，用简单的材料，创造出不平凡的景观，体现出设计的特色。16世纪的巴洛克时期的庭园洞窟原为巴洛克式宫殿的一种壁龛形式，它可以形成充满幻想的外观，后被引入庭园。庭园洞窟采用天然岩石的风格进行处理。这种处理方法与英国风景园的模仿自然手法不同，前者在于标新立异，后者是真正来自酷爱大自然的观念，是发自内心地欣赏大自然之美的产物。受工艺美术运动影响，花园风格更加简洁、浪漫、高雅，其用小尺度具有不同功能的空间构筑花园，并强调自然材料的运用。

2. 根据景观表现的主题采用不同的手法表现质感

质感的对比是提高质感效果的最佳方法之一。质感的对比能使各种素材的优点相得益彰，如地面铺装可以选择丰富的材料，有地砖、卵石和磨石等，但材料的质感具有粗糙、朴实的共性，因此既可形成丰富的特性，同时又具有协调的感觉。借助材料的硬度、质量、表面肌理、色彩触感和距离等，通过塑造手段来表现不同环境中人的情感。材质永远是景观设计师追求和利用的设计元素。

通过以上分析我们可以发现，景观设计艺术在构成上是由线来形成面，再由面组成体，它们的有效组合和运用起到的视觉效果是不容忽视的。任何景观设计艺术都是利用设计师对造型、色彩、质感等要素的展开来表达出作品的主题，同时也是通过设计师对造型、色彩、质感等要素的理解来传递着对美的感受和体验。

二、空间形式认知与分析

对于形式的认知是任何设计学科，包括平面设计、工业造型设计等所共有的设计基础，这里的认知和分析不同于日常生活中简单地看，最大的不同点在于一种抽象能力的培养，设计师的观察是一种抽象的观察。形式要素的分类主要有视觉要素、关系要素和概念要素。

视觉要素主要指形状、大小、色彩、质感这些和具体的视觉特征有关的要素。关系要素是指与视觉要素的编排、位置有关的要素，如方向、位置、视觉惯性等。概念要素是不可见的只存在于我们的意念当中的点、线、面、体等。在认知过程中，这三个层次的要素是互相穿插和联系的。在认知和设计中，思维的流向是相反的：在认知过程中，先对视觉要素进行抽象处理，再总结关系要素，最后简化成一种抽象的概念要素，至此，认知过程结束；在设计过程中，先在头脑中产生概念要素的组合，再用关系要素进行分析和完善，最后具体化成视觉要素，体现在具体空间中。

我们在设计过程中所操作的具体实物主要是物质材料、结构等，但是我们设计的主要对象却是空间，而空间是抽象的，因此设计者首先应掌握认知空间。

（一）图与底的关系

丹麦建筑师斯滕·埃勒·拉斯姆森（Steen Eiler Rasmussen）在《建筑体验》一书中利用了"杯图"（见图 3-13）来说明实体和空间的关系。我们在观察事物时，会将

图3-13 "杯图"

注意的对象——图（Figure）和对象以外的背景——底（Ground）分离开来。主与次、图与底、对象与背景在大多数情况下是非常明确的，有时，两者互换仍然可以被人明确地认知，"杯图"就是这样一个例子。

当图与底同时进入人的视野，则会显现出以下知觉规律：

1. 底具有模糊绵延的退后感，图通常是由轮廓界限分割而成，给人以清晰、紧凑的闭合感。

2. 图与底的从属关系随周围环境不同而变化，在群体组合中，距离近、密度高的图形为主体形。

3. 小图形比大图形更容易变为主体形，内部封闭的比外部敞开的更容易成为主体形。

4. 对称形与成对的平行线容易成为主体形，并能给人以均衡的稳定感。

我们可以用这种图底关系来分析空间和实体的关系。一般情况下，我们习惯将实体当作图，而将建筑周边的空地当作底，这样，实体就可以呈现出一种明确的关系和秩序。如果将图与底翻转，空间就成了"杯图"，我们就更容易明确地掌握空间的形状和秩序。

（二）空间的抽象

拓扑学即所谓位相几何学，是以研究形态之间的关系见长的。它不是研究不变的距离、角度或者面积的问题，而是对接近（Proximity）、分离（Separation）、继续（Succession）、闭合（Closure）、连续（Continuity）等关系进行研究。拓扑学的图示最初是基于接近关系得到的秩序，但这样形成的各个聚合，不久就发展到进一步结构化的整体，它由连续性和闭合性构成特征。随着拓扑学的发展，人们对于空间关系要素的认识逐渐深入，并在此基础上总结出了若干种空间的概念因素。

芦原义信在《外部空间设计》中将空间抽象为两种形态：积极空间和消极空间。空间的积极性意味着空间能够满足人的意图，或是有计划性。计划对空间论来说，就是首先确定外围边框并向内侧去整顿秩序的观点。相反，空间的消极性是指空间是自然发生的、无计划性的。所谓无计划性是指从内侧向外增加扩散性，因而前者是具有收敛性的，后者具有扩散性。芦原义信关于西欧油画和东方水墨画的对比是一个很好的例子：西欧的静物油画，经常是背景被涂得一点空白都不剩，因此可以将其视为积极空间；东方的水墨画，背景未必着色，空白是无限的、扩散的，所以可以将其视为消极空间。这两种不同的空间概念不是一成不变的，有时是相互涵盖和相互渗透的。

三、实体、空间的限定和操作

（一）实体、空间的加法和减法

减法转换：对基本形体进行切割和划分，由减法转换得到的形可以维持原型的特征，也可以转换成其他形。例如：立方体去掉一部分，但仍然保留其作为立方体的特性，也可以逐渐被转化成多面体甚至于球体，如欧洲文艺复兴中期的建筑一直在做减法，强调简洁明了的自然式景观。

加法转换：通过增加元素到单个的体积上，从而得到各种规则或不规则的空间形体。例如，文艺复兴末期的巴洛克时期的建筑则一直在做加法，喜爱烦琐冗杂的线条和配饰。

（二）空间的限定

实体以占有空间，并间隔限定空间为其基本特征。视觉力的形成是由大空间（宇宙或自然）通过面的分隔组合所界定的空间力所致，因此，界面是最主要的空间限定要素之一，其次为线的排列与交织所构成的面感。我们关于空间的构成就是在原空间基础之上形成的，空间限定就是指使用各种空间造型手段在原空间之中进行划分。单纯线与块的限定，只能被视为吸引注意力的要素，不能起到分割空间的作用，但在某些场所可起到心理暗示的作用，如导向与标识设计。限定空间主要有两种形式：中心限定和分隔限定。

1. 中心限定构成

就单独的线、面、块而言，其在空间造型中并不起分割作用，而被视作具有视觉吸引力的形态所感知，并成为集聚注意力的媒介。而且，由于其本身并不具备内部空间，只能从其外部感知，因此，就其在空间中的作用而言，除被视为图形之外，在其周围又形成了界限不清的物理空间及被知觉为外部空间的"场"。此类空间限定形式即被称为"中心限定"。

"设立"为中心限定的具体形式，与"地载"共同构架起凝聚、挺拔、庄严雄伟的态势，纪念性建筑、雕塑均属此类，若辅以吊顶、围墙，又能产生吸引、收拢之势，大堂吊灯、悬浮雕塑、壁饰等均属此类。

2. 分隔限定构成

利用面材、线材或块材的构形虚面进行分隔围合空间，组合成具有明确界限或容积的内空间，使空间呈现某种形态，并能使人在其中活动，此类空间界定形式即为分隔限定。面作为界定分隔空间的主要元素之一，在视觉心理方面包括了天覆、地载、围闭等，即对空间之气势的围、截、堵、导、升、降等。

（1）天覆构成

"天覆"具有庇护遮掩、飘浮压抑的态势，可与地载、设立、围闭分别结合构成空间。城市街道的候车亭、货亭、遮阳伞，商业展示空间的中心台结构均属此类。天覆的高标准直接决定其空间力的效果，通常以人体尺度作为界定的标准。若高度低于人的身高，则空间引力感较强，给人以压抑之感；若高度接近人的身高，则既有引力感，又能让人感到亲切自然；若其高度高于人的身高较多时，则引力感减弱，让人产生虚幻飘浮的感觉。

（2）地载构成

"地载"，既具平缓、宁静之势，又有起伏、波动之力。其构成形式包括以下几种。

界定区域：通过材料、肌理、装饰等界定、划分明确的区域范围，使其产生领域性、区域性和诱导性。甬道、地毯等均属于此。

凸起：有凸现、隆起、令人兴奋、诱导视线的势态。北京天坛的圜丘、人民英雄纪念碑的基座等均属于此。

凹陷：有塌落、隐逸的态势，围合限定性强。下沉式广场等均属于此。

架空：若与"设立"相结合，可构成横断的深海之势，并能产生"天覆"的界定效果。挑台建筑即属于此。

竖断：若在大空间中应用竖断，则与面的作用相似。若在小空间中应用竖断，则具有闸阀板的阻截功效。若与"地载"结合，又可产生波动、迂回态势。

夹持：具有分流和诱导的态势。

合抱：限定性强，具有环抱、驻留之感。城市广场空间、客厅沙发布局、会议室空间等均属于此。

（3）围闭构成

"围闭"，属空间构成的主要形式之一，具有凝聚、界定、私密性强等特点。其采用尺度、材料、结构等不同的形式，均能产生不同的空间力。

（三）空间的尺度与界面

在对空间限定的手法有所了解之后，我们要将这种抽象的手法和空间形态运用到景观设计中。景观设计中的空间和形态构成中的抽象空间最大的不同在于尺度，也就是说，这种抽象的空间如果为人所用，必须以人为尺度单位，考虑人身处其中的感受。尺度是空间具体化的第一步。

一般认为，人的眼睛以大约60°顶角的圆锥为视野范围，熟视时以1°顶角的圆锥为视野范围。根据惠吉曼（Wcrnc Hegemann）与匹兹（Elbert Peets）合著的《美国维特鲁威城市规划建筑史手册》，如果相距不到建筑高度2倍的距离，就不能看到建筑整体。芦原义信在《外部空间设计》中进一步探讨了在实体围合的空间中实体高度（H）和间距（D）之间的关系：当一个实体孤立时，是属于雕塑性的、纪念碑性的，在其周围存在着扩散性的消极空间；当几个实体并存时，相互之间产生封闭性的相互干涉作用。他经过观察总结出如下规律：$D/H=1$ 是一个界限，当 $D/H < 1$ 时会有明显的紧迫感，当 $D/H > 1$ 或者更大时就会形成远离之感。实体高度和间距之间有某种匀称存在。在设计当中，$D/H=1$、2、3、4 是较为常用的数值；当 $D/H > 4$ 时，实体之间的相互影响已经非常微弱了，形成了一种空间的离散；当 $D/H < 1$ 时，其对面界面的材质、肌理、光影关系就成了应当关心的问题（见图3-14）。在此基础上，芦原义信提出了"1/10理论"：外部空间可以采用内部空间尺寸8～10倍的尺度。例如，日本式的四张半席室内空间对于两个人来说营造了一种小巧、安静、亲密的空间，那么如果也要在室外营造这样的一个亲密空间，将尺度加大到8～10倍即可。

尺度的界限在人的社交空间中也存在：

1. 20～25 m 见方的空间，人们感觉比较亲切，超出这一范围，人们很难辨认对方的脸部表情，也很难听清对方的声音。

2. 距离超出 110 m 的空间，肉

图3-14　D/H 关系示意图

资料来源：芦原义信：《外部空间设计》，尹培桐译，中国建筑工业出版社1985年版

眼只能辨别出大致的人形和动作，这一尺度也可成为广场尺度，超出这一尺度，才能形成广阔的感觉。

3. 390 m 的尺度是创造深远宏伟感觉的界限。

4. 人眼距离被观察的物体 4 000 m 时，就难以看清物体了。

0.45 m 是较为亲昵的距离；0.45 ～ 1.3 m 是个人距离或者私交距离；1.3 ～ 3.75 m 是社会距离，指和邻居或同事之间的一般性谈话距离；3.75 ～ 8 m 为公共距离；大于 30 m 的距离是隔绝距离。熟练掌握和巧妙运用这些尺度，对于景观设计来说相当重要。

另外一个对于空间效果起很大作用的因素是界面的质感和肌理。前面提到，对于材料的质地、质感、肌理等，20 m 之内清晰可见；超过 20 ～ 25 m，这些细节逐渐模糊；超过 30 m 时，将丢失视觉细节；距离 60 m 后，整体的视觉感知将难以构成明确的影像体验。

景观设计所用到的材料大致可以分成天然材料和人工材料两类，不同材料的质感也相差很多。常用的材料按其特点可分为以下几种。

1. 砌块，往往是具有一定模数的最小砌筑单位，如砖。

2. 塑性材料，是一种不具形的粉状或者颗粒状材料，可以和液体相混合形成塑性很强的材料，可以浇筑成任何形状，如水泥。

3. 板材、面材，如金属板、预制板、木板等。

4. 杆材，如各种木材和型钢。

这些材料有着不同的造型潜能，如木材的天然纹理会使人产生亲切感，砖砌体可以用来砌成各种图案，钢铁的光滑会使人产生冷漠感，玻璃的透明、轻巧可产生多变的光线折射、反射，不同界面材料纹理的运用可以使空间具有不同的性格。

四、构图与思辨

景观设计是一门综合性极强的学科，在设计中不但要满足社会功能，符合自然规律，遵循生态原则，而且还必须满足美学的发展规律、符合美学的基本原则。古今中外的优秀景观设计，都是功能性、科学性与艺术性高度统一的结晶，三者之间是相辅相成的，缺一不可。

在景观设计的表现中要实现各要素之间的相互平衡，既要满足景观造型的主体风格，又要通过艺术构图原理和方法，体现个体与整体的有机联系。涉及个体时不能脱离整体的控制，规划总体时又能体现个体造型。在对整体与个体的景观进行构图时，应充分体现形式风格统一的原则。

（一）构图与布局

景观设计构图一般分为对称式和非对称式两种。

1. 对称式构图

对称是指整体的各部分以实际的或假想的对称轴或对称点两侧形成等形等量的对应关系，主体部分位于中轴线上，其他配体从属于主体。功能上较为对称的布局，要求环境设计也要围绕轴线对称。如文艺复兴中期意大利庭园特征，有中轴线贯穿全园，景物对称布置在中轴线两侧，庭园的细部通过轴线对称布局。

对称被认为是均衡美的一种基本形式，它源自人对自然界物体特征的归纳和总结，对称的形式本身具有均衡的特性，具有完整统一性，能够给人以庄重、严谨、整齐的心理感受，因此无论是中国早期的宫殿，还是欧洲的古典主义园林，都运用这种形式来体现皇权的至高无上。在现代景观设计中，对称也常常使用在强调轴线、突出中心的设计部分中（见图3-15），或是用于比较严肃的设计主题中，如政府办公楼前的景观设计。

图3-15　杭州绿都·东澜府对称式景观

资料来源：上海栖地建筑规划设计有限公司

景观的复杂性和空间中建筑物功能的多样性使得对称形式的采用具有一定的局限性，如果对一切景观设计均机械地套用对称形式，则意味着禁锢和僵化，无法形成丰富多彩的城市内涵和形式。因此，在现代城市景观设计中，非对称的构图被越来越多地采用。

2. 非对称式构图

在非对称式构图中，各组成要素之间的设计形式比较自由活泼，主要是通过视觉感受来体验的。景观主从结合，可以灵活布局，不强调轴线关系，功能分区可划分为多个单元，可以使主体环境景观形成视觉中心和趣味中心，而不强调居中。非对称景观设计应结合地形，自由布局，顺其自然，强调功能（见图3-16）。

图3-16 杭州绿都·东澜府非对称式景观
资料来源：上海栖地建筑规划设计有限公司

　　　　　　　　　　　　　　　　　　　　　　　景观规划设计

（二）对比与微差

在景观设计中，各个组成要素之间具有大量对比和微差的关系。对比是指各要素之间有比较显著的差异性，微差指不显著的差异。对于一个完整的设计而言，两者都是不可或缺的。

1. 对比的手法

在景观设计中，应注重主景与配景的对比：主景为主体，占视觉主导地位；配景为从属，其体量不可过大。对比手法的运用可体现在文艺复兴中期意大利庭园的设计上，由于理水技术日渐成熟，水景与背景在明暗与色彩上形成了对比，丛林与花坛部分也采用了明暗对比的巧妙处理。对比可引起变化，突出某一景物或景物的某一特征，从而吸引人们的注意，并继而激发人们强烈的感情，使设计变得丰富；但采用过多的对比，会引起设计的混乱，也会使得人们过于兴奋、激动、惊奇，造成疲惫的感觉。例如大园与小园的对比，大园气势开敞、通透、深远，景观内容显繁杂；小园封闭、亲切、曲折，景观内容显精雅。大园强调组团式景观，小园强调景观的精致性。

2. 微差的手法

微差是指空间构成要素中不显著的差异，强调的是各个元素之间的协调关系。在设计中，要把握好对比与微差的关系，通过对比可达到彼此之间的相互衬托与突出，更显各自特征；通过微差可获得近似的对比与协调。对比与微差共同构成景观形态美，两者缺一不可，只有将两者巧妙地组合在一起，才能获得既统一和谐又富有变化的美感（见图3-17）。

图3-17　常州美的世茂·云筑景观的微差处理
资料来源：上海栖地建筑规划设计有限公司

如果把微差比喻为渐进的变化方式，那么对比就是一种突变，而且突变的程度愈大，对比就愈强烈，在铺地中应用对比可使铺地增加趣味性。例如形状的对比与微差，大小的对比与微差，色彩的对比与微差，质感的对比与微差。在设计中，只有在对比中求协调，协调中有对比，才能使景观丰富多彩、生动活泼，而又风格协调、突出主题。

（三）统一与格调

1. 形式统一

在建筑景观设计中，屋顶形式是表达风格的主要内容之一，其他如雕花门窗、油漆彩画、绿地环境等均应统一在建筑的主体风格内，以做到能在整体上把握风格形式，能在个体上把握细部特征。

2. 材料统一

景观环境中的内容是多样的，应将这些内容按主景风格进行材料选择的设计，这些主景内容的材料应尽可能统一。例如，亭子的顶部材料统一用琉璃，假山叠砌统一采用湖石或黄石，园灯统一采用同一风格形式，桌凳造型统一用仿木桩等。

3. 线条统一

建筑形态的统一以屋顶形式和体量论之；植物形态的统一以姿态和色彩论之；假山形态的统一，应以材质和大小论之；水体形态的统一，应以水面的收与放论之。因此，要注重景观在整体造型上的线条统一，同时还应注重景观对象的细部处理，应与主体景观和谐一致（见图3-18）。

图3-18 宁波世茂·云玺庐景观的统一性
资料来源：上海栖地建筑规划设计有限公司

（四）气韵与节奏

在景观设计中，经常采用点、线、面、体、色彩和质感等造型要素来实现气韵和节奏，从而使景观具有秩序感、运动感，在生动活泼的造型中体现整体感。

1. 气韵与景观

中国画十分讲究气韵，有气韵方可出神采，景观设计创意很重要一条就是对设计中气韵的把握。也就是说，只有把握气韵的设计特点，所设计的成果才能表现出形式美和意境美，达到构图宜人、形能达意、态势生动、空间有序等。例如，水的气韵是随着水的流动速度和水的落差高度而表现出不同的，从东方明珠之景到金茂大厦，其设计均体现了景观与气韵的生动感。

2. 节奏与景观

节奏的基础是排列。排列的密与疏，犹如中国画中的黑与白。若有良好的排列，就会具有良好的节奏感，有良好的节奏感，就会产生合拍的波动感，这种波动感无论体现在建筑景观还是植物景观上，都可使设计对象具有活力和吸引力（见图 3-19）。例如，建筑群屋顶形式的重复和廊中柱子的重复，均体现了景观中的节奏和韵律。

（五）比例与尺度

1. 景观比例

比例是指景物在形体上具有的良好视觉关系，其中既有景物本身各部分之间的体块关系，又有景物之间、个体与整体之间的体量比例关系。这两种关系并不一定用数字表示，而是属于人们感觉上、经验上的审美概念。和谐的比例可以引起美感，促进人的感情抒发。

在景观设计中，任何组织要素本身或局部与整体之间，都存在某种确定的数的制约及比例关系。这种比例

图 3-19　昆明绿地香港·巫家坝壹号景观节奏
资料来源：上海栖地建筑规划设计有限公司

关系的认定，需要在长时间的景观设计实践中总结和提高。古代遗留下来的许多古镇街道、民居院落，都是值得我们认真学习和研究的对象，特别是亲情、人情、乡情为我们点明了以人为本的景观创意理念，合理地把握它们之间的比例关系，对景观创意有着直接的指导意义。例如，古代四合院的设计揭示了许多良好的、具有浓厚人情味的比例关系，这种比例关系体现在院子与院子之间、正房与厢房之间、植物与建筑之间、人与建筑及植物之间等。

2. 景观尺度

尺度是指人与景物之间所形成的一种空间关系，这种特殊的空间关系，必须以人自身的尺度作为基础，环境景观的尺度大小，必须与人的尺度相适应，这在景观创意中是非常重要的。这种概念就是以人为本，其强调传统文化中具有亲和性的人文尺度。

（六）联系与分隔

1. 景区与景观

景区与景观都不是孤立存在的，彼此都有一定的空间关系。这种关系，一种是有形的联系，如道路、廊、水系等交通上的相通；一种是无形的联系，如各类景观相互呼应、相互衬托、相互对比、相互补充等，在空间构图上形成一定的艺术效果。

2. 隔围与景观

"园必隔，水必曲。"首先，园与园之间，"隔"应充分体现自然；水与水之间，"曲"应适应水面变化。其次，通过空间的隔围，可形成大与小、阻与透、开与合、闹与静等对比效果（见图3-20）。例如，在景观设计中，常用院落分隔建筑，用粉墙

图3-20 昆明绿地香港·巫家坝壹号景观的联系与分隔

资料来源：上海栖地建筑规划设计有限公司

分隔景区，用水面分隔环境，用植物分隔景观，用道路分隔区域等。

五、构思与设计

景观形态创意设计与其他设计一样，是有赖于人的形象思维活动，并相对于抽象思维的另一种思维方式。在形象思维活动中，人们头脑中出现的是一系列有关具体事物的形象，特别是携带"有感性"特征的形象画面。构思中"创造的想象"实际上就是这种形象思维的一种表达。同时，构思最重要的是具有创造性。"构思"是一种思维活动，即一种打算、概念、想象。实际"构思"是一种复杂的心理活动过程，是由表及里的分析、综合、比较、概括，是由抽象到具体的形象化过程。

设计思维是设计者根据设计目标所进行的构思过程，渗透在观察、分析、想象等实践的过程之中。设计思维的形式主要有抽象思维、形象思维、灵感思维等。抽象思维是运用设计概念，经判断、推理而获取设计成果的构思过程；形象思维是借助于对形象的分析、研究而展开的构思过程；灵感思维是指在设计过程中的一种突发性构思，来源于顿悟和直接思维。

景观设计者需要具备良好的素养，这里指的素养一般包括自然素养和专业素养。自然素养通常体现在记忆力、观察力、判断力、爱好等方面，专业素养主要体现在艺术修养、综合知识面和专业设计能力等方面。作为景观设计者，要具备创新思维、形态塑造、表达景观文化内涵的综合能力。

如今，在城市景观设计中，多数景观作品难以突破旧的设计模式，形式单一，文化寓意不高，可谓"东西南北走一圈，似曾相识又相似"。为了在景观思维方面开拓更宽广的领域，荀平等提出定向思维设计、逆向思维设计、仿生思维设计、功能思维设计、借鉴思维设计、系统思维设计、象征思维设计七种思维设计方法。

（一）定向思维设计

定向设计是指有的放矢地进行设计。景观设计创意一方面受环境的影响和约束，受该地区各种人文、地理条件的限制；另一方面，因设计者的专业知识、社会知识、实践经验、生活习惯等不同，构思思维的方向和结果也不一定会相同。因此可以说，定向思维设计的目标是建立在目标取向、理性思维和思维连续的基础之上的。这种针对性较强的思维设计，具有较高的实用价值。在实际运用时，景观创意能选择恰当的空间场所条件，从空间上表现其独特的个性，其设计目的与原设想相符合。这里可以理解为：定向构思—理性思维（目标取向，思维连续）—归纳综合。

（二）逆向思维设计

这是一种从事物的反向探求目标设计的构思方式，要求设计者把习惯的构思反过来考虑，通过无意识的探索思考，对人们不大关心的领域进行研究，从相反的方向进行思维活动。这是一种异乎寻常的思维方式，这种构思方法也可以促使设计者获得一定的想象力而创造出新的构思创意。

反向思考的方法，使得设计者通过反向思考、逆向思维，把人们从固定不变的概念中解放出来，其打破了传统的思维模式，创造了新的概念，从而产生了更为优秀的设计创意。值得一提的是，反向思考时应避免极端，应从某一状态反向进行整体系统的观察思考，找到问题的关键，从而启发设计者创造新的形象。这里可以理解为：反向思考—大胆构想（无意识探索，打破传统思维）—强调创新（见图3-21）。

图3-21　襄阳国投招商·雍江国际景观的逆向创新设计
资料来源：上海栖地建筑规划设计有限公司

（三）仿生思维设计

仿生思维设计是景观设计中较为科学的思维方法。自然界中存在着各种生物，有着不同的结构形态，我们可以利用这些特有的形态进行空间造型设计，将这些造型特征运用到景观设计之中。

仅动物而言，从最低等到最高等的整个动物界，均具有不同形式的构筑能力，其中许许多多动物有着较高的构筑艺术本能，它们能够利用外部的材料或体内产生的物质创造出许多奇巧的构筑物。人们可以从它们那里得到启示，创造出新结构、新形态。应注意，仿生设计只能对其生物形态进行联想创意，将这种模拟设计方法应用到景观设计之中，就可摆脱生物原形的约束，创造出新的形象。这里可以理解为：生物联想—结构仿生（生物形态选择，提炼景观模型）—形态重塑。

（四）功能思维设计

这种设计着重于对功能的研究。功能是任何事物的本质，抓住了功能就抓住了目标问题的关键。在景观设计实践中，功能分析比较容易理解，我们在创意中要根据功能内容的不同，进行综合分析、灵活组合，按主体功能的内容进行中心设计，即可达到创意的目的。在功能思维设计中，应强调协调性、秩序性和方向性。这里可以理解为：功能分析—秩序建立（注重功能需求，功能协调）—有机组合。

（五）借鉴思维设计

这种方法是将某一领域成功的科技原理、方法、创造成果等，应用于另一领域而产生新的创意思考，从而产生新的创新设计方向。由于东西方文化相互交流，科技成果相互借鉴，促进了现代社会不同领域间科技文化的交叉渗透，借鉴思维随之产生，并取得了突破性的技术进步。这里可以理解为：成果借鉴—多元思考（关注最新动态，深入边缘学科）—形态整合。

（六）系统思维设计

这种方法是从整体上把握设计方向。按照系统的分析和组合，把需解决的问题分解为各个独立的要素，再将各要素排列、组合、分析，并以形态分析为主要内容，获取良好的设计意图，并从中选择最优方案。

在景观创意设计中，可利用这种方法，按整体功能要求，列出有关功能关系的要素，并将各要素与图表进行排列，组合成创造性的设想。这里可以理解为：体系分类—系统分析（规划排列，整体功能布局）—突破原型。

（七）象征思维设计

各国、各民族均有其自身的传统设计的风格象征。研究传统，引用传统中优良的设计原理、结构、功能及形态等，创造富有民族气息的景观设计是极为重要的。我国是一个有着悠久历史的国家，有着极其丰富的传统文化。仅对我国的造型艺术理论进行分析，就可以发现许多精辟的理论观点。例如，书法中所说的"方中寓圆，圆中寓方"，造园学中的"巧于因借，精在体宜"。北京天坛祈年殿是景观象征思维设计的典型例子，它的三层檐顶有三种颜色，最上边是蓝色，中间是黄色，最下边是绿色。据说这三种颜色代表三个等级，三色圣尊是蓝色，黄色是皇帝的代表色，绿色是一般臣庶的颜色。到乾隆十六年修缮祈年殿时，则全部改为蓝色琉璃瓦，这就使"天"的感觉更为加重了。这里可以理解为：文化立意—形态象征（综合传统理念，追求诗情画意）—强化风格。

北京天坛祈年殿

祈年殿建于明朝永乐十八年（1420），初名"大祀殿"，为一矩形大殿，用于合祀天、地。嘉靖二十四年（1545），改为三重檐圆殿，殿顶覆盖有上青、中黄、下绿三色琉璃，寓意天、地、万物，并更名为"大享殿"。清代乾隆十六年（1751），改三色瓦为统一的蓝瓦金顶，定名为"祈年殿"，是孟春（正月）祈谷的专用建筑。祈年殿高为38.2 m，直径为24.2 m，内部开间还分别寓意四季、十二月、十二时辰以及周天星宿，是古代明堂式建筑仅存的一例。

祈年殿是天坛的主体建筑，又称祈谷殿，是明清两代皇帝孟春祈谷之所。它是一座鎏金宝顶、蓝瓦红柱、金碧辉煌的彩绘三层重檐圆形大殿。祈年殿采用的是上殿下屋的构造形式。大殿建于6 m高的白石雕栏环绕的三层汉白玉圆台（祈谷坛）上，颇有拔地擎天之势，壮观恢弘。祈年殿为砖木结构，三层重檐向上逐层收缩作伞状。建筑独特，无大梁、长檩及铁钉，二十八根楠木巨柱环绕排列，支撑着殿顶的质量。祈年殿是按照"敬天礼神"的思想设计的：殿为圆形，象征天圆；瓦为蓝色，象征蓝天（见图3-22）。

祈年殿的内部结构比较独特：不用大梁和长檩，仅用楠木柱和枋桷相互衔接支撑屋顶。殿内柱子的数目据说也是按照天象建立起来的。内围的四根"龙井柱"象征一

图3-22 祈年殿

年四季春、夏、秋、冬；中围的十二根"金柱"象征一年的十二个月；外围的十二根"檐柱"象征一天的十二个时辰。中层和外层相加的二十四根柱子象征一年的二十四个节气。三层总共二十八根柱子象征天上二十八星宿。再加上柱顶端的八根铜柱，总共三十六根，象征三十六天罡。殿内地板的正中是一块圆形大理石，带有天然的龙凤花纹，与殿顶的蟠龙藻井和四周彩绘金描的龙凤和玺图案相互呼应。六宝顶下的雷公柱则象征皇帝的"一统天下"。祈年殿的藻井是由两层斗栱及一层天花组成的，中间为金色龙凤浮雕，结构精巧，富丽华贵，使整座殿堂显得十分富丽堂皇。

祈年殿的殿座就是圆形的祈谷坛，有三层楼（6 m）高，气势巍峨。坛周有矮墙一重，东南角设燔柴炉、瘗坎、燎炉和具服台。坛北有皇乾殿，面阔五间，原先放置祖先神牌，后来牌位移至太庙。坛边还有祈年门、神库、神厨、宰牲亭、走牲路和长廊等附属建筑。长廊南面的广场上有七星石，是嘉靖年间放置的镇石。

拓展阅读 >>>

仿生设计学

仿生设计学是在仿生学和设计学的基础上发展起来的一门新兴边缘学科，主要涉及数学、生物学、电子学、物理学、控制论、信息论、人机学、心理学、材料学、机械学、动力学、工程学、经济学、色彩学、美学、传播学、伦理学等相关学科。仿生设计学的研究范围非常广泛，研究内容丰富多彩，特别是由于仿生学和设计学涉及自然科学和社会科学的许多学科，因此也就很难对仿生设计学的研究内容进行划分。

仿生设计学与旧有的仿生学成果应用不同，它是以自然界万事万物的"形""色""音""功能""结构"等为研究对象，有选择地在设计过程中应用这些特征原理进行的设计，同时结合仿生学的研究成果，为设计提供新的思想、新的原理、新的方法和新的途径。在某种意义上，仿生设计学可以说是仿生学的延续和发展，是仿生学研究成果在人类生存方式中的反映。

仿生设计学作为人类社会生产活动与自然界的契合点，使人类社会与自然达到了高度的统一，正逐渐成为设计发展过程中新的亮点。自古以来，自然界的事物就是人类各种科学技术原理及重大发明的源泉。生物界有着种类繁多的动植物及物质存在，它们在漫长的进化过程中，为了求得生存与发展，逐渐具备了适应自然界变化的本领。人类生活在自然界中，与周围的生物作"邻居"，这些生物各种各样的奇异本领，吸引着人们去想象和模仿。人类运用其观察、思维和设计能力，开始了对生物的模仿，并通过创造性的劳动，制造出简单的工具，增强了自己与自然界斗争的本领和能力。

仿 生 物 形 态

仿生物形态的设计是在对自然生物体，包括动物、植物、微生物、人类等所具有的典型外部形态的认知基础上，寻求对产品形态的突破与创新。仿生物形态的设计是仿生设计的主要内容，强调对生物外部形态美感特征与人类审美需求的表现（见图3-23）。

图3-23 济南长清世茂广场的"海洋"和"鲸鱼"仿生设计
资料来源：上海栖地建筑规划设计有限公司

仿 肌 理 质 感

自然生物体的表面肌理与质感，不仅仅是一种触觉或视觉的表象，更代表某种内在功能的需要，具有深层次的生命意义。通过对生物表面肌理与质感的设计创造，可增强仿生设计产品形态的功能意义和表现力。

仿 生 物 结 构

生物结构是自然选择与进化的重要内容，是决定生命形式与种类的因素，具有鲜明的生命特征与意义。结构仿生设计通过对自然生物由内而外的结构特征的认识，结合不同产品的概念与设计目的进行设计创新，使人工产品具有自然生命的意义与美感特征。

仿 生 物 功 能

功能仿生设计主要研究自然生物的客观功能原理与特征，以便从中得到启示，进而促进产品功能改进或新产品功能的开发。

仿 生 物 色 彩

自然生物的色彩首先是生命存在的特征和需要，对设计来说，更是自然美感的主要内容，其丰富、纷繁的色彩关系与个性特征，对产品的色彩设计具有重要意义。

仿 生 物 意 象

生物的意象是在人类认识自然的经验与情感积累的过程中产生的，仿生物意象的设计对产品语义和文化特征的体现具有重要作用。

复习思考

一、如何理解景观三元素的含义？

二、景观生态学与景观规划设计有什么关系？

三、试述园林景观美的特征及其在景观规划设计中的应用。

四、人类行为与景观规划设计之间是怎样的关系？

五、简述点、线、面、体、空间、质感、色彩等设计要素的个性特征如何用于景观设计。

六、在景观设计中常用的空间形态的限定手法有哪些？

七、简述景观设计中主要的构图方法及其作用。

第四章

Chapter 04

景观规划
设计要素

第一节　景观规划设计的个体要素

　　了解了景观生态学、景观美学、行为心理学的基本理论及其与景观规划设计的基本关系，初步掌握了空间设计的基础知识，还需熟知景观规划设计中涉及的各种要素和设计要点，这样才能更好地掌握景观规划设计的方法和过程。景观规划设计师虽然以图作为传达设计理念和相互交流的媒介，用手中的笔在图纸上描绘线条，但是头脑中的是真实场景中的地形地貌、植被、地面铺装和构筑物所形成的实实在在的空间，这种思维方式是设计人员和普通人构想环境空间的最大区别，只有熟知景观规划设计中各种要素的特点，才能在规划设计中合理配置各种要素，从而形成空间布局合理、功能全面、物流与能流交换通畅、"源"与"汇"平衡的健康生态系统。景观规划设计的要素包括自然要素和人为要素。自然要素包括气候、地形地貌、植物、水域等；人为要素除人类的行为心理、文化素质、精神追求等因素外，还包括社会文化、经济、道德文明、社会秩序等方面。同时，自然与社会又是相互影响、相互制约的综合体，不同要素间存在复杂的关系，需要我们在景观的规划与设计中客观地、全面地分析各要素，处理好各要素之间的矛盾和关系。

一、气候要素

　　任何规划或设计，其目的都是为人类及其他生物创造一个满足其需要的环境。气候是地球生物生存的基本条件，选择最适宜的气候区域和创造最适宜的气候环境是景观规划设计的主要任务和目标。

（一）气候的自然和社会特征

1. 自然特征

天体运动、地球的公转和自转使地球产生了四季变化、昼夜变化，太阳辐射的变化使不同区域有了冷、热、干、湿差异，这些差异导致了地球景观的多样性。

气候的自然属性首先表现在同一区域气候的变化性。无论在北极，还是在赤道，一年之内温度都在变化，其差别只在于不同温度持续时间的长短不同，这种变化体现在不同年、不同季节、不同月、不同日，甚至每小时、每分、每秒。不同季节、同一区域、同一景观有差异，同一景观在同一天内的不同时间也有区别。其次，不同区域的气候表现出显著的差异性，进而影响到不同区域的景观特征。从北极的终年积雪到赤道附近的热带雨林，从非洲的撒哈拉沙漠到疏林草原，从高山针叶林到针茅草原，气候直接影响到地形地貌、植被景观。最后，海拔、日照、植被、水体、荒漠等因素都会影响气候的特征，即使一个微小的地形差异、一个建筑物或小片树林也会造成微气候差异，从而产生各异的景观。

2. 社会特征

气候直接影响人类的生理健康和心理状态，良好的气候环境会给人提供舒适的生活、工作条件，恶劣的气候环境会给人的生理健康造成影响甚至伤害，也会影响人的情绪。从人类的祖先开始，寻求安全、舒适的生活环境，创造适宜的居住场所已成为每代人、每个人的追求。不同的气候环境会导致不同的社会特征，形成某一区域特定的行为和生活方式，也反映出不同的饮食习惯、衣着、习俗、娱乐方式及教育和文化追求。生活在青藏高原的藏民以游牧为生，以帐篷为家，逐水草而居。海边的渔民以船为家，以水为生。因纽特人世代聚居于冰天雪地，以狩猎为生，与爱斯基摩狗和雪橇为伴……气候决定着一个民族、一个区域的生活习俗，影响着他们的社会属性。气候影响下的社会特征会随着社会的发展而变化，当今的游牧藏民已大多开始了定居放牧，内蒙古草原的马上牧民已成为摩托、汽车牧民，因纽特人的冰雪居舍已变成了水电暖齐全的现代建筑，狗拉雪橇已被冰上摩托所取代。

无论是气候的自然特征还是社会特征，都会直接或间接地影响到景观的规划设计。不同区域气候的自然特征和社会特征是进行景观规划设计之前必须详知的内容。

（二）基于气候条件的景观规划设计指导原则

规划设计一个景观，除满足视觉美观外，更重要的是营造一个适宜的生活环境，而遵循有益的微气候学原则是达到这个目标的前提。西蒙兹在《景观规划设计学——场地规划与设计手册》中提出以下原则：

1. 消灭酷热、寒冷、潮湿、气流和太阳辐射的极端情况，这可以通过合理地选择场地、规划布局、选择建筑朝向和创造与气候相适应的空间来完成。

2. 提供直接的庇护构筑物以抵抗太阳辐射、降雨、风、暴风雨和寒冷。

3. 根据不同的季节进行设计，每个季节都有麻烦，也为适应和娱乐提供了机会。

4. 根据太阳的运动调整社区、场地和建筑布局，生活区、户内和户外的设计应保证在合适的时间接受合适的光照。

5. 利用太阳的辐射，通过太阳能集热板为制冷补充热量和能量，风也是一个长期"用之有效"的能源。

6. 水分蒸发是一个制冷的基本方法，空气经过任何潮湿的表面时，砖砌的、纤维的物质或叶子都可因之而变凉。

7. 充分利用临近水体的有益影响，这些水体可调节较热或较冷的邻近陆地的气温。

8. 引进水体，任何形式的水的存在，从细流到瀑布，在生理上和心理上都有制冷的效果。

9. 保护现存的植被，它以多种方式缓和气候问题：遮蔽地表；存储降水以利制冷；保护土壤和环境不受冷风侵袭；通过蒸腾作用使燥热的空气冷却、清新；提供遮阳、荫凉和树影；有助于防止地表径流快速散失和重新补充土层含水，抑制风速。

10. 在有需要的地方引进植被，如林荫树和吸收热量的植被，它们具有调节气候等多种用途。

11. 考虑高度的影响，（在北半球）高度和纬度越高，气候越冷。

12. 降低湿度。一般来说，人体的舒适感觉与湿度有关，过于潮湿会使人不适，并加剧其他不适感，如湿冷比干冷更令人感觉寒冷，湿热比干热更让人觉得难受；引入空气循环和利用太阳辐射热干燥可以降低湿度。

13. 景观规划设计选址应避免空气滞留区和霜区。

14. 景观规划设计选址应避免冬季风、洪水和风暴的通道。

15. 在利用消耗能量的机械装置之前，开发和应用自然界所有的天然制冷和制热形式。

（三）气候与景观规划设计

人类对气候的改造能力非常有限，从一定程度上讲，人类只能适应气候。除迁移到最适宜的气候区外，更多的情况是，人类只能尽量利用所在地区中有利的气候条件或改造局部的环境条件。

从景观规划的角度，可将地球广义地划分为四个气候带：寒带、温带、暖湿带和干热带。尽管任意一个区域内的气候都有差别，但在一定程度上，每个气候带都有自己显著的特征，这些特征正是我们在进行景观规划和设计时需要参考的重要因素。

1. 寒带

（1）气候特点

寒带包括分布于南北极圈以内的极地气候带和分布在中高纬度的冷温带。极地气候的显著特点就是终年寒冷，夏季最热月气温在10℃以下。接近极点附近，夏季最热月气温低于0℃，仍然很寒冷。在靠近极圈附近，地表冰雪虽然能够在夏季融化成沼泽，下面的土层却仍然冻结，成为终年不化的永冻土。极地冬季温度更低，最冷月气温在-30～-40℃，如果遇上雪暴发生，风雪交加，更是奇冷异常。极地地面温度低，又在极地高压的笼罩下盛行下沉气流，干燥且降水稀少，大部分地区年降水量少于250 mm，到极点附近或大陆内部，降水量更在100 mm以下，全都是降雪，并且大多是干燥坚硬的雪粒。冷温带大体在纬度45°与极圈之间，终年在西风带控制之下。冬季寒冷而漫长，夏季温和且短促。植被多以矮灌丛或草甸为主，土壤发育较差，粒径较粗，土层薄。

（2）规划设计要点

1）尽量限制规划区的尺度，减少昂贵的开挖和防冻设施建设，并采用组团式规划方法，使活动区域集中，尽可能减少户外交通时间和提高设施的利用率。

2）选择背风、向阳的谷地和阳坡，避免在风力强劲的山脊、高台和山谷进行建设。

3）注意交通道路、现状土地利用与风向垂直布置。建筑物应尽量朝向阳光，以尽可能利用日光。

4）采用太阳能设施和致密的建筑材料与暖原色，增加通道、出入口、平台等的密封性，注意保暖、抗风、防冻。

5）保护所有植被。种植绿篱、防护灌丛挡风。

6）设防风围墙抵御强风，抬高道路和其他设施地基，避开洼地，防止冻融。

2. 温带

（1）气候特点

温带一般是指中纬度30°到45°之间的地区，气候受西风带和副热带高压季节变动的影响。夏季在副热带高压的影响下，具有副热带气候的特点；冬季在西风带控制下，又具有冷温带气候的特点。夏季炎热漫长，冬季温和。

温带气候的显著特点是四季分明，最冷月平均气温在5～10℃，最热月平均气温在 25 ～ 30℃，年较差约为 15 ～ 20℃。大陆西部夏季晴朗，太阳辐射强烈，气候炎热，居民多以百叶窗防避光热；但因湿度小，并不觉得闷热。大陆东部夏季温度高，湿度大，风速微弱，云量多，终日都非常闷热。在冬季，大陆西部白天温和，夜间在低洼地可出现霜冻；大陆东部气温虽温和，但是常有寒潮侵袭，气温猛降，更觉寒冷。

（2）规划设计要点

1）充分利用四季分明的气候特点规划设计景观，创造春花、夏雨、秋实、冬雪季节特征明显的多样性景观。场地、道路、设施规划设计适应四季气候的变化和极端气候，既能阻挡冬季寒冷，又能在夏季通风。

2）保护自然植被和农田生态系统，充分利用自然景观并使人工景观与自然景观保持一致和协调。

3）合理规划利用土地，保持最大生态价值。

4）在开放空间广种植被并建设广阔的公园和绿地。加强居住小区和道路绿化，保持各生态系统的完整性和相互联系。

5）所有景观的功能和维护均要考虑四季气候的多变和社区人口的需要。

3. 暖湿带

（1）气候特点

暖湿带主要包括赤道气候带和热带气候带。

赤道气候带出现在赤道无风带的范围内，终年高温、闷热，年平均气温 25 ～ 30℃，年较差极小，平均不到 5℃，日较差相对比较大，平均达 10℃。赤道地区最高温度很少达到 35℃，只有短暂的海风才能使闷热稍减。赤道气候带降水丰沛，是地球上最多雨的地带，年降水量 1 000 ～ 2 000 mm，降水量全年分配均匀，没有明显的干季。

热带气候带分布在赤道气候带与回归线之间，常年高温，四季不明显，年平均气温为 20℃，最冷月气温在 15 ～ 18℃，年较差可达到 12℃。最高温度可达 43℃以上。夜间降温迅速，清晨可降至 10℃，冬季还会出现霜冻。四季不明显，干湿季却十分显著。雨季时间大致是 5 ～ 10 月，干季为 11 月～次年 4 月。热带气候带的雨季气候与赤道气候带相似，高温、多雨、闷热，日较差小，常出现短暂的晴朗天气，降雨量在 1 000 ～ 1 500 mm。越靠近赤道，雨季越长，干季越短；雨季以后的干季，在信风控制下，盛行下沉气流，气候干燥，相对湿度为 60% ～ 70%，降雨量极少，植物凋萎，土壤干裂。热带气旋（台风）容易在此发生。

（2）规划设计要点

1）为避免过热、过湿的气候，居住区、各类设施应合理、分散布局，并与道路合理结合，改造低洼地，营造气流通畅的环境，朝向避免长时间光照。

2）保护植被，减少土壤侵蚀，增加自然系统排水能力。开放空间，在道路两侧、居住小区种植阔叶树种作为遮阴树，广植乔、灌木树种和草坪，吸收热量，减少硬地面积，以减轻城市热岛效应，采用立体绿化提高植被覆盖率。

3）充分利用地表水资源和人工水景营造清凉的环境，集中活动区，采用覆盖手法提供遮阴避雨的场所。

4）堤岸及海岸线周边建筑物、交通设施、景观小品等应具备很强的抗台风、暴雨袭击能力，城市应建有通畅的排水系统。

4. 干热带

（1）气候特点

干热带主要指副热带除大陆东岸和亚洲东南部的其他区域。干热带的地面温度高，日照强，少云，大气稳定，气候干燥，沙漠广泛分布。该区域气候的显著特点是气温的年变化和日变化都十分剧烈。在纬度 20° 的区域，平均年较差只有 12℃；而在副热带，一般可达 15℃。日较差更大，可达 20 ～ 30℃。夏季最高温度一般为 48 ～ 55℃，夜间比较凉爽。因为气候干燥，日照强烈，裸露地面的沙石炎热，甚至可以烤熟鸡蛋；近地层空气受热，密度减小，而上层空气密度较大。受热程度不同的空间层会产生折射，形成海市蜃楼，成为单调沙漠内的奇景。雨量少，温度低，云量少，天气晴朗稳定。沙漠地区的雨量一般不到 50 mm。

（2）规划设计要点

1）建设完善的防护林体系，居住区、商业区、文化区等重点设施周边应建有良好的植被保护体系。尽可能保护周围的自然植被，并利用有限的水资源，扩大植被覆盖面积。

2）建筑物、各种设施采用环形布置方式。通过合理的朝向、荫凉、遮蔽和建筑物投影，减少热量和强光。

3）通过紧凑的规划布局和种植空间的多用途利用，使灌溉需求减至最小。合理规划设计供水、排水系统，限量、分类用水，并采用节水灌溉技术合理利用水资源，采用管道、坎儿井等灌溉方式减少水的蒸发量。

4）以水为中心规划设计城市布局。

5）营造抵御强沙尘暴的城市环境，减少土地裸露和侵蚀。

二、地形地貌要素

（一）常见的地形地貌

地形地貌因素对于气候、植被、交通、文化的影响很大，一个区域的自然地理状况决定了这个区域的自然、经济、文化属性。青藏高原与黄土高原，四川盆地与长江三角洲平原，沿海与内陆，不同的区域有不同的文化、语言、习俗和经济水平，从而产生不同的景观追求。高山、平原、沟壑、河谷等地形地貌不仅有各自的环境特征，也有不同的美学特征，同时，地形条件对于城际线、林缘线、游客视线、空间透视感和微气候的形成、影响都至关重要。

景观规划设计所面临的自然地形是复杂多样的，景观规划设计师的职责在于掌握区域内的地形特征，充分挖掘利用地形优势，化不利为有利，并通过改造、遮蔽、借景等手法，规划设计最适合的空间结构。与景观规划设计最密切的地形主要有以下几类：

1. 平坦地貌

在自然界没有绝对的平坦地貌，只是相对而言。平坦地貌是指在一定距离内坡差较小、地形起伏坡度较缓的地形。这类地貌内交通便利，有助于文化、经济的交流，大区域的平坦地貌如果水资源丰富、气候适宜，往往会成为人类主要的聚居地，如长三角、珠三角平原区和华北平原区等。这种地形构成比较简单，地形变化不足以引起视觉上的刺激效果。平坦地貌的主要视觉对象是天空和开放空旷的大地，缺乏安定感和围合感。美国中西部大平原、亚马孙平原、西西伯利亚平原等大平原都属于这类地形地貌。这类地貌内道路平坦，植被景观单一，视觉比较枯燥乏味。对于平坦地形，主要应该营造多样性的景观，避免视觉单调。同时，通过颜色、空间结构、造型等弥补空间的空旷和单一，通过构筑物或雕塑来增加空间的趣味，形成空旷地的视觉焦点，或通过构筑物强调地平线和天际线的水平走向，形成大尺度的韵律；也可以通过竖向垂直的构筑物形成和水平走向的对比，增加视觉冲击力；还可以通过植物或者沟壑进一步划分空旷的空间，增加围合感和安定感；还可适当增加道路的弯曲度，并结合道路两侧的景观配置丰富的视觉景观，防止视觉疲乏。

2. 凸形地貌

凸起的地貌，如山顶和丘陵缓坡等地形，与平坦地貌不同，坡差较大，具有动感和变化，在一定区域内容易形成视觉的焦点。凸形地貌有向上和向下两个视觉方向，所以在设计的时候往往会在高起的地方设置构筑物和建筑，以便人能从高处向四周远眺，高塔、亭台等往往建在山顶等凸形地形处，既便于吸引人们的注意，又能使游客登高望远。因此，对凸形地貌景观的设计应注意从四周向高处看时地形的起伏和构筑物之间所形成的构图与关系，还要注意构筑物的形态特征，形成有特色的区域地标，如杭州的雷峰塔、北京的北海白塔等。

3. 山脊地貌

山脊地貌是连续的线形凸起型地形，有明显的方向性和流线，特别是在自然森林中，其是阴坡与阳坡的分界线，容易吸引人的视觉焦点，既有上下的视觉方向，又有左右的视觉方向。设计时应关注流线与方向，游览路线的设计要顺应地形所具有的方向性和流线，如果路线与山脊线相抵或垂直，容易使游览过于疲劳，和人们乐于沿着山脊旅行的习惯相悖。

4. 凹形地貌

凹形地貌和凸形地貌相反，两个凸形地貌相连所形成的低洼地形即为凹形地貌。凹形地貌周围的坡度限定了一个较为封闭的空间，产生了一定的尺度闭合效应，极易被人类识别，而且给人们的心理带来了某种稳定和安全的感觉，所以人类最早的聚居区和活动空间往往就是在这种凹形地貌中。凹形地貌也是中国"风水"理论中追求的最佳。"风水"正是依山傍水的凹形地貌空间，这也是现代聚居地的首选地形。凹形地貌周围的屏障有效地阻挡了外界的干扰和风力侵袭，如果面南还能充分利用太阳保暖，就能在大自然中形成安全、舒适、易于居住的小环境。除了居住地，凹形地貌的内向性往往被用作观演空间，如舞台、露天大型观演台等大都塑造为凹形，如在城市中建造的下沉广场，利用周边的斜坡作为露天的座位，中间的平地作为表演活动的中心。

（二）地形地貌的图示

无论是规划还是设计，最终的成果都以图纸的形式呈现，它们所采用的基础图都是地形图，地形图最主要的信息就是地形地貌、海拔高度。地形的表达和记录方法主要有等高线法、高程标注法、线影表现法等。

1. 等高线法

等高线法是最基础，也是使用最广泛的一种方法。等高线是以某个参照水平面为依据，用一系列假想的等距离水平面切割地形后获得交线的水平正投影图表示地形的方法（见图4-1）。两个相邻等高线切面之间的垂直距离被称为等高距，水平投影图中两条相邻等高线的垂直距离被称为等高线平距。地

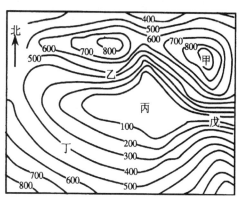

图4-1 等高线法

形等高线图只有在标注比例尺和等高线平距后才能揭示地形。一般地形图中有两种等高线：一种是基本等高线，称为首曲线，常用细实线表示；另一种是每隔四根首曲线加粗一根并注上高程的等高线，称为计曲线。一般情况下，原地形等高线用虚线表示，设计等高线用实线表示。如果要绘制地形剖面，可以做出高程的平行线组，然后按照地形等高线做出等高线和剖切位置线的交点，最后将这些交点延伸至高程平行线组，再在交点绘一平滑曲线，这条平滑曲线就是这一剖断位置的地形轮廓线。等高线有两大特点：等高线通常是封闭的，如地球大陆的海岸线一定会形成封闭曲线；等高线从不会相互交叉，除非是基地中有非常陡峭的垂直面。

如何根据等高线地形图判读地表形态？当等高线呈封闭状时，高度是外低内高，则表示为凸地形（如山峰、丘顶等）；当等高线高度外高内低时，则表示的是凹地形（如盆地、洼地等）。当等高线是曲线状时，等高线向高处弯曲的部分表示为山谷，等高线向低处凸出处则表示山脊。数条高程不同的等高线相交一处时，该处的地形部位为陡崖。等高线密集处，表示陡坡；等高线稀疏处，表示缓坡。

2. 高程标注法

在地形图中有一些比较重要的建筑物等特殊地形点需要特别表示时，可用十字或圆点标记，并在标记旁注上该点到参照面的高程，这就是高程标注法（见图4-2）。标注通常保留到小数点后两位，有时为了简化图例，也可以保留到小数点后一位。

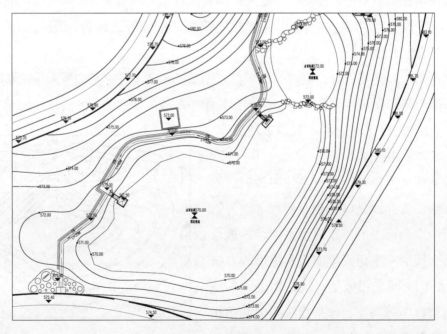

图4-2 高程标注法

3. 线影表现法

线影是画于等高线之间平行于坡面短而不相连的线。一般先绘制等高线，再在等高线间加上线影。通常情况下，线影法是用来表达地貌特征或描述基地之地貌外观的方法（见图4-3）。

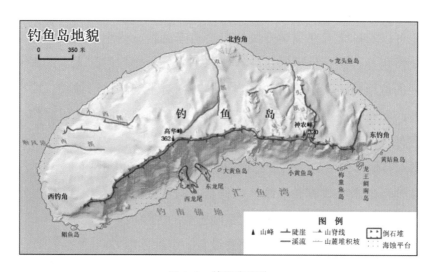

图4-3　线影表现法

资料来源：中国自然资源部

4. 海拔高度表现图

另外还有一种利用光影表现强调基地地貌三维特征的方法，即海拔高度表现图（见图4-4）。

图4-4　海拔高度表现图

（三）地形在景观中的改造和利用

上述几种地形地貌是我们在景观规划设计中最常遇到的，在自然界，特别是山地或丘陵地，几种地形地貌大多同时存在。因此，在实际的规划设计中，景观规划设计师需要进行充分的调查分析，掌握实地的地形地貌特点，利用优势地理条件规划设计景观，如利用地形来营造不同的空间形态，也可以通过坡度来遮挡令人不悦的事物，还可以安排游者在到达开阔地段之前先遇到一些阻挡和视觉障碍，这样可以通过对比强化开阔感；也可通过坡地遮挡一部分景物，引起人们的好奇，或者通过不断上升的坡地营造一种前进的序列。同时，对不利的地形地貌，要根据景观需求加以改造，如通过挖掘或填充，来进一步生成和划分空间，并以此作为景观规划设计空间形态的原型。对地形的改造应注意以下几点：

1. 考虑原有地形，借势、借景，合理选址，避免大工程开挖。

2. 关注地形的水平线和轮廓线，也就是我们常说的天际线，还要关注封闭性坡面的坡度，它是影响空间限定性和人们空间感受的主要因素。

3. 注意地面排水，无论填与挖，都要设置一定的排水方向。

4. 考虑坡面的稳定性，防止地表径流导致滑坡等灾害发生。坡度在5%～10%的地形有利于排水，且具有起伏感。

5. 考虑为植物栽培创造条件，保持良好的土质与足够的土层，保持适宜的气候环境，考虑植物的灌溉等管理条件。

三、植被设计要素

（一）植物在景观规划设计中的作用

植物在地球物质和能量循环中扮演着非常重要的角色，植物吸收水分，在充分的光照下，二氧化碳和水转化成氧气和碳水化合物，这两种产物都是我们赖以生存的必需品。植物的庞大根系和繁茂枝叶储存了大量水分，木质素中的水和细胞中的水可以净化空气或渗入地下含水层，所以植被往往是用来保持水土的最好自然资源。另外，植物腐烂以后形成的腐殖质和土壤结合后增强了土壤养分，可以保证土壤有源源不断的生产力。

植物也是决定景观规划设计是否合理的关键因素之一，在景观规划设计中，植被的应用成功与否在于能否将植物的非视觉功能与视觉功能统一起来。植物的非视觉功能即生态功能，指植物改善气候、保持土壤、净化空气、保护物种等功能；植物的视觉功能指植物在审美上的功能，如植物的色彩、花果、形态等是否可以让人感到心旷神怡。通过其视觉功能装饰基地和构筑物，成为景观构图中不可分割的部分。通过对植物修剪塑形可以强化景观的线性要素和空间界定，还可以装饰美化空间。

概括地讲，植物在景观中的作用主要有建筑功能、环境保护功能和美学功能等。

1. 建筑功能

建筑物与植物是密不可分的，一栋建筑或一个建筑群周围多用植物来界定空间、遮景、提供私密性空间和创造系列景观等，这一类功能其实就是空间造型功能。

2. 环境保护功能

（1）调节气候，净化空气

大面积的植被可以改善城市小气候，调节气温，增加空气湿度；植物可有效吸收太阳能，降低风速，大片的乔、灌、草结合的绿地与裸露地相比，可以降低气温4℃，增加湿度 10.5%。宽 10.5 m 的乔木绿化带可将附近 500 m 内的空气中的相对湿度增加 8%。人行道两侧的法国梧桐树下的气温比柏油路面的温度低 8℃。不同植物增温增湿的效果不同，一般来说，其增温增湿效果是：乔木＞灌木＞草本。

另外，植物还可以有效地过滤尘埃、吸收有害气体。根据对北京地区的测定，绿化树木地带对飘尘的减尘率为 21%～39%，而在南京，这一测定结果为 37%～60%。1 km² 的阔叶林在生长季节一天能消耗 1 t 二氧化碳，释放出 0.73 t 氧气。如果成年人每天需呼吸 0.75 kg 氧气，排出 0.9 kg 二氧化碳，则每人若有 10 km² 的森林，就可消耗其呼吸排出的二氧化碳，并供给其需要的氧气。生长良好的草坪在进行光合作用时，每平方米每小时可吸收 1.5 g 二氧化碳，所以白天如有 25 m² 的草坪就可以把一个人呼出的二氧化碳全部吸收。侧柏、白皮松、云杉、香柏、臭椿、榆树等近 80 种草木对二氧化硫的抗性较强。不少植物对氯气有一定的吸收和积累能力，在氯气污染区生长的植物，其叶中含氯量往往比非污染区的高几倍到几十倍，以下植物每平方千米的吸氯量为：柽柳 140 kg、皂荚 80 kg、刺槐 42 kg、银桦 35 kg、华山松 30 kg、构树 20 kg、垂柳 9 kg。它们每克干重叶中的含汞量为：夹竹桃 96 ng（10⁻⁹ g）、棕榈 84 ng、樱花 60 ng、桑树 60 ng、大叶黄杨 52 ng、美人蕉 19.2 ng、广玉兰和月桂均为 6.8 ng。上面这些植物对氟化氢的最大吸氟量可达 1 000 mg/kg 以上。根据不同植物对化学元素的吸收特点引种有针对性的树种，可更多地吸收对环境、对人类有害的化学污染物，防治生物污染。

植物还有杀菌作用，在人流少的绿化地带和公园中，空气中的细菌量一般为

1 000 ～ 5 000 个 /m³，但在公共场所或热闹的街道，空气中的细菌量可高达20 000 ～ 50 000 个 /m³。没有绿化的闹市区比行道树枝叶浓密的闹市区空气中的细菌量要增加 0.8 倍左右。

不同植物改善环境的能力差别较大，树木吸收二氧化碳的能力远强于草地，1 hm² 的森林制造的氧气可供 1 000 人呼吸，在城市中，10 m² 的森林绿地面积，就可以吸收一个人呼出的全部二氧化碳。这也是许多欧洲国家制定城市绿化指标的依据。

（2）保护土壤，降低噪声

有良好植被保护的地表可以减少风蚀和降雨侵蚀。在裸地上，降雨径流率超过60%；而在草地上，降雨径流率不到 20%。在相同的风速下，草地的风蚀量只有固定沙地的 1/5，只有流动沙地的 1/2 700。

植物还有很好的隔音效果，30 m 宽的林带可以降低噪声 7 dB，40 m 宽的林带可以减少噪声 10 ～ 15 dB，乔木、灌木、草地结合的绿地可以降低噪声 8 ～ 12 dB。城市公园中成片林带可把噪声减少到 26 ～ 43 dB。

（3）其他生物的栖息地

植物还为昆虫、鸟类、小型动物提供了一个栖身之所，使景观具有多样性的生态系统，也才能为我们营造一个鸟语花香、清净自然的休憩环境。

3. 美学功能

丰富多彩的植被还能给人提供美学上的享受。不同形状、不同颜色、不同叶形的植被组成丰富的植被景观，创造类似自然界的多样化景观，使人在色彩、形态上都能领略到植物的美。植物随着季节生长凋落，花朵和叶子的颜色变化，都能使在城市中生活的人感受到大自然的气息，并缓解因工作紧张引起的精神压抑。植物是景观构图中必不可少的设计元素，既可以作为主景、框景，还可以作为景观焦点或背景。

4. 体现空间变化

植物的种植可以使得空间组合发生化学变化，通过使植物造景在空间中组合变化可以让人们的视角发生改变，提高人们的审美情趣，给人们带来美的感受，在利用植物造景的基础上形成空间认同感。举例来说，植物造景对城市公共景观的作用表现在：美好的城市风貌是城市的名片，能够吸引更多的资金以及人才，有利于发展城市的经济以及科技。城市公共景观的现代化要求创造一个环境优美、没有污染以及具有创造性的城市环境。城市公共景观包括以下几个方面：其一，行道树；其二，城市公共绿地；其三，风景林地；其四，防护绿地。上述几个方面的景观通过合理的生态化设计能够提高城市的整体文化形象，在因地制宜的前提下，需根据道路的具体走向以及光照条件等进行设计。通过艺术化的处理以及整体化的统一规划，可以将简洁大方以及特色鲜明等优点发挥得淋漓尽致。

5. 体现季节性特点

植物的季节性非常强烈，园林植物也会随着季节的变化而发生变化，展现出不同季节的不同特点。这种客观规律使得植物的生命规律为园林景观的四季变化提供了基础先决条件，根据季节性变化的特点，能够将兴盛期的植物进行不同的搭配，使得园林景观在不同的时期呈现出不同的情境，让人们体会到四季变化的特点。举例来说，植物造景在小区居住环境的变化中主要表现为：构成一幅动态构成图，使得建筑与周围的环境变得更为协调。植物本身具有季节变化的感染力，将小区内的建筑美与植物造景的自然美有机结合，能够提高居民的审美情趣以及生活情趣。

6. 为园林景观创造新的景点

在园林景观设计过程中，对人工栽培的植物进行设计能够发挥出其本身的艺术美感，呈现出百花齐放的场景。除此之外，由于园林植物的形态千姿百态、各具特性，对其进行设计不仅能够发挥其本身的艺术美感，还能够形成整体园林的美感。通过对植物高矮以及颜色变化的合理搭配，能够形成新的园林景点，创造出别具一格的园林景观。

以落叶景观为例，它具有以下三个方面的特点：① 增加园林造景的丰富性；② 使得景观群落层次逐渐分明；③ 增加色彩搭配的丰富性。落叶乔木在园林景观中具有比较重要的作用，其中最为显著的是枝干较为强壮的植物，其可以将园林景观的磅礴气势充分体现出来，并且塑造出更理想的艺术美感。尤其是一些大型落叶乔木，在绿地中的运用能够增强绿地的观赏性，将落叶乔木应用到停车场位置或者带状绿地处也可以使园林造景更加丰富。在园林景观中利用落叶植物也可使得景观群落呈现出丰富的层次感。由于在植物造景中常常会用到乔木层和灌木层的植物，因此在生态性以及景观性上都会获得较大的收益，在搭配过程中也能够体现出不同植物的特性。园林景观设计师需要注重不同植物的色彩搭配，尤其是在植物绿化过程中，一旦受到气候的相关影响，就会使得园林绿化在色彩方面呈现出不同的景象。可以通过对彩叶植物的搭配体现园林的整体色彩，利用海棠花、迎春和合欢等植物充分展现丰富多彩的风景。在道路绿化中，可以选择红枫和金叶女贞等来进行搭配，给人一种绚丽多姿的感觉。

（二）植物的生理生态特征

在考虑植物的功能方面，设计者更多是出于主观的愿望，但这些景观规划设计目标的实现还要依赖于植物的适应性。只有选用最适宜设计地点气候、土壤、管理条件的植物种，才能确保植物功能的实现。因此，在进行植物设计时首先需要了解植物的生理生态特征，考虑所选植物对当地自然环境的适应性。根据当地的生物气候带、降雨、土壤、管理水平选择物种类型。了解各种植物的生长特性是景观规划设计师应具备的基本知识。植物的生理特性主要体现在不同植物对光、温、水、土壤等的不同要求。

1. 植物对光的要求

根据植物对光照强度的要求，可将植物分为阳性植物、阴性植物和中性植物。

阳性植物：在较强的光照条件下才能正常生长的植物。这类植物只有光线充足才能发育正常，也才能更好地体现其观赏价值；而当光线不足时，则会发育不良，不但不能发挥其观赏价值，甚至会死亡。这类植物包括大部分的观花植物（见图4-5），如石榴、月季、紫薇、碧桃、连翘、樱花、丁香、玉兰、梅花等；也包括多数的观果植物，如柑橘树、枇杷树、桃树、杏树、葡萄树、柿树、山楂树等；还包括大多数的高大乔木及少数观叶植物，如银杏、毛白杨、悬铃木、白皮松、油松、黑松、垂柳、栾树、女贞、阳木、棕榈树、椰子树等，这类植物需要的光照强度大，树体高大，根深叶茂，往往是景观设计的主体树种。

图4-5　阳性植物：樱花、连翘

阴性植物：只有在较弱的光照条件下才能正常生长，不能忍受过强的光照条件的植物。阴性植物的需光度一般为全日照的 5% ～ 20%，在自然界的植物群落中，这类植物常处于森林的中、下层或生长在背阴潮湿的条件下。阴性植物主要是一些观叶植物（见图 4-6），如兰花、八仙花、珊瑚树、常春藤、麦冬、沿阶草等。这类植物是建筑物、高大乔木等遮阴处首选的景观植物。

图 4-6　阴性植物：八仙花、珊瑚树

中性植物：一般需光度在阳性植物和阴性植物之间的植物叫中性植物。这类植物对光照强度适应幅度较宽。在全光照下能良好生长，在庇荫的环境下也能正常生长（见图 4-7）。

图 4-7　中性植物：罗汉松、珍珠梅

此外，很多植物的生长发育对光照强度有不同的要求，按照植物对光照时间的要求可将植物分为长、中、短日照植物。

长日照植物：在生长发育过程中，每天需 12 h 以上的光照时间，才能实现从营养生长转向生殖生长，花芽才能顺利地进行分化发育。长日照植物起源于高纬度的北方，大多数原产于温带、寒带，在盛夏开花，如荷花、紫茉莉、唐菖蒲等。

中日照植物：这类植物对日照时间的长短不敏感，只要温度适合，个体发育到一定程度，一年四季都能开花，如月季、扶桑、天篷葵、美人蕉、非洲菊等。

短日照植物：在生长发育过程中，每天的日照时数要求需在 8 ～ 12 h 内，方能实现花芽分化，从而开花。短日照植物都是起源于低纬度的南方，一般原产于热带和亚热带，多在秋季日照短时开花，如一品红、菊花、桂花等。

由于植物对光照的不同要求，在进行植物造景工程设计时，要做到因地制宜，根据设计区域不同的光照条件进行合理的物种选择。在引进外来物种时，一定要了解物种特性和原产地：一般短日照植物由南方引进到北方，易出现营养生长期延长，木质化程度差，易受冻害；而长日照植物从北方引进到南方时，虽能正常生长，但经常不能正常开花。所以在进行植物配植时应注意植物生长发育对光周期的反应，不能盲目地引种。

2. 植物对温度的要求

温度是植物生命活动中所必需的生存因子，它对植物的生长发育影响极大，也是影响植物分布的限制因子。每种植物的生长都有最低、最适、最高温度，我们将其称为温度三基点。低于最低或高于最高温度，都会引起植物生理活动的停止，从而导致植物受到伤害，甚至死亡。

不同植物的生长对温度的要求不同，一般植物生长的温度在 4 ～ 36℃。热带植物在日平均温度为 18℃ 及以上时才能开花，亚热带植物在 15℃ 时开始生长，暖温带植物要求在 10℃ 左右，温带树种在 5℃ 时就开始生长。温度对植物的花、果的生长发育也有重要的影响，对于一些观花、观果植物，还应考虑栽培地温度是否适宜。在植物造景工程中，不能盲目地追求外来树种，特别是南方树种在北方的应用一定要注意，甚至将热带植物引入亚热带时也要考虑其长期适应性。2007 年年底，南方的冰冻雪灾使原产自非洲的桃花芯木、原产自热带的棕榈树等在亚热带的广州遭受灭顶之灾，尽管这些树种已在广州生长了多年，但一旦遭遇特殊低温，不仅会使城市景观受到影响，经济上也会受到极大损失。

3. 植物对水分的要求

水分是植物的基本组成部分，植物体内的一切生命活动都是在水分的参与下进行的。水还能维持细胞的膨胀状态，从而使植物的器官保持一定的状态，进而才能使植物充分地发挥其观赏效果和绿化功能。同时，水也是平衡植物体温的不可替代的因子，在高温季节通过蒸腾作用降低植物体温。不同植物对水分的需求不同，一般阴性植物对水分的需求量较高，而阳性植物则较少。根据植物对水分需求量的大小，可以将植物分为以下几类：

（1）旱生植物：能耐较长时间干旱的植物。如柳、胡颓子、景天、龙舌兰、仙人掌等。这类植物一般具有肥厚的叶茎，能贮存大量的水分；或叶子小，或叶子呈角质、革质，可以减少水分蒸腾。最典型的就是生长在沙漠、戈壁的植物。

（2）湿生植物：要求空气湿度大、土壤潮湿的环境，在土壤短期积水时可以生长，在过于旱时易死亡。如水杉、垂柳、池杉、栾树、枫杨等。

（3）中生植物：介于旱生植物和湿生植物之间，适宜生长在干湿适中的环境中，大多数植物属于此类。

（4）水生植物：植物的全部或一部分必须生长在水中的植物，如荷花、睡莲、水葱等。它们在湖、池、溪等水景建造中经常被使用。

4. 植物对土壤的要求

土壤是植物生长的基质，它是集水、肥、气、热于一体的植物生长所需生态因子的基质。不同植物对土壤的质地、厚度、酸碱度等要求不同。

土壤质地与厚度对植物生长的影响：大多数植物需要在土质疏松、土层深厚肥沃的土壤中生长，但植物对土壤的适应程度有差异。有的树木较耐贫瘠，如马尾松、油松、火棘；但有的植物则只有在肥厚的土壤中才能生长好，如梅花、香樟等。大多数高大乔木需较厚的土层和比较肥沃的土壤才能发育良好。

土壤酸碱度对植物生长的影响：不同的植物对土壤酸碱度的要求不同，根据植物对土壤酸碱度要求的高低，可以将植物分为以下三类。第一类，酸性植物，要求土壤的 pH 在 6.8 以下，植物才能生长良好，如杜鹃、栀子、兰科植物等。第二类，中性植物，要求土壤的 pH 在 6.8 ~ 7.2，才能良好生长。大多数植物属于此类，如菊花、雪松、杨柳等。第三类，碱性植物，即土壤的 pH 在 7.2 以上才能正常生长的植物，如柏类、紫穗槐、非洲菊、石竹类等。

除以上几种生态因子外，空气、地形、风、大气污染物、水质等因子对植物的生长也有一定的影响。我们在进行植物造景设计时，不但要考虑到植物的观赏特性，而且必须清楚植物对生态条件的要求，同时也必须充分了解和掌握绿地本身的生态因子。在应用植物时应尽量使用本地物种，这样可以降低成本，保证成活率，并且易于形成地方特色。

除考虑植物的适应性外，所涉及的植被景观一定要和环境相适应，既要使设计景观与外部环境相适应协调，也要使景观内部各功能区之间相互协调统一。

随着景观规划设计的发展，景观的生态功能日益突出，如何解决城市环境中出现的一系列生态问题，最大限度地发挥城市景观中植被的生态服务功能是植被景观规划设计的首要前提。首先，要尽可能增加绿地率和绿视率，提高单位面积的叶面积指数；其次，要提高景观的生态服务价值，提高植被的截尘、防沙、减污、集水、保水、防水土侵蚀等功能；再次，要增加景观的多样性，包括生态系统多样性、动植物物种多样性、景观功能多样性等；最后，要提高景观系统内物质、能量、信息的循环。

（三）植物造景的基本形式

1. 木本植物造景的基本形式

（1）孤植

孤植是指乔木或灌木的孤立种植类型，是植物造景的常见形式。孤植在植物景观中作为局部或整个绿地的主景，表现植株的个体美，设计合理的孤植树在植物景观中能起到画龙点睛的作用。在孤植树设计中应注意以下几点：① 应选择树形美观、生长旺盛、成荫效果好、寿命长、抗性强的树种；② 孤植树种植的地点要求视野开阔，同时要有比较合适的观赏视距和观赏点，以使人们有足够的空间赏景；③ 孤植树的设计必须考虑其背景的选择，应有强烈的对比，才能突出孤植树的个体美，如可以用天空、水面、草坪等自然景物为背景，也可以使孤植树与背景的色彩形成对比；同时要求孤植树周围尽量避免栽植其他高大的植物，以免影响孤植造景的效果；还可以与地形结合，如将孤植树栽植在凸形地形上，强化其视觉效果；④ 孤植树的种植位置还应考虑植物景观的总体构图，比如大草坪中的孤植树一般在自然式园林中不布置在中央，而应偏于一侧；⑤ 如用孤植树造景，为了构图的需要，有时同一种树可以栽植2或3株，但表现的是单株美。

（2）对植

对植是指两株或两丛或两行相同或相似的树，按照一定的轴线关系，对称均衡种植的方式。在景观构图中多做配景应用，通过对照、衬托来强调主景或主题。对植给人一种庄严、整齐、对称、平衡的感受。

在对植设计中应注意以下几点：① 对植一般多用于公园、道路、建筑、广场的出入口；② 对植树树种的选择一般要求整齐、美观，且树种相同、大小一致；在均衡对称的情况下，可选树种相似的两种树，且大小要依轴线关系而变化；③ 在规则式园林中，对植要求实现几何形的绝对对称，而在自然式园林中，则强调均衡式的对称；④ 对植树种及位置的选择要以不影响交通和行人为基本要求，同时与总体景观风格相一致；⑤ 对植时还要考虑树体的形状与特性，包括生理特性和文化特性，如松树、柏树常对植于比较严肃的场所，交通道路两侧的植物还要考虑选择吸尘、吸污染物能力强的乔灌木树种。

（3）丛植

丛植是指由 3 株到十几株同种或异种树木组合而成的种植类型，丛植是绿地景观中重点布置的一种种植类型，它以反映树木群体的综合形象美为主。

丛植中，每个树体之间既有统一联系，又有各自的变化，分别以主、次、配的地位互相对比、互相衬托，组成既有通相又有殊相的植物群体。

丛植在造景方面的作用如下：

1）起分割空间、遮蔽、背景等作用。多用于人口、主要道路的分道、弯道尽端的空间处理，或为了突出雕像、纪念碑等景物的轮廓，可用树丛作为背景和陪衬。运用树丛做背景时，应注意在色彩和亮度方面与主体景物形成对比，树种一般选择常绿的树种。

2）作为大型公共建筑物的配景和局部空间的主景。如人民大会堂周围布置的由油松、元宝枫、玉兰、丁香、珍珠梅、早花锦带和各色花草组成的乔灌木树丛，它们共同构成人民大会堂两侧的配景。

3）利用树丛增加空间的层次和作为夹景及框景。对于比较狭长而空旷的空间，为了增加景深和空间的层次，可利用树丛做适当的分隔，除了整个树丛在位置方面的作用外，树丛内部丰富的层次在增添层次方面的作用也很突出。如果前方有景可观，可将树丛分布在视线两旁形成一个夹景或框景。

丛植配植的基本形式：

1）2 株配合。在构图上须符合多样统一的原理，2 株树必须既有调和又有对比，使两者成为对立的统一体。因此 2 株配合首先必须有通相，即采用同一树种或外形十分相似的不同树种，使两者统一起来；同时，在外形姿态和大小上应有差异，产生对比，使树丛显得活泼起来。2 株配植的树丛，其栽植距离应该小于两树冠半径之和，方能成为一个整体。

2）3 株配合。3 株配合最好采用姿态、大小有差异的同一种树，如果是两个不同的树种，最好同为常绿树、落叶树，或同为乔木或灌木，忌用三个不同的树种。3 株配植，树木的大小、姿态要有对比和差异；栽植时，3 株忌在同一直线上或成等边三角形。3株之间的距离都不要相等，其中最大的和最小的要靠近一些，两棵成为一组，中间大小的远离一些，一棵成为一组。若采用两个不同的树种，其中大的和中间的为一组，小的为另一组，保持树丛既有变化又有统一。

　　3）4株配合。4株配合仍然选用姿态、大小不同的相同树种，并分为两组，成3∶1的组合。最大株和最小株都不能单独成为一组，其基本构图形式为不等边四边形或不等边三角形两种，忌4株成直线、正方形或成等边三角形，或一大三小分组，或三大一小分组，或双双分组（见图4-8）。

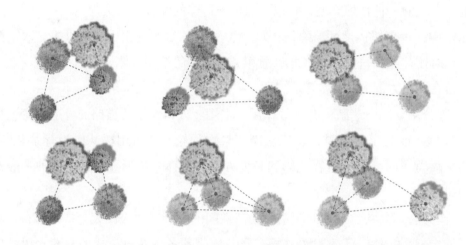

图4-8　4株树丛的配植构图与分组形式

　　4）5株配合。5株配合的树可以是一个树种，也可以是两个树种，分成3∶2或4∶1两组。5株同为一个树种，以同为乔木、灌木、常绿或落叶树为佳，每棵树的体形、姿态、动势、大小、栽植距离都要不同（见图4-9）。

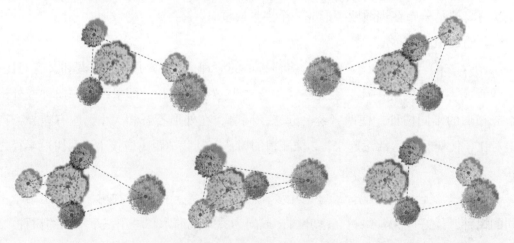

图4-9　5株树丛的配植构图与分组形式

　　　　　　　　　　　　　　　　　　　　　　　　　　　　景观规划设计

5）6株及以上时，可按2、3、4、5株相互结合。

（4）群植

用数量较多的乔灌木（或加上地被植物）配植在一起，形成一个整体，称为群植。群植的灌木一般在20株以上。树群与树丛不仅在规格、颜色、姿态上有差别，而且在表现的内容方面也有差异。树群表现的是整个植物体的群体美，人们观赏它的层次、外缘和林冠等，并强调增加生态效益。树群是植物景

图4-10 群植效果

观的骨干，用以组织空间层次，划分空间区域；也可以一定的方式组成主景或配景，起隔离、屏障等作用。树群的配植因树种的不同，可以组成单纯树群或混交树群。混交树群是园林中树群的主要形式，所用的树种较多，能够使林缘、林冠形成不同层次（见图4-10）。混交树群的组成一般可分为四层，类似于森林群落的层片结构：最高层是乔木层，是林冠线的主体，要求有起伏的变化；第二层是亚乔木层，这一层要求叶形、叶色都要有一定的观赏效果，与乔木层在颜色上形成对比；第三层是灌木层，这一层要布置在接近人群视觉的向阳处，以花灌木为主；最下面一层是草本地被植物层，是整个景观的背景。

树群内的植物栽植距离要有疏密变化，要构成不等边三角形的自然布局，避免成排、成行、成带的等距离栽植。常绿、落叶、观叶、观花的树木，因面积不大，不能采用带状混交，也不可采用片状混交，应该采用复合混交、小块混交与点状混交相结合的形式。

在树种的选择方面，应注意组成树群的各类树种的生物习性，在外缘的树木受环境的影响大，在内部的树木，相互之间的影响大。树群栽植在郁闭之前，容易受外界影响。根据这一特点，喜光的阳性树不宜植于群内，更不宜作下木，阴性树木宜植于树群内。树群的第一层乔木应该是阳性树，第二层亚乔木应是中性树，第三层是分布在东、南、西三面外缘的灌木，可以是阳性树，而分布在乔木下以及北面的灌木则应该是中性树或阴性树。喜暖的植物应配植在南面或西南面。对于树群的外貌，要注意植物的季相变化，使整个树群四季都有变化。

当树群面积、株数都足够大时，它既构成森林景观又能发挥特别的防护功能，这样的大树群则被称为林植或树林，它是成片成块大量栽植乔木、灌木的一种绿地。树林在绿地面积较大的风景区中应用较多。一般可分为密林、疏林两种，密林的郁闭度可达 70% ～ 95%，疏林的郁闭度则为 40% ～ 60%。树林又可分为纯林和混交林。一般来讲，纯林树种单一，生长速度一致，形成的林缘线单调平淡，而混交林树种变化多样，形成的林缘线季相变化复杂，绿化效果也较好。

（5）带植

带植系指乔木、灌木按一定的直线或缓弯线成排成行地栽植，成行成列栽植的树木形成的景观比较单调、整齐，它是规则式园林以及广场、道路、工厂、矿山、居住区、办公楼等绿化中广泛应用的一种形式。带植体现在文艺复兴末期巴洛克时期，则是设置较多的用整体树木做成的迷园。带植可以是单行，也可以是多行，其株行距的大小取决于树冠的成年冠径，期望在短期内产生绿化效果，株行距可适当小些、密些，待成年时再间伐。

带植的树种，从树冠形态看最好比较整齐，如圆形、卵圆形、椭圆形、塔形等。在树种的选择上，应尽可能采用生长健壮、耐修剪、树干高、抗病虫害的树种。在种植时要处理好其与道路、建筑物、地下和地上各种管线的关系。带植范围加大后，可形成林带。林带是数量众多的乔灌林，树种呈带状种植，是带植的扩展种植，它在园林绿化中用途很广，可有遮阳、分割空间、屏障视线、防风、阻隔噪声等用途。作为遮阳功能的乔木，应该选用树冠伞状开展的树种。亚乔木和灌木要耐阴，数量不能多。林带与列植的不同在于：林带树木的栽植不能成行、成排、等距，天际线要有起伏变化；林带可由多种乔木、灌木树种结合，在选择树种上要富于变化，以形成不同的季相景观。

（6）篱植

篱植指将一些中、小灌木用较密的密度并按照一定的形状、宽度和高度栽植，以满足隔离视觉、隔音和其他视觉景观要求。篱植有高篱（高度为 120 ～ 150 cm）、中篱（高度为 50 ～ 120 cm）和矮篱（高度为 50 cm 以下）之分，是植被景观规划设计中最常用的手法之一。矮篱主要用于花坛、花境、草坪的边缘隔离，主要物种有瓜子黄杨、九里香、福建茶、匍地柏等。中篱多用于绿地边缘划分、围护、绿地空间隔离，主要物种有大叶黄杨、瓜子黄杨、九里香、小叶女贞、海桐等。高篱多用作绿地空间分割和防护，也作为道路两侧的隔噪屏障，常用树种有垂叶榕、女贞、龙柏等。

2.攀缘植物在景观规划设计中的用途

攀缘植物是茎干柔弱纤细，自己不能直立向上生长，需以某种特殊方式攀附于其他植物或物体之上以伸展其躯干，以便吸收充足的雨露阳光，才能正常生长的一类植物。正是由于攀缘植物的这一特殊的生物学特性，使攀缘植物成为园林绿化中进行垂直绿化的特殊材料。攀缘植物与其他植物一样，有一二年生的草质藤本，也有多年生的木质藤本；有落叶型，也有常绿型。若按照攀缘方式的不同，可分为自身缠绕、依附攀缘和复式攀缘三大类。配植攀缘植物时应充分考虑各种植物的生物学特性和观赏特性。

攀缘植物既可形成丰富的立体景观，又能增加空间的绿化面积，充分利用土地和空间，并能在短期内达到绿化的效果。在土地资源紧张、环境恶化的现代城市中，提倡屋顶、屋面垂直绿化是增加城市绿地的最好途径。垂直绿化可使植物紧靠建筑物，既丰富了建筑的立面，营造了活泼的生活气氛，同时在遮阳、降温、防尘、隔音等功能方面效果也很显著。攀缘植物广泛应用于装饰街道、林荫道以及挡土墙、围墙、台阶、出入口、灯柱、建筑物墙面、阳台、窗台等，人们也经常用攀缘植物装饰亭子、花架、游廊、树木等。

常用的攀缘植物种有紫藤、常春藤、五叶地锦、三叶地锦、葡萄、猕猴桃、南蛇藤、凌霄、木香、葛藤、筋杜鹃、五味子、铁线莲、乌萝、丝瓜、观赏南瓜、观赏菜豆等。它们的生物学特性和观赏特性各有不同。在具体种植时，要从各种攀缘植物的生物学特性出发，因地制宜，合理选用攀缘植物，同时也要注意与环境相协调。

3.花卉植物造景的基本形式

花卉植物种类繁多、花形多样、色彩鲜艳，是园林造景中经常用作重点装饰和色彩构图的植物材料。

（1）花坛

花坛是在具有一定几何形轮廓的植床内，种植各种不同色彩的观赏植物而构成有华丽纹样或鲜艳色彩的装饰图案，其在景观构图中常做主景或陪景。根据花坛所表现的不同主题，可分为花丛式花坛、模纹式花坛、标题式花坛及装饰小品花坛四类。

1）花丛式花坛，亦称盛花花坛，是以观花草本植物花朵盛开时群体的华丽色彩为表现主题，故花丛式花坛栽植的花卉必须花期一致，开花繁茂。为了维持花丛式花坛花朵盛开时的华丽效果，该类花坛的花卉必须经常更换，通常多用球根花卉及一年生花卉，如郁金香、万寿菊、一串红、三色堇。在花丛式花坛中，可以由一种花卉群体组成花丛，也可以由好几种花卉群体组成花丛。花坛的表现可以是平面的，也可以是中央高、四周低的锥状体或球面。

2）模纹式花坛是以各种不同色彩的观叶植物或花叶兼美的植物所组成的华丽复杂的图案纹样为表现主题的花坛（见图4-11）。有的修剪得十分平整，整个花坛好像一块华丽的地毯；有的纹样模拟成由绸带编成的绳结式样；有的装饰纹样一部分凸出表面，另一部分凹陷，好像浮雕一般。模纹式花坛最常用的植物为各种不同色彩的五色苋，一般为低矮的观叶植物，或花期较长、花朵又小又密的低矮观花植物及常绿小灌木、彩叶小灌木，如小叶黄杨、金叶女贞、红叶小檗等。

3）标题式花坛在形式上和模纹式花坛没有太大区别。它是通过一定的艺术形象来表达一定的思想主题，有时组成文字，表示庆祝节日、大规模展览会的名称或园林绿地的命名等；有时用具有一定含义的图徽或绘画，或用名人的肖像作为花坛的题材；有时用具有一定象征意义的图案组成标题式花坛。

4）装饰小品花坛亦称立体花坛，具有一定的实用目的，或作为绿地的装饰物，以提高绿地的观赏艺术效果。例如，时钟花坛和常在独立花坛中央用黏湿土壤与植物塑成的各种装饰小品（如亭子、动物、花瓶、花篮等）所组成的花坛都是装饰小品花坛。

图4-11　模纹式花坛

图4-12　花境

（2）花境

花境是园林中从规则式到自然式构图的过渡形式，其平面轮廓与带状花坛相似，种植床的两边是平整的直线或曲线。花境内的植物配置是自然式的，主要表现观赏植物本身所特有的自然美以及观赏植物自然组合的群落美。花境两边的边缘线是平行的，并且至少在一边用常绿木本或草本矮生植物（如麦科、葱兰、沿阶草、瓜子黄杨等）镶边。花境内以种植多年生宿根花卉和开花灌木为主，常常三五年不用更换，管理起来比较方便（见图4-12）。

花境是连续风景构图，可以布置花境的场合很多，应用广泛。如在建筑物或围墙的墙基做基础栽植，在道路沿线的两侧或中央布置观赏花境，在绿篱、挡土墙或花架和绿廊的建筑台基前都可布置花境。

花境依据构图可分为单面观赏花境和双面观赏花境两种。单面观赏花境的植物配置由低到高形成一个面向道路或广场的斜面，花境远离游人一边的背后，有建筑物或绿篱作为背景，使游人不能从另一边去欣赏它。双面观赏花境的植物配置中间最高并逐渐向两边降低，这种花境多设置在道路、广场和草地的中央，花境的两边都可以供游人靠近去欣赏。

花境的镶边和背景植物，要修剪成规则的带形；花境内的植物组合由数种以上的植物自然混交而成；在构图中有主调、基调和配调；要有高低参差，色彩上的对比与调和要相互统一；在植物的线形、叶形、姿态及枝叶分布上也要做到多样统一，还要照顾到季相变化。

（3）花台

在 40 ～ 100 cm 高的空心台座中填土，在其中栽上观赏植物，这一形式即被称为花台或花钵。它是以欣赏植物的体形、花色、芳香以及花台造型等综合美为主题。花台的形状各种各样，有几何体，也有自然体。一般在上面种植小巧玲珑、造型别致的松、竹、梅花、牡丹、山茶、杜鹃、蜡梅、红枫等观赏植物。花台在中国式庭园或古典园林中应用颇多，如同花坛一样可作为主景或配景，在现代公园、花园、工厂、机关、学校、医院等庭园中也较为常见，在大型广场、道路交叉口、建筑物入口的台阶两旁及花架走廊之侧也多有应用。

此外，还有用花期长、花色鲜艳的一些攀缘植物，如杜鹃、蔷薇等做成的花架。

4. 草坪植物造景的基本形式

草坪是指多年生低矮草本植物在天然形成或人工建植后经养护管理而形成的相对均匀、平整的草地植被。用于建植草坪的植物则被称为草坪植物。由于草坪在园林中的功能有着花卉和树木无法替代的作用，因此，其在城市景观塑造方面的应用非常广泛。根据草坪的用途，可以将草坪分为以下几类：游憩草坪、观赏草坪、运动草坪和护坡草坪。

（1）游憩草坪：供户外游憩的草坪，一般在公园、广场中较多应用。

（2）观赏草坪：专供观赏而不能践踏的草坪，在公园及办公楼前等以造景为主的草坪多为此类。

（3）运动草坪：专供进行体育运动的草坪，比如足球场草坪、高尔夫球场草坪等。

（4）护坡草坪：用于防止水土流失，保护公路、铁路及其他坡坎的草坪。

草坪主要用作景观主景的背景、休憩场地、运动场地，或者当地表土层很薄，不宜于栽植乔灌木树种时用作栽培植物。

由于不同植物有不同的生长特征，在进行景观塑造时，还可用植物构建天棚（如棚架、小树林、藤架等）、绿墙（如树墙、绿篱墙等）、洞口、走廊等。

（四）植被对空间的划分与改造

1. 植被对空间的划分方式

用植被划分空间是景观设计的主要手法之一，对空间的进一步划分可以体现在平面与立体、时间与空间等不同层面上。在平面上，植被可以作为地面材质和铺装结合暗示空间的划分，也可以进行垂直空间的划分，枝叶较密的植被在垂直面上将空间限定得较为私密。而树体高大的遮阴树、小乔木树种、大灌木、小灌木等高度不同的树种又将空间分为不同的层面。植被随着季节变化的形态、颜色差异也使空间的划分随着时间推移而有所变化，形成多样的趣味。利用植物划分空间的手法主要有以下几类：

（1）营造开放空间：利用低矮的灌木和地被植物作为空间界定因素，此时人的视野不受限制，形成流动的、开放的、外向的空间。

（2）营造半开放空间：在开放空间的另一侧利用较高的植物遮挡视野，形成单向的封闭，引导视野转向开放空间，这种空间有明显的方向性和延伸性，可以突出主要的景观。

（3）营造开敞的水平空间：利用成片的高大乔木的树冠形成一片顶面，遮挡顶部视野，但水平视野不受限制，使地面形成四面相对开敞的水平空间。

（4）营造封闭的水平空间：除了顶部遮挡外，在一定区域的水平空间以低矮的灌木在四周加以限定，形成和周围环境相对隔离的封闭空间。

（5）营造垂直空间：选择不同高度的树种或将树木的树冠修剪成锥形，形成垂直和向上的空间态势。

另外，通过植被的种植，利用植物的色彩、形态等可以减缓地面高差给人带来的视觉差异，还可以强化地面的起伏形状，创造愉悦的景观。

植物的色彩和质地是植物景观造型中最主要的元素。

不同颜色的植被有不同的景观特性：深绿色能使空间显得安详静谧，让人有景物向后退的感觉；浅绿色相对来讲明亮轻快，令人愉悦，让人有景物向前突进的感觉。在景观规划设计中，要注意植被色彩的搭配，如当绿篱和高大乔木并置时，低矮的绿篱呈深绿色，乔木的树冠应当稍浅，以形成稳定和谐的视觉效果；反之，则有动感和不稳定的倾向。深色的树叶可以给鲜艳的花朵和枝叶作背景，有强化鲜艳颜色的效果。红色、橘红色、黄色、粉红色都是易形成视觉兴奋的颜色。

植物的质地主要是指植物个体或群体在视觉上的质感，即粗细、疏密感，这是由植物枝叶的形态决定的。植物的叶片大致有以下几类：针叶落叶型、阔叶落叶型、针叶常绿型、阔叶常绿型。针叶树木的质地较细致，阔叶树的质感较为稀疏。粗质地的树木形态较大、开阔，枝叶非常容易吸引视线，生命力充沛，有逼近的感觉，在大区域景观中经常被使用，但在小范围景观中应该有节制地使用，以免过于分散或导致设计尺度失调。中质地的植物枝叶大小适中，大多数植物属于这一类，其也是景观规划设计中用得最多的植物种。中质地的植物适合作为粗质地和细质地植物的中介物。细质地的植物大多为针叶型植物或者叶子较小的落叶型植物，树形紧凑、致密、叶色较深，这种植物较适合布置小空间，会使空间显得宽敞，多用于比较拥挤的空间。

2. 植被对空间的改造

在一般的景观规划设计当中，更多的是利用建筑和植被的组合来塑造空间。建筑作为硬性材料暗示和限定空间的存在，而植被作为软性材料来优化和点缀这些空间。植被对空间的改造主要有以下几种方法：

（1）包被（Closure）。将植物栽植在建筑物开敞空间的一侧，与建筑两者结合，共同围合出私密性较强的封闭空间。

（2）连续（Linkage）。利用成片或者成线的植被轮廓，将一些相对分散、缺乏联系的建筑元素联系起来，利用植被完善建筑平面和立面的构图，使建筑元素形成整体。

（3）遮蔽（Obstruction）。利用适当高度的植物将人的视野与不良景观隔离，或使用引导游人路线的隔离方法，如公园内的停车场、洗手间、管理房等周边的植物隔离，为增加游人的兴趣和营造景深而将游人路线通过遮蔽形成"幽深"和"一隔一景"的效果。

（4）私密性控制（Privacy Control）。这种方法与遮蔽相同，但遮蔽的对象不同，私密性控制是将人的行动空间相对遮蔽起来，营造一种安全感和私密感。如住宅前面的灌木丛和公园座椅旁的灌木丛等。

喷泉、雕塑、花坛等周边也常用植被来塑造空间，突出强化这些主体景观。

植物在景观规划设计中的使用要注意以下几点：成簇成片的植物和独株植物相互结合会使空间变得丰富，植物过于分散会使空间较为凌乱，缺乏整体感，使人眼花缭乱。在种植成簇成片的植物时要注意植株之间的空隙，要预留植物生长的空间。一些较高大、树型较特殊和优美的植株可以单株栽植，充分利用其在美学上的价值，为设计增色。在垂直面上，多种植物的组合应形成韵律，运用质地、颜色、高低错落相互协调。尽量在植株下面形成可以供人休息和利用的空间，可以布置座椅和步道，增加植被的使用率，植株的种植应和地面造型相吻合。在建筑物之间的关系缺乏统一的情况下，我们可以用植物将建筑联系起来，也可以用植株来突出某些空间，如庭园、建筑入口等。植物也可以用作背景，其可将和环境混杂在一起的认知主体衬托出来，增强效果。当地形和构筑物形成的构图尚不完美时，我们可以利用植株进行完善和改进。此外，某些植物具有的文化内涵和特征也是在进行景观设计时需要关注的，如梅、兰、竹、菊的"文性"以及松、柏的"寿性"等。特定的景观需要特定的植物来表达景观的文化内涵。

（五）植物配置的基本原则

1. 有用性

植物能够营造优美的环境，还能渲染空间气氛。进行园林植物配置时，首先应明确设计的用途，即要营造一种什么样的空间和气氛，以达到用户的要求。只有明确这一点，才能为树种选择、布局指明方向。例如，给陵园做植物配置，为了营造陵园那种庄严、肃穆的气氛，在进行植物配置时，常常选择青松翠柏，并进行对称布置。

2. 功能性

在为园林进行植物配置时，很多情况下，植物都需发挥一定的功能。例如，在进行高速公路中央分隔带的景观设计时，为了达到防止眩光的目的，确保司机的行车安全，中央分隔带中植物的密度和高度都有严格的要求，违背这些要求，就可能产生危险。又如，城市滨水区绿地中植物的功能之一就是能够过滤、调节由陆地生态系统流向水域的有机物和无机物，如地表水、泥沙、各种养分、枯木落叶等，这一过程会影响河流中泥沙、化学物质、营养元素等的含量及在时空中的分布，如设置合理，可以提高河水质量，保证水景质量。所以，在为儿童公园做植物配置时，一般选择无毒无刺、色彩鲜艳的植物，进行自然式布置。

3. 乡土性

一方水土养一方植物。每个地方的植物都是对该地区生态因子长期适应的结果。这些植物就是地带性植物，也就是业内常说的乡土树种。俞孔坚教授曾指出"设计应根植于所在的地方"，就是强调设计应遵从乡土化的原理。随着地球表面气候、环境的变化，植物类型呈现出有规律的带状分布，这就是植物分布的地带性。前些年，许多设计师在进行景观设计时，为了追求新、奇、特的效果，大量从外地引进各种名贵树种，导致树木长势很弱，甚至死亡，原因就在于进行植物配置时没有考虑植物分布的地带性和生态适应性。因此，在进行植物配置时应以乡土树种为主，适当引进外来树种。要根据当地的具体条件合理地选择植物种类，适地植适物。

4. 多样性、可持续发展

在天然形成的植物群落中，很少有单一物种的群落出现，基本上植物种类都很丰富。植物种类多，动物、微生物的种类也会多起来，就会形成一个相对稳定的生物群落，这个群落抵御外界因子影响的能力就会随着时间的推移而逐渐增强。因此，在进行植物配置的时候，应该尊重自然所具有的生物多样性，尽量不要出现单个物种的植物群落形式。但要注意有些植物之间存在拮抗作用，布置时不能放在一起。例如，刺槐会抑制邻近植物的生长，配置时应当和其他植物分开来栽。梨桧锈病会在桧柏、侧柏与梨、苹果这两种寄主中形成，所以不要把梨、苹果与桧柏、侧柏配置在一起。核桃叶会分泌大量核桃酶，这种物质对苹果有毒害作用，所以这两种树种也要隔离栽植。在进行植物配置时，必须严格把握这些因素。

5. 群落的合理性

对于一个植物群落，我们不仅要注意它的物种组成，还要注意物种在空间上的排布方式，也就是空间结构。植物群落的垂直结构指的是植物在垂直高度上的分布情况，它取决于植物的高低、大小，主要受光照强度的影响。上层的植物喜光，中层的植物半喜光或稍耐阴，下层的植物就比较耐阴。这些都为我们的植物配置工作提供了依据，在进行植物配置时，应当遵循这些规律。乔、灌、草的搭配，就是实现了群落的垂直结构。植物群落的水平结构指的是植物在水平方向的分布情况。从河流两岸的自然植物分布情况来看，在水中生长的是水生植物，在靠近水边的地方生长的是比较耐水湿的植物，在离岸边稍远的地方生长着稍耐水湿的植物，在远离水的地方生长着喜旱生的植物，因此，人工植物群落的布局和栽植，也要遵循群落的演替规律。

6. 多样与统一，均衡与稳定

无论是自然景观还是人工景观，凡是具有美感的，景观的各个组成部分之间均具有明显的协调统一性。在园林植物配置中，若植物在形体、体量、色彩、线条、质感方面有很大的相似性，即为配置的统一性，但是过于统一也会产生呆板、单调的感觉，如果过于多样而缺少统一，又会显得杂乱无序。所以，在植物配置中必须遵循"统一中求变化，变化中求统一"的准则。基调树种，由于种类少、数量大，形成植物景观的基调及特色，起到统一作用；一般树种，由于种类多、数量少，起到变化作用。在园林景观的平面和立面布局中，只有做到均衡和稳定才能给游人以安定感，进而得到美感和艺术享受。在植物配置时也应考虑均衡与稳定，均衡分规则式均衡和自然式均衡。规则式均衡常用于规则式建筑、庄严的陵园以及雄伟的皇家园林，给人庄重严整的感觉。自然式均衡常用于公园、风景区等一些较为自然的环境中。例如，一条蜿蜒的园路，路左侧种植高大的乔木，如果在右侧种植低矮的花灌木，为了达到均衡，就必须增加花灌木的数量，以较多的数量来弥补花灌木在体量上与高大乔木的差距，从而产生稳定感。

7. 对比与调和，韵律与节奏

对比是用形体、体量、色彩、亮度、线条等方面差异大的园林要素组合起来，形成反差大、刺激感强的景观效果，给人以兴奋、热烈、奔放的感受。对比手法运用得当，可使园林景观的主景突出，引人注目。调和是指使比较类同的景物组合在一起，容易协调，我们把这类景物之间的关系叫调和。实际上，对比是局部的，整体是调和的。一般在高大的建筑前常常种植高大乔木，或者配置大片色彩鲜艳的花灌木、花卉、草坪来组成大的色块。这就是运用了调和的原则，注意了植物与建筑体量、质量之间的比例关系，大体量的植物或者大面积的草坪、花卉与高大宏伟的建筑在气魄上形成协调。相反地，如果设计希望突出某些景物，吸引人们的注意，常常采用对比的手法。

（六）植被图示

植物种类多样，应将植物最主要的典型特征表现在设计图上，增加其直观性。

1. 乔木树种的植被图示

乔木树种在景观中的作用比较突出，且形态各异，个体差异大。乔木树种的平面表示法一般都是先以树干为圆心，以树冠平均半径为半径做出圆，再加以质地、形态表现，常见的乔木树种的平面图示有以下四种类型。

（1）轮廓型：只用线条勾勒出轮廓。一般线条较为流畅，这种画法较为简单，而且多用于草图设计当中，可节省时间（见图4-13）。

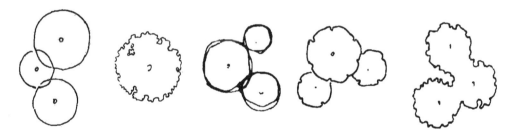

图4-13　轮廓型乔木画法

（2）分枝型：在树木的轮廓基础上，用线条组合表示树枝或者枝干的分叉特征（见图4-14）。

图4-14　分枝型乔木画法

（3）枝叶型：既表示分枝，又绘以冠叶。这种情况多用于表示大型的落叶乔木（见图4-15）。

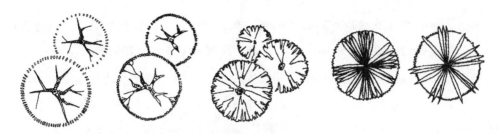

图4-15　枝叶型乔木画法

（4）质感型：在枝叶型的基础上，再将冠叶绘以质感。这种情况一般也是用于大型落叶乔木，并且树木往往处于重要位置或者单独放置（见图4-16）。

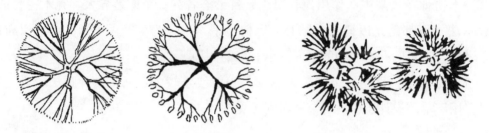

图4-16　质感型乔木画法

另外，我们在绘制树木的平面图时，为了增强其立体效果，可以在背光地面绘制阴影。绘制树木立面图时，应当和平面的风格相对应。树木的立面画法远比平面画法复杂，立面图的画法要高度概括、省略细节、强调轮廓。

2. 灌木与草坪图示

灌木相对来说体积较小，没有明显主干，所以我们在绘制时要把握其主要特征。绘制灌木时常常成片绘制，其大致可分为规则型和自由型两类。草坪经常采用打点或者短线排列的方式来表现其质感，由于草坪在绝大多数景观规划设计中所占面积较大，所以可以采取简便的退晕效果，使图面有所变化，这样也可以节约绘图时间（见图4-17）。

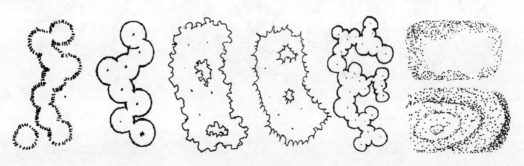

图4-17　灌木与草坪画法

四、地面铺装设计要素

（一）地面铺装的作用与分类

16世纪的意大利庭园的地面铺装开始出现多样的形式。地面铺装的作用首先是提高地面的使用时间和效果，防止地面损坏，避免地面积雪、积雨和泥泞难走，还能增加地面的荷载。其次，除可为使用者提供坚固、耐磨的活动空间外，还可以通过铺装布局和路面铺砌图案给行人以方向感，引导他们到达目的地。地面铺装也有其在美学上的

图4-18 "福寿"铺地

作用，设计得当的地面铺装和建筑与城市良好结合，可以增加场所感和与众不同的特色。此外，地面铺装还具有历史及文化意义，如苏州拙政园内石径小路上用白色石子铺装出仙鹤图像，苏州狮子林主房门前地面的"福寿"（蝙蝠寓意"福"）图案寓意主人长寿幸福（见图4-18）。加拿大多伦多湖边大道地面铺装出三文鱼图案，澳大利亚布里斯班河岸道路铺装图案……均表达了不同的文化内涵。

地面硬质铺装也有缺点，如在阳光下其反射率比草皮高，夏天大面积的硬质铺装使得地面温度明显高于铺有草皮的地面。另外，以大量抛光石材为主要材料的地面铺装在下雨天容易导致行人滑倒。这些都是我们在进行景观规划设计时应该注意的。便于行动是铺装设计的最基本要求。

按照铺装材料的强度，可以将地面的硬质铺装分为以下几类：

1. 高级铺装

适用于交通量大且多重型车辆通行的道路（大型车辆的每日单向交通量达250辆以上），常用于公路路面的铺装。

2. 简易铺装

适用于交通量小、几乎无大型车辆通过的道路，此类路面通常用于市内道路铺装。

3. 轻型铺装

用于铺装机动车交通量小的园路、人行道、广场等的地面，此类铺装中除沥青路面外，还有嵌锁形砌块路面、花砖铺的路面。

（二）地面铺装的设计要点

地面铺装可以通过质地、色彩等变化暗示流线方向感，引导人们到达目的地，在这一过程中，我们一定要注意流线的比例和韵律。一般情况下，笔直的道路给人以快速通过的暗示，而弯曲的道路则让人感到休闲和舒缓；狭窄的道路总是让人感到直接和紧迫，适当放宽道路则会使人感到随意和放松。地面铺装材料质感的变化也会让人领略到一种韵律和节奏，而不至于使人在游览过程中显得过于乏味。

当硬质铺装的方向性不明显时，场所较为宽敞；当空间的流线方向不明确时，这个空间就非常适合人停留驻足，两条路交汇之处也经常采用这种铺装。在这样的驻留空间中，可以通过构筑物和植被增加空间的静态效果，让人心情放松下来。

另外一个影响铺装效果的因素是铺装的质感，质感可以影响空间的比例效果，如水泥砌块和大面的石料适合用在较宽的道路和广场，尺度较小的地砖铺地和卵石铺地比较适合铺在尺度较小的道路或空地上。有时，铺地质感的变化可以增加铺地的层次感，比如在尺度较大的空地上采用单调的水泥铺地，在其中或者道路旁采用局部的卵石铺地或者地砖铺地，可以使层次丰富许多。除此之外，铺装的质感也可以暗示人所处的位置，很多广场上使用放射形的弧形地砖，暗示这一区域处于广场的中心范围内。设计者要充分了解这些材料的特点，如大面的石材让人感觉到庄严肃穆，地砖铺地使人感到温馨亲切，石板路给人一种清新自然的感觉，水泥则纯净冷漠，卵石铺地富于情趣……利用它们形成空间的特色。

当景观规划设计中要采用两种以上的铺地材料相衔接时要注意，尽量不要锐角相交，两种大面积的铺地相交时宜采用第三种材料进行过渡和衔接。位于通行路面的铺装应考虑行走时人的视觉反应，避免采用过于复杂、零碎的图案，以防人产生不适的感觉。在不同方向的铺装交汇时应避免方向感冲突，因为其会导致人的视觉发生混乱，容易使人产生晕眩。

（三）常用的铺装材料和做法

1.沥青路面

沥青路面的特点是成本低，施工较为简单，弱点是坚固性不够，需经常维护。沥青路面常用于车道、人行道、停车场的路面铺装。在城市中，为减少机动车的噪声，经常在混凝土路面再铺设一层沥青路面。

2. 混凝土铺装

此类路面因其造价低、施工性好，常用于铺装园路、自行车停放场。但在高等级公路等建造中，由于混凝土铺装厚度增加，造价很高。

3. 卵石嵌砌路面

这类路面可用在使用频率不太高的人行道，如各种公园小径、街边休闲广场小径等。卵石铺设的路面还可以和足底按摩及健身结合。

4. 预制砌块

这种铺装因具有防滑、步行舒适、施工简单、修整容易和价格低廉等优点，常被用作人行道、广场、车道等多种场所的路面，而且由于其色彩、花样丰富，也有助于形成特殊的风格。

5. 石材铺装

石材铺装指的是在混凝土垫层上再铺砌 15 ～ 40 mm 厚的天然石料，利用天然石的不同品质、颜色、石料及铺砌方法组合出多种形式。因其能够营造一种有质感、沉稳的氛围，常用于建筑物入口、广场、大型游廊式购物中心的路面铺装。室外铺装路面常用的天然石料首推花岗岩，其次有玄武石等板岩（石板）、石英岩等。石材铺砌路面的铺砌方法有很多种，如方形铺砌、不规则铺砌等。这种材料一般造价较高，但坚固耐用。

6. 砖砌铺装

砖和石材不同，它是人造的，由黏土或陶土经过烧制而成，常用于人行道、广场。这类铺装比较有人情味，并且可以通过使用不同的砌筑方法形成各种不同的纹理效果。

以上六种类型的铺装见图 4-19。

沥青路面

混凝土路面

卵石路面

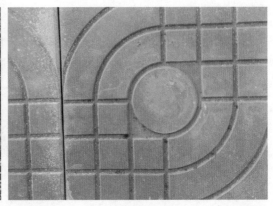
预制砌块

石材铺装

砖砌铺装

图4-19　常用的铺装材料

五、水环境设计要素

（一）水环境要素与水资源管理

地球上的生物生存繁衍依附于五大生态圈：大气圈、水圈、岩石圈、土壤圈和生物圈。水是生物生存必不可少的物质资源，地球上的沙漠、戈壁区域气候干燥，物种稀少，不适合人类居住，缺少水资源是其中最为主要的原因之一。水除了供人饮用、维持生存以外，还是运输、农业灌溉、水产渔业、工业生产必不可少的物质基础。流经大地的河流、湖泊、小溪以及博大的海洋也形成了世界上最为美妙的景观，水流的汩汩、波涛的澎湃都成为自然界最为迷人的音乐。人类对于水资源物质上和精神上的依赖形成了对其与生俱来的"亲水性"。所有的人类聚居地都依水而建。人口的快速增长、城市化飞速发展和工业化使人类对于水资源的需求大增，过

景观规划设计

度使用使地球上很多地方水资源严重匮乏，地下水的过度开采造成地表下沉、地表水污染、水生动植物物种减少等。对于水资源保护的不重视也使人类受到了惩罚。意大利的历史名城威尼斯由于水体污染和地表下沉正面临着危机；英国的泰晤士河也曾因工业污染而使城市景观质量急剧下降；上海的苏州河、黄浦江，广州的珠江……每年都要耗巨资加大治理力度。

以水资源为主线的可持续景观规划设计已成为当代景观规划设计的主要内容之一，美国景观规划设计学家西蒙兹提出了景观设计时关于水资源管理的十项原则：

1. 保护流域、湿地和所有河流水体的堤岸。

2. 将任何形式的污染降至最低，创建一个净化计划。

3. 土地利用分配和发展容量应与合理的水分供应相适应而不是反其道行之。

4. 返回地下含水层的水的质和量应与水利用保持平衡。

5. 限制用水以保持当地淡水储量。

6. 通过自然排水通道引导地表径流，而不是通过人工修建的暴雨排水系统。

7. 利用生态方法设计湿地，以进行废水处理、消毒和补充地下水。

8. 设立地下水供应和分配的双重系统，使饮用水和灌溉及工业用水有不同的税率。

9. 开拓、恢复和更新被滥用的土地与水域，使之达到自然、健康状态。

10. 致力于推动水的供给、利用、处理、循环和再补充技术的改进。

在景观规划设计中，除了需要关注水资源的保护和管理以外，同样应关注水体给我们带来的景观上的享受。泉水、池塘、河流、湖泊往往成为区域内景观的精华所在，因此，应给予水环境足够的重视。

（二）水景的分类

水景设计是景观规划设计的难点，也经常是点睛之笔。充分发挥水的可塑性、形态美、声音美、意境美等特性是水景设计的要点。水的形态多种多样，或平缓或跌宕，或喧闹或静谧，而且淙淙水声也令人心旷神怡，景物在水中产生的倒影光彩斑驳，有极强的观赏性。水还可以用来调节空气温度和遏制噪声的传播。正因为其柔性和形态多样，在景观规划设计时也较难对其进行把握，在建成之后也必须经常对其进行维护。

景观规划设计中的水景分为止水和动水两类。其中动水根据运动的特征又分为跌落的瀑布性水景、喷射的喷泉式水景、流淌的溪流性水景和静止的湖塘性水景。由于近年来技术设备的发展，还出现了很多形式新颖的水景。

（三）水景设计的要点

在设计水景时要注意以下几点。

1. 要确定水景的功能，确定其为观赏类水景、嬉水类水景，还是为水生植物和动物提供生存环境的水景。

使用观赏类水景是意大利庭园的特色，其在文艺复兴末期巴洛克时期使用得较多，当时多运用新颖别致的水景设施：水剧场（Water Theatre），用水力造成各种戏剧效果的一种设施；水风琴（Water Organ），利用水力奏出风琴之声，安装在洞窟之内；惊愕喷水（Surprise Fountain），平常滴水不漏，一有人来便从各个方向喷水；秘密喷水（Secret Fountain），喷水口藏而不露。尤其是阿尔多布兰迪尼别墅园（Villa Aldobrandini）里的水剧场。这里的水剧场作有壁龛，内有雕塑喷泉（过去有水风琴），后面为丛林，在丛林的中轴线上布置了阶梯式瀑布、喷泉和一对族徽装饰的冲天圆柱等。

设置嬉水类水景一定要注意水的深度，不宜太深，以免造成危险，在水深的地方，要设计相应的防护措施；水源应为无色、无味、无害、无杂质的清洁水。

如果是为水生植物和动物提供生存环境的水景，则需安装过滤装置，以保证水质适合动植物的生存。静止的湖塘水景多用莲、荷等丰富景观层次，提高生态功能。

2. 水景设计需和地面排水相结合，有些地面排水可直接排入水塘，水塘内可以使用循环装置进行循环，也可利用自然的地形地貌和地表径流与外界相通。如果使用循环和过滤装置，则需注意水藻等水生植物对装置的影响。在地下水位较高的区域，水景底部最好不要硬地化，以使之与地下水相通，形成完整的生态系统，这样既有利于水净化，也可保证地表水及时入渗，保持一定的水位。

3. 水景植物要合理配置。如水边植物配置，在北方常常在水边种植垂柳，或种几株古藤老树，配以碧桃樱花、青青碧草以及几丛月季蔷薇、迎春连翘等；南方常在水边栽植水松、蒲桃、榕树类、木麻黄、蒲葵、红花羊蹄甲、棕榈科植物等。驳岸植物配置要考虑驳岸种类，结合地形、道路、岸线布局及人流量等具体情况，如配置垂柳、迎春、连翘等，让柔长纤细的枝条下垂至水面，遮挡、弱化生硬的线条，同时，配以灌木和藤本植物，如鸢尾、菖蒲、美人蕉、风信子、地锦、铺地柏等进行局部遮挡，增加活泼气氛。水面植物的栽植不宜过密和拥挤，应留出足够的水面空间展现倒影和游鱼。

4. 在寒冷的北方，设计时应该考虑冬季时水结冰以后的处理，如加拿大某些广场在冬天就利用冰来开展公众娱乐活动。如果为了防止水管冻裂，将水放空，则必须考虑池底显露以后是否会影响景观效果。

5. 对于较大规模的池塘、湖泊水景，一定要注意堤岸的生态功能设计，保留水体生物与陆地生态系统的能流、物流交换，避免混凝土或砌石陡岸。湖中小桥的设计应充分考虑安全。

6. 注意使用水景照明，尤其是动态水景的照明，其效果往往会好很多。

7. 在设计水景时应注意将管线和设施妥善安放，最好隐蔽起来。

8. 注意做好防水层和防潮层的设计。

六、构筑物设计要素

（一）台阶和坡道

台阶和坡道是解决地面高差给人通行带来不便的基本方法。

台阶在室外环境设计中使用最多，其主要是为普通人步行所设计的，不能满足车辆或者通行不便的人的要求。相对坡道而言，要达到相同的高度，台阶所需的水平长度较短。台阶高度和宽度的设计应遵循诺尔曼关于台阶踏面和升面关系的通用规则：升面尺寸乘2，加上踏面尺寸等于26英寸（$2R+T=26$，其中，R 为台阶高度，T 为台阶宽度，单位均为英寸）。这一尺寸范围符合一般人上下踏步的要求。在实际设计中，踏步的高度和宽度需要灵活掌握，比如地面高差相对陡峭时，可以适当增加升面高度，减少踏面宽度，但是这种较为陡的踏步应避免在交通量较大的场所使用，以防造成拥挤；也不适宜过多，否则容易造成行人过于劳累。在适合的地方要设置休息平台，通过休息平台来调整行人行进的节奏和韵律。相反，在一些休闲的漫步道和缓坡上，踏面可以适当增大，升面适当减小。在一些供人驻足观赏景物的地方，也可以将踏步的尺寸放大，以使人可以舒服地坐在踏步上，其高度可增加到30 cm，介于座椅高度和踏步升面高度之间。但是，这种非常规尺寸的踏步同样不适合在人流量较大的公共区域使用，更不应该设计在有安全疏散功能的地方，以免造成危险。另外，需要注意的是，如果高差较小，所需的踏步数较少、踏步升面较低时，应注意通过材质的变化、防滑条的设置，或者利用升面的基部凹陷形成阴影来强调高差的存在，以防行人无意跌落；并且，一组踏步不应少于三个踏面，否则行人不易发觉。在室外进行踏步设计时还需注意相关的照明设施的配套设计。当高差大于50 cm 时，需设计护墙或者扶手。

坡道是供行人在地面高差不同的平面上行走的第二种主要方式。坡道对行人行走的限制要少些，行人可以自由自在地在坡道上行走，不必受踏步的限制，而且坡道适合车辆和残疾人用轮椅行走。现代景观规划设计非常重视无障碍设计，要全方位考虑残疾人通道，包括盲道设计以及坡道设计。如果坡道的坡度设计不合理，会使行人感到疲惫，如果坡道的材质选择不理想，也会令人在雪天或者雨天感到非常不便，所以，在设计坡道时一定要注意增加纹路质感。一般来讲，步行坡道的坡度以 1 ∶ 12 较为适宜，并且，当坡道长度超过 10 m 时，最好增加休息平台。

（二）公共设施及公共艺术品

公共设施和公共艺术品在景观中的作用非常重要。它涉及设施是否全面、使用是否方便合理，另外，还涉及与美观和实用是否结合到位。因此，公共设施和公共艺术品的设计要充分体现功能性和艺术性，两者要高度结合。功能性是指大多数的公共设施都有实际使用功能，如休息座椅、照明灯、垃圾桶和指示标牌等；艺术性是指这些设施的设计造型要体现现代城市的美，并和总体景观相协调。好的公共设施设计往往能起到画龙点睛的作用，给人带来很深的印象。

公共座椅和垃圾桶的设置要注意其距离和密度的合理性，要让使用者感到方便，还要让清洁工管理便利，同时也要相对隐蔽。其造型应该很好地与城市景观风格相结合；另外，应尽量选用耐久的材料，并且要经常性地维修和保养，以达至人性化、细致化。

1.城市灯光环境的设计应当注意：

（1）高位照明和低位照明互相补充，路灯、草坪灯和庭园灯相互结合。

（2）充分开发地面照明，但地灯不能妨碍行人和车辆通行。

（3）防止眩光和光污染，灯具设计应当注意光线照射角度，防止直接射入人眼；居住区的外部光环境设计应当防止过亮而影响居民的夜间休息。

（4）提倡内光外透，充分利用建筑内部的光源。

（5）提倡功能性的照明和艺术造型的灯具设计相互结合。

2.指示标牌的设计应当注意：

（1）和周边建筑以及城市景观相协调，不能千篇一律。

（2）指示内容应清晰明了，尽量采用图示方法表示，说明性文字应该考虑到通用的国际语言和地方语言的双语传达。

（3）交通指示系列应当慎重选取色系，做到任何天气环境下都醒目和易于识别，设置位置应当注意不被建筑物或者绿化遮挡。

第二节　城市景观生态系统及其设计要素

城市是景观规划设计的主要区域，城市作为经济、文化、政治的中心，有着特殊的生态系统特点，了解其组成、特点和设计要素对于城市景观规划设计至关重要。

一、城市景观生态系统的组成与特点

（一）城市景观生态系统的组成

城市作为人类强干扰系统，人工生态系统在其中起主导作用，但同时，城市中也保留了部分自然生态系统，在人类有意识地保护和改造下，也存在一些半人工半自然的生态系统，还有社会经济生态系统，每个部分都包含了生物与非生物系统。因此，城市景观生态系统的组成远比自然生态系统复杂。

（二）城市景观生态系统的特点

杨小波将城市生态系统的特点归纳为以下几点：

1. 同自然生态系统与农村生态系统相比，城市生态系统的生命系统的主体是人类，而不是各种植物、动物和微生物，次级生产者和消费者都是人。所以，城市生态系统最突出的特点是人口的发展代替或限制了其他生物的发展。

2. 城市生态系统的环境的主要部分为人工环境，城市居民为了生产、生活等需要，在自然环境的基础上建造了大量的建筑物、交通、通信、排水、医疗、文教和体育等城市设施。这样，以人为主体的城市生态系统的生态环境，除具有阳光、空气、水、土地、地形地貌、气候等自然环境条件外，还大量加入了人工环境的成分，进而使城市各种环境条件都不同程度地受到了人工环境因素和人的活动的影响，城市生态系统的变化因此变得更加复杂和多样化。

3. 城市生态系统是一个不完全的生态系统。城市生态系统大大改变了原有的自然生态系统，使得城市生态系统的功能与自然生态系统的功能有很大差别。

4. 城市生态系统在能量流动方面具有明显的特点。在自然生态系统中，能量流动主要集中在系统内各生物物种间，反映在生物的新陈代谢过程中；而在城市，由于技术的发展，大部分的能量是在非生物之间进行变换和流转的，反映在人力制造的各种机械设备的运行过程之中。

二、城市景观生态设计要素

城市是自然的、社会的、经济的综合体，具有多重的、复杂的特点，对城市的景观进行规划设计，除考虑单一的自然、人工要素外，还要从整体出发，以满足城市人口生活、经济发展、环境健康、资源永续为目标，建设一个稳定、健康、可持续的城市生态系统。

（一）自然生态系统保护

在景观规划设计学诞生之初，就将保护自然生态系统放在规划设计的首位，自然优先是景观规划设计的最基本原则。在现代社会，自然生态系统已成为最珍贵、最稀缺的自然资源，保护它不仅是在保护生物、保护多样性，也是在保护人类自己，更是保护地球，保护城市。城市的建设发展不可避免地要影响自然生态系统，最大限度的保护可将对自然生态系统的影响程度降到最小。可以通过划定自然保护区、立法等多种途径来保护自然生态系统。

（二）人工生态系统的合理建设

人工生态系统在城市中占有很重要的比重，生产、居住、商业、交通、文化、教育、娱乐等都需要依靠人工生态系统来维持正常运转。尽管人类利用自己的智慧、利用科学技术的进步使得人类的生活水平不断提高，人类抵御自然灾害的能力也不断增加，但事实证明，人类永远不可能战胜自然。人类开发自然，利用自然矿物制造各种为人类服务的化合物，在服务于人的同时也在伤害自然，伤害人类自己，温室效应、大气污染、水污染、农产品污染等，既破坏了自然平衡，又影响了人类的生存环境。自然科学进步的最大成果在于使人类认识到自己在大自然中的地位，认识到人类与自然和谐共存的重要性，也给我们指明了城市发展的方向：保护自然，营造自然，与自然和谐共存。这也是城市人工生态系统建设的基本原则。所有人工生态系统的规划建设要基于循环经济理论和清洁生产理论，充分考虑物质、能量的流动，和生物的新陈代谢一样，要建立合理循环的生物链。应将人工生态系统产生的物质和能量（如废水、废气、废物和热量等）净化消除和循环利用，即建设城市人工生态系统平衡体系。

（三）绿地建设

绿地是衡量一个城市环境健康与否的重要标志。在城市规划中，人们往往采用绿地比例作为衡量城市景观状况的指标，如城市人均公共绿地指标、城市绿化覆盖率和城市绿地率。

绿地是吸收城市人口呼出的二氧化碳、供应新鲜氧气的生命库，也是吸收城市人工生态系统能量与废气的基地。要完全吸收一个城市居民呼出的全部二氧化碳，需要 10 m^2 的人均森林绿地，这是保证城市环境健康的基本绿化指标。全国绿化委员会办公室发布的《2019 年中国国土绿化状况公报》显示，全国共完成造林 706.7 万公顷、森林抚育 773.3 万公顷。住建系统完成城市建成区绿地 219.7 万公顷，城市建成区绿地率、绿化覆盖率分别达到 37.34%、41.11%，城市人均公园绿地面积达 14.11 m^2。我国城市绿地建设以"300 米见绿、500 米见园"为目标，建设小微绿地、口袋公园等，均衡公园绿地布局，为公众提供更多的生态休闲空间。2019 年年底，我国的公路绿化率达到 65.93%。其中，国道绿化率为 86.72%，省道绿化率为 82.77%，县道绿化率为 76.27%，乡道绿化率为 66.74%，村道绿化率为 57.26%。另外，大多数城市的人均公共绿地面积按户籍人口统计，忽略了暂住人口和流动人口。同时，公共绿地结构多为草坪、花灌木，其生态效益远不能与森林相比。

城市绿地建设不仅要保证面积比例，还要考虑绿地结构。城市土地资源稀缺，绿地面积有限，增加单位面积的绿地生态效益便尤为重要，在对绿地景观进行规划设计时，生态效益是第一位，乔灌木结合、屋顶绿化、立体绿化都是增加绿地效益的很好途径。

（四）环境保护与污染控制

环境保护体现在城市建设发展过程中对原有自然生态系统的保护、减少对自然生态系统的干扰和建设最合理的人工生态系统三方面。环境保护体现在城市规划、设计和管理的全过程之中。明确环境保护指标、措施、法律和政策保障是进行城市规划的重点。控制污染是人工生态系统建设的主要任务和目标，体现在整个环节中，如交通道路占地控制、交通车辆排放控制、交通道路两侧绿地建设等，还体现在工厂生产线中生产材料、工艺、包装材料、运输各环节中的节约、无害化、资源循环利用等，并最终实现以生态系统的理念来建设城市。

（五）资源可持续利用规划设计

可持续发展是景观规划设计的最终目标，可持续利用规划设计首先体现在城市的合理承载力规划上，基于资源的、环境的合理人口承载量是进行城市规划的基础。其次是资源的合理布局，包括土地类型的合理分配，解决建设用地、生态用地的矛盾，保护耕地，解决生活用水、工业用水和生态用水的矛盾。另外，在进行城市人

工生态系统的规划、设计和管理中，应遵循循环经济、生态经济理念，建立局部的或整体的生态平衡系统，如城市雨水的收集利用、生活污水利用、房屋设计的可持续技术、废物循环利用等诸多系统。当然，促使城市居民培养可持续的生活方式也非常重要。

案例赏析 >>>

意大利帕多瓦植物园

帕多瓦植物园（见图4-20）位于意大利北部，距威尼斯35 km。帕多瓦是意大利北部城市，早在公元前302年就已有文字记载。1997年，帕多瓦植物园被列入世界文化遗产。帕多瓦大学建于1222年，科学家伽利略曾经在这里做过老师。1545年，帕多瓦大学建成了欧洲第一个植物园。帕多瓦植物园呈圆形，作为世界的象征，外围有水流环绕。这里配备有装饰性的入口和栏杆，以及水泵设施和温房。植物园也是帕多瓦大学的科研基地。

园 区 历 史

帕多瓦植物园是西方世界最古老的花园，建于1545年，至今仍在开放。它在历史和文化方面的重要价值得到了世界的认可。它是应弗兰西斯科·博纳弗德的请求，

图4-20 意大利帕多瓦植物园

景观规划设计

作为药用植物教学的实习基地而建立的，并由建筑师安德里亚·莫罗尼设计、彼得拉·诺亚勒建筑完成。帕多瓦植物园原始的核心部分修建了10年，它有一个圆形的围栏，内部由东西、南北方向交叉的两条道路将帕多瓦植物园分割成4个部分。

朴素的公园管理者和园丁居住的建筑在同一时期完成。帕多瓦植物园建立后得到了迅速发展，到1546年，就已用作教学了。1552年，园内种植了大约1 500多种不同的植物。1561年，帕多瓦大学认为有必要设立一个与帕多瓦植物园紧密相关的教职。帕多瓦植物园和其他同时代的活动临床学校对现代科学思想的建立做出了卓越贡献。随着科学认识的不断提高，帕多瓦植物园不断发展壮大。到1834年，园内已收集了16 000多种植物。

植 物 陈 列

帕多瓦植物园展览温室室内布置设计有热带雨林和室内花园两大主题，展示了世界各地的3 500余种热带植物。热带雨林展区设计展示东南亚沟谷雨林类型。选材主要采用原产于我国西双版纳和海南的热带雨林植物，把热带雨林的几大重要特征，即绞杀现象、大板根、空中花园、老茎生花等，融汇布置成景点。展览温室展示的植物神奇多样，包括胸径2.3 m、高14 m、重达20 t的环纹榕（集绞杀、附生和木质藤本等热带雨林现象为一体），自然高度达7 080 m的东南亚热带雨林中最高的树种望天树以及大板根植物四数木。老茎生花植物木瓜榕、大叶蜜心果、对叶榕等一般是雨林下层的小乔木，花开在茎上，便于昆虫传粉。

空中花园布置有各种附生植物如卡特兰、石斛等热带兰花和寄生植物，有的叶形奇异、有的花色雅致、有的香味宜人。室内花园区设计展出四季变换的热带风光主题，包括姿态美丽的棕榈科植物分区和丰富多彩的热带果树分区。棕榈科植物依据上层骨干树配置分为大王椰子林、槟榔林、假槟榔林，特色植物有巨型叶的董棕、傣族用于撰写经书的贝叶棕等。还展示了40余种热带果树，包括树菠萝、可可树、咖啡树和能改变味觉的神秘果等。精心配置、色彩纷呈的热带花灌木和温室花卉，再加上珍奇的食虫植物、凤梨科植物，把整个展览温室装点得更加丰富、生动。

帕多瓦植物园占地11.6 hm²。园内地势平坦，园中两条东西向的主干道横贯了南北面。草药园位于园内东南方，占地2 hm²。四周有围栏，园门西向，门内为钢筋混凝土的李时珍塑像，高2.5 m，基座高0.65 m。园东有高4 m的黄石假山与砂积石假山各一座，占地分别为800 m²和200 m²。园西建有占地面积20 m²的竹亭和占地面积55.29 m²的竹制棚架。园西北有一座面积98 m²的砖木结构温室，用于培育不耐寒的药用植物。园内有一面积 840 m² 的水池，池内种植水生药用植物。全园共植草药 600 多种。

盆景园位于园内西北部，占地 4.1 hm²。由周在春负责规划，周在春、章怡维、颜文武设计。盆景园由序景、树桩盆景、山石盆景和服务等四个区组成。园内有竹亭、竹廊、树皮亭、柴门、藤架和青瓦粉墙的展室，构成江南庭院式园林。

序景区里的盆景博物馆第一馆为砖木结构，面积 115 m²；第二馆为混合结构，面积 374 m²。两馆均系江南民居式建筑，馆中陈列中国盆景发展的史料，重点介绍海派盆景。区内展出"迎客松""松鹤延年""枯木逢春"等巨型盆景。

树桩盆景区中有一条曲曲折折的混合结构游廊，总面积为 563 m²。游廊将全区分割成多个小院，院中陈列着各式树桩盆景千余盆，虬枝横空，古朴入画。游廊两面空敞，下置围栏，各院落有相对的两门可出入。雨天或烈日当空时，游人在廊中就可以观赏到两旁院落中的盆景。

区内劲松院的松柏类盆景有五针松、罗汉松、黑松、真柏、桧柏、金钱松、矮紫杉等树种，苍松翠柏、古朴素雅。花果院的花果类盆景有梅、榆、紫藤、海棠、石榴、红枫、火棘、胡颓子、蜡梅等树种。小型、微型盆景展览原来是在一座名为四景轩的仿明清建筑内。轩为混合结构，面积为 322 m²。轩中陈列的都是在数寸方圆的小盆中栽种的各种小树桩，远望犹如掌上之物，近观却有旷野林木之姿。1995年，移小、微型盆景于展览温室内。温室为八角形，混合结构，面积为 443 m²。

山石盆景区的水石盆景馆系仿明清建筑，混合结构，面积为 449 m²。入口处有长达 7 米的以斧劈石制成的桂林山水盆景，气势雄伟。馆内陈列以斧劈石、英石、石笋、钟乳石、太湖石、浮石、砂积石、海母石、芦管石等各种石料制成的水石盆景共 28 盆，把各种山川奇景尽收于咫尺之间。

兰花区于 2000 年 3 月建成，占地 1.11 hm²。区内，小桥流水，白墙青瓦，假山、水池、水溪、瀑布、小桥等小品，营造出高雅、别致的江南园林景观，为游人提供了一个良好的休憩场所。兰室中首次设立了兰花展览温室，为兰花营造了原始的生态环境。还专门设立了赏兰、咏兰、介绍养兰技术的活动场所，使兰室同时具有兰花展览和普及兰文化的多种功能，以使人们进一步熟悉兰花。

展览温室作为园内的标志性建筑位于盆景园东侧，草药园西侧。展览温室为大空间多斜面的塔形建筑，建筑面积 5 000 m²，高 32 m。屋盖采用全玻璃天棚和幕墙结构，屋面承重构件和侧墙是首次采用的防腐防锈的铝镁合金。温室内采用自动环境控制系统，以便为温室植物提供适宜的生长环境。

海 绵 城 市

海绵城市是新一代城市雨洪管理概念，是指城市能够像海绵一样，在适应环境变化和应对雨水带来的自然灾害等方面具有良好的弹性，也可称之为"水弹性城市"。国际通用术语为"低影响开发雨水系统构建"，即下雨时吸水、蓄水、渗水、净水，需要时将蓄存的水释放并加以利用，实现雨水在城市中的自由迁移。而从生态系统服务出发，通过跨尺度构建水生态基础设施，并结合多类具体技术建设水生态基础设施，是海绵城市的核心（见图4-21）。

2017年3月5日，在中华人民共和国第十二届全国人民代表大会第五次会议上，李克强总理在政府工作报告中提到：统筹城市地上地下建设，再开工建设城市地下综合管廊2 000公里以上，启动消除城区重点易涝区段三年行动，推进海绵城市建设，使城市既有"面子"，更有"里子"。

在新形势下，海绵城市是推动绿色建筑建设、低碳城市发展、智慧城市形成的创新表现，是新时代特色背景下现代绿色新技术与社会、环境、人文等多种因素的有机结合。在材料的实质性应用方面，海绵城市表现出优秀的渗水、抗压、耐磨、防滑以及环保美观、多彩、舒适、易维护和吸音减噪等特点，成了"会呼吸"的城镇景观路面，也有效缓解了城市热岛效应，让城市路

图4-21 海绵城市原理示意图

面不再发热。

规 划 背 景

2012 年 4 月，在"2012 低碳城市与区域发展科技论坛"上，"海绵城市"的概念被首次提出。2013 年 12 月 12 日，习近平总书记在《中央城镇化工作会议》的讲话中强调："提升城市排水系统时要优先考虑把有限的雨水留下来，优先考虑更多利用自然力量排水，建设自然存积、自然渗透、自然净化的海绵城市。"而《海绵城市建设技术指南——低影响开发雨水系统构建（试行）》及仇保兴发表的《海绵城市（LID）的内涵、途径与展望》则对"海绵城市"的概念做出了明确的定义，即城市能够像海绵一样，在适应环境变化和应对自然灾害等方面具有良好的"弹性"，下雨时吸水、蓄水、渗水、净水，需要时将蓄存的水"释放"并加以利用。海绵城市可有效提升城市生态系统功能，减少城市洪涝灾害的发生。国务院办公厅出台的《关于推进海绵城市建设的指导意见》中指出，采用渗、滞、蓄、净、用、排等措施，将 70% 的降雨就地消纳和利用。2017 年，李克强总理在政府工作报告中明确了海绵城市的发展方向，让海绵城市建设不再限于试点城市，而提出所有的城市都应该重视这项"里子工程"。

遵 循 原 则

海绵城市建设应遵循生态优先等原则，将自然途径与人工措施相结合，在确保城市排水防涝安全的前提下，最大限度地实现雨水在城市区域的积存、渗透和净化，促进雨水资源的利用和生态环境的保护。建设海绵城市，并不是推倒重来，取代传统的排水系统，而是对传统排水系统的一种"减负"和补充，可最大限度地发挥城市本身的作用。在海绵城市的建设过程中，应统筹自然降水、地表水和地下水的系统性，协调给水、排水等水循环利用的各个环节，并考虑其复杂性和长期性。

作为城市发展理念和建设方式转型的重要标志，我国海绵城市建设的"时间表"已经明确，且"只能往前，不可能往后"。截至 2015 年，全国已有 130 多个城市制定了海绵城市建设方案。

设 计 理 念

建设海绵城市，首先要扭转观念。传统城市建设中，处处是硬化路面。每逢大雨，主要依靠管渠、泵站等"灰色"设施来排水，以"快速排除"和"末端集中控制"为主要规划设计理念，往往造成逢雨必涝，旱涝急转。根据《海绵城市建设技术指南》，城市建设将强调优先利用植草沟、渗水砖、雨水花园、下沉式绿地等"绿色"措施来组织排水，以"慢排缓释"和"源头分散"控制为主要规划设计理念，既避免了洪涝，又有效地收集了雨水。

建设海绵城市，即构建低影响开发雨水系统，主要是指通过"渗、滞、蓄、净、用、排"等多种技术途径，实现城市水文良性循环，提高对径流雨水的渗透、调蓄、净化、利用和排放能力，维持或恢复城市的海绵功能。

城市不同，特点和优势也不尽相同。因此，打造海绵城市不能生硬照搬其他城市的经验做法，而应在科学的规划下，因地制宜采取符合自身特点的措施，才能真正发挥出"海绵"的作用，从而改善城市的生态环境，提高民众的生活质量。

德国：高效集水，平衡生态

德国的海绵城市建设颇有成效，得益于发达的地下管网系统、先进的雨水综合利用技术和规划合理的城市绿地建设。德国的城市地下管网的发达程度与排污能力处于世界领先地位。德国城市皆拥有现代化的排水设施，不仅能够高效排水排污，还能起到平衡城市生态系统的作用。以德国首都柏林为例，其地下水道长度总计约9 646公里，其中一些有近140年的历史。分布在柏林市中心的管道多为混合管道系统，可以同时处理污水和雨水。其好处在于可以节省地下空间，不妨碍市内地铁及其他地下管线的运行。而在郊区，主要采用分离管道系统，即污水和雨水分别在不同管道中进行处理。这样做的好处是可以提高水处理的针对性，提高效率。

瑞士：雨水工程，民众参与

自20世纪末开始，瑞士便在全国大力推行"雨水工程"。这是一个花费小、成效高、实用性强的雨水利用计划。通常来说，城市中的建筑物都建有从房顶连接地下的雨水管道，雨水经过管道直通地下水道，然后排入江河湖泊。瑞士则以一家一户为单位，在原有的房屋上动了一点儿"小手术"：在墙上打个小洞，用水管将雨水引入室内的储水池，再用小水泵将收集到的雨水送往房屋各处。瑞士以"花园之国"著称，风沙不多，冒烟的工业几乎没有，因此雨水比较干净。各家在使用水时，靠小水泵将沉淀过滤后的雨水打上来，用以冲洗厕所、擦洗地板、浇花，甚至还可用来洗涤衣物、清洗蔬菜水果等。

在瑞士，如今许多建筑物和住宅外部都装有专用雨水流通管道，内部建有蓄水池，雨水经过处理后便可使用。一般用户除饮用之外的其他生活用水，都可以通过这个雨水利用系统得到解决。瑞士政府还采用税收减免和补助津贴等政策，鼓励民众建设这种节能型房屋，从而使雨水得到循环利用，进而节省了不少水资源。

在瑞士的城市建设中，最良好的基础设施是完善的、遍及全城的城市给排水管道和生活污水处理厂。早在17世纪，瑞士就已经出现了结构简单、暴露在道路表面的排水管道，如今在日内瓦老城，仍能看到这些古老的排水管道。从1860年开始，下水道已经被瑞士人民视作公共系统的重要组成部分，瑞士的城市建设者便开始按照当时的需要建造地下排水系统。瑞士如今的地下排水系统则主要修建于第二次世界大战后。当时，瑞士出现了大规模的城市化发展，诞生了很多卫星城市。在这一时期，瑞士制定了水使用和水处理法律，并开始落实下水管道系统建设规划。

新加坡：疏导有方，标准严格

新加坡作为一个雨量充沛的热带岛国，其最高年降雨量在近30年间呈持续上升的趋势，却鲜有城市内涝的情况发生。处于雨季的新加坡每天都有数场"说来就来"的瓢泼大雨，但城市内均未出现明显的积水和内涝。这一切要归功于设计科学、分布合理的雨水收集和城市排水系统。新加坡在城市排水系统建设中做到了以下三点：预先规划城市排水系统；加强雨水疏导，建立大型蓄水池；建立严格的地面建筑排水标准。

美国：强化设计，加快改建

美国的大多数城市秉承传统的水利设施设计理念：在郊外储存雨水，利用水渠送到市区，污水通过地下沟渠排走。按照西方的说法，这种理念始于古罗马时代，现在仍然大行其道。即使在非常缺水的加利福尼亚州，也是因循这一并不适合当地生态的城市水利与用水模式。

多年以来，洛杉矶的雨水一直是流入河道，而后流向大海。20世纪40年代，洛杉矶河被改造成一个水泥砌就的沟槽，在雨季承担泄洪任务。它实际上已经徒有其名，不能算作一条河流了，它就像一个长达51英里的浴缸，横卧在城市与大海之间。在没有被改造成泄洪水道之前，它经常泛滥，淹没沿岸城镇。在这条河流被砌上水泥之后，洪水的威胁便消失了，其沿岸也开始遍布城市。如今，情况已经发生了很大变化，人们不再担心雨水泛滥成灾，而是纠结于雨水总是白白地流走。于是，州政府便开始了对洛杉矶河的改造工作。

一、试述主要气候区划分和各区域气候对景观规划设计的影响。

二、试述主要地形、地貌的环境效应及其与景观规划设计的关系。

三、植被在景观规划设计中的主要环境、空间划分、美学等作用是什么？

四、地面铺装的类型、作用及注意要点有哪些？

五、试述水资源对于景观规划设计的影响及不同水景设计的要点和作用。

六、阐述城市生态系统的特点和城市综合要素与景观规划设计的关系。

Chapter
05

景观规划设
计的步骤与
方法

　　一般景观规划设计的步骤可以分为前期阶段、方案设计、扩初设计、施工图设计、后期服务。

第一节　前　期　阶　段

一、接受任务书

　　一般情况下，建设项目的业主（俗称"甲方"）通过直接委托或招标的方式来确定设计单位（俗称"乙方"）。乙方在接受委托或招标之后，必须仔细研究甲方制定的规划设计任务书，并与甲方人员尤其是甲方的项目主要负责人多交流、多沟通，以争取尽可能地了解甲方的需求与意图。规划设计任务书是确定建设任务的初步设想，一般情况下主要包括以下内容：

　　（一）项目的作用和任务、服务半径、使用要求。

　　（二）项目用地的范围、面积、位置、游人容量。

　　（三）项目用地内拟建的政治、文化、宗教、娱乐、体育活动等大型设施项目的内容。

　　（四）建筑物的面积、朝向、材料及造型要求。

　　（五）项目用地在布局风格上的特点。

　　（六）项目建设近期、远期的投资计划及经费。

　　（七）地貌处理和绿化设计要求。

（八）项目用地分期实施的程序。

（九）完成日程和进度。

二、收集资料

在进行景观规划设计之前，对项目情况进行全面、系统的调查与资料收集，可为规划设计者提供细致、可靠的规划设计依据。

（一）项目用地图纸资料

1. 地形图（见图5-1），根据面积大小，提供1∶5 000、1∶2 000、1∶1 000、1∶500等不同比例基地范围内的总平面地形图。一般来说，基地面积大的规划类项目需要大比例的地形图，反之，基地面积小的设计类项目需要小比例的地形图。图纸应明确显示以下内容：设计范围（红线范围、坐标数字）；基地范围内的地形、标高及现状物（现有建筑物、构筑物、山体、植物、道路、水系，还有水系的进口、出口位置及电源等）的位置，现状物中要求保留、利用、改造和拆迁等情况要分别注明；四周环境情况，包括与市政交通联系的主要道路的名称、宽度、标高、走向和道路排水方向，周围机关、单位、居住区、村落的名称、范围及今后的发展状况。

2. 遥感影像地图，按获取渠道不同一般可分为航空摄影像片和卫星遥感图像。一般情况下，在对基地面积大的项目（如森林公园、湿地公园等）进行规划设计时，必须借助遥感影像地图完成各种现状分析。

3. 局部放大图（1∶200），主要为局部单项设计用。该图纸要满足建筑单体设计及其周围山体、水系、植被、园林小品、园路的详细布局。

4. 要保留使用的主要建筑物的平面图、立面图，平面图应注明室内外标高，立面图要标明建筑物的尺寸、色彩、建筑使用情况等内容。

5. 树木分布位置现状图（1∶500、1∶200），主要标明要保留的树木的位置，并注明种类、胸径、生长状况和观赏价值等。对于有较高观赏价值的树木，最好附有彩色照片。

6. 地下管线图（1∶500、1∶200），一般要求与施工图的比例相同。图内应包括要保留和拟建的上水、雨水、污水、化粪池、电信、电力、暖气、煤气、热力等管线位置及井位等。除平面图外，还要有剖面图，并需注明管径、管底或管顶标高、压力及坡度等。

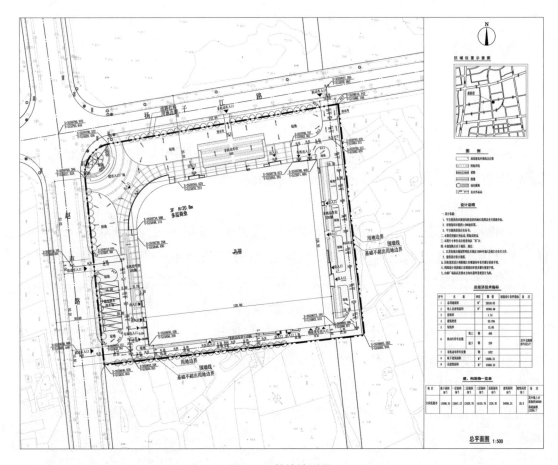

图 5-1　基地地形图

（二）其他资料

1. 项目所在地区的相关资料：自然资源，如地形地貌、水系、气象、动物、植物种类及生态群落组成等；社会经济条件，如人口、经济、政治、金融、商业、旅游、交通等；人文资源，如历史沿革、地方文化、历史名胜、地方建筑等。

2. 项目用地周边的环境资料：周围的用地性质、城市景观、建筑形式、建筑的体量色彩、周围交通联系、人流集散方向、市政设施、周围居民类型与社会结构等。

3. 项目用地内的环境资料：自然资源，如地形地貌、土壤、水位及地下水位、植被分布、日照条件、温度、风、降雨、小气候等；人工条件，如现有建筑、道路交通、市政设施、污染状况等；人文资源，如文物古迹、历史典故等。

4. 上位规划设计资料。在规划设计前，要收集项目所在区域的上一级规划、城市绿地系统规划等相关资料情况，以了解对项目用地规划设计的控制要求，包括用地性质及对于用地范围内构筑物高度的限定、绿地率要求等。

5. 相关的法规资料。景观规划设计中涉及的一些规范是为了保障园林建设的质量水平而制定的，在规划设计中要遵守与项目相关的法律规范。

6. 同类案例资料。在规划设计前，有时需要选择性质相同、内容相近、规模相当、实施方便的同类典型案例进行资料收集。其内容包括一般技术性了解（对设计构思、总体布局、平面组织和空间组织的基本了解）和使用管理情况收集两部分。最终资料收集的成果应以图文形式表达出来。对同类典型案例的调研可以为基地下一步规划设计提供很好的参考。

7. 其他资料：项目所在地区内有无其他同类项目；建设者所能提供用于建设的实际经济条件与可行的技术水平；项目建设所需主要材料（如苗木、山石、建材等）的来源与施工情况等。

三、基地调查分析

拟建地，又称基地，它是由自然力和人类活动共同作用所形成的复杂空间实体，它与外部环境有着密切的联系。在进行规划设计之前，应对基地进行全面、系统的调查和分析，为设计提供细致、可靠的依据。

无论现场面积的大小、设计项目的难易如何，设计者都必须到现场进行认真勘察。一方面，核对、补充所收集的图纸资料，如现状建筑、树木、水文、地质、地形等自然条件（见图5-2）；另一方面，设计者到现场勘察，可以根据周围的环境条件进入艺术构思阶段。"俗则屏之，嘉则收之"，发现可利用、可借景的景物要予以保留，对于不利或影响景观的物体，在规划过程中要加以适当处理。根据具体情况（如面积较大、情况较复杂等），必要时，勘察工作要进行多次。在进行现场勘察的同时，要拍摄一定的环境现状照片，以供规划设计时参考。以上任务内容繁多。在具体的规划设计中，我们或许只用到其中的一部分工作成果，但是要想获得关键性资料，必须认真细致地对全部内容进行深入系统的调查、分析和整理。

（一）基地现状调查的内容

基地现状调查包括收集与基地有关的技术资料和进行实地踏勘、测量两部分工作。有些技术资料可从有关部门查询得到，如基地所在地区的气象资料、基地地形及现状图、管线资料、城市规划资料等。对查询不到但又是设计所必需的资料，可通过实地调查、勘测得到，如基地及环境的视觉质量、基地小气候条件等。若现有资料精度不够或不完整，或与现状有出入，则应重新勘测或补测。

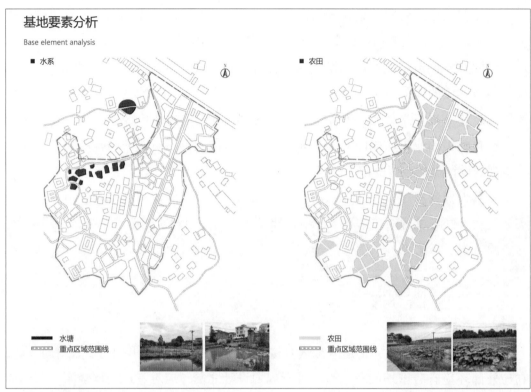

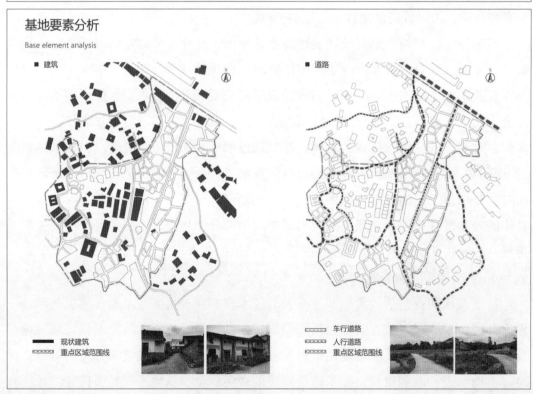

图 5-2　基地调查分析图

景观规划设计

基地现状调查的内容如下：

1. 基地的自然条件，包括地形、水体、土壤、植被；

2. 气象资料，包括日照条件、温度、风、降雨、小气候；

3. 人工设施，包括建筑物及构筑物、道路和广场、各种管线；

4. 视觉质量，包括基地现状景观、环境景观、视线范围；

5. 基地范围及环境因子，包括物质环境、知觉环境、历史文化资源。

基地现状调查并不需要将所有的内容一个不漏地调查清楚，应根据基地的规模、内外环境和使用目的分清主次，主要的应深入详尽地调查，次要的可简要地了解。

（二）基地分析

调查是手段，分析才是目的。基地分析是在客观调查和主观评价的基础上，对基地及其环境的各种因素做出综合性的分析与评价，使基地的潜力得到充分发挥。基地分析在整个规划设计过程中占有很重要的地位，深入细致地进行基地分析有助于用地的规划和各项内容的详细设计，并且在分析过程中产生的一些设想也很有利用价值。基地分析包括在地形资料的基础上进行坡级分析、排水类型分析，在土壤资料的基础上进行土壤承载分析，在气象资料的基础上进行日照分析、小气候分析等。

第二节　方　案　设　计

景观规划设计涉及面广、综合性强，既要考虑科学性，又要不失艺术性，处理好这些关系需要有一定的学识，这对初学者来说有一定的难度，但是进行景观规划设计还是有一些方法可循的。

一、立意与构思

在一项设计中，方案立意与构思往往具有举足轻重的地位，方案立意与构思的优劣往往对整个设计的成败有着极大的影响，特别是对一些内容复杂、规模庞大的园林设计项目来说。立意与构思是景观规划设计中最核心的工作，是整个规划设计的灵魂所在。好的设计在立意与构思方面多有独到和巧妙之处。结合画理创造意境，对讲究诗情画意的我国古典园林来说，是一种较为常用的创作手法。直接从大自然中汲取养分，获得设计素材和灵感，也是提高方案构思能力、创造新的园林意境的方法之一。除此之外，对规划设计的立意与构思还体现在应善于发掘与设计有关的题材或素材，并用联想、类比、隐喻等手法进行艺术表现上。

立意与构思和规划设计任务书、基地现状的分析紧密相关，有时构思的灵感会在这一分析过程中产生。一般来说，基地的现状、当地的历史文化、项目本身的特点和项目特殊的要求等因素都可能是立意与构思产生的主要来源。当然，在构思的过程中，与景观使用者及设计同伴的交流也有可能产生灵感的火花。

每个景观用地都有特定的使用目的和基地条件，使用目的决定了用地包括的内容。这些内容有各自的特点和不同的要求，因此需要结合基地条件，合理地进行安排和布置：一方面，为有特定要求的内容安排相适应的基地位置；另一方面，为某种基地布置恰当的内容，尽可能减少矛盾、避免冲突。既要考虑到科学性，又要讲究艺术效果，同时还要符合人们的行为习惯。景观用地规划设计主要考虑以下几方面的内容：

1. 找出各使用区之间理想的功能关系；

2. 在基地调查和分析的基础上合理利用基地现状条件；

3. 精心安排和组织空间序列。

二、设计说明与设计图纸

方案设计的要求如下：应满足编制初步设计文件的需要；应能据此编制工程估算；应满足项目审批的需要。方案设计包括设计说明与设计图纸两部分内容。

（一）设计说明

1. 现状概述：概述区域环境和设计场地的自然条件、交通条件及市政公用设施等工程条件，简述工程范围和工程规模、场地地形地貌、水体、道路、现状构筑物和植物的分布状况等。

2. 现状分析：对项目的区位条件、工程范围、自然环境条件、历史文化条件和交通条件进行分析。

3. 设计依据：列出与设计有关的依据性文件。

4. 设计指导思想（见图5-3）和设计原则：概述设计指导思想和设计遵循的各项原则。

5. 总体构思和布局：说明设计理念、设计构思、功能分区和景观分区，概述空间组织和园林特色。

总体定位

Overall positioning

荷风环绕筑客家 花果四溢兴长富

以优越的自然条件为基础

引入荷花产业，进一步发展特色果业

深入挖掘和展示客家文化

构建一个产业、旅游、文化三者融合发展的长富村

图 5-3 总体定位图

6. 专项设计说明：竖向设计、园路设计与交通分析、绿化设计、园林建筑与小品设计、结构设计、给水排水设计、电气设计。

7. 技术经济指标：计算各类用地的面积，列出用地平衡表和各项技术经济指标。

8. 投资估算：按工程内容进行分类，分别进行估算。

（二）设计图纸

1. 区位图：标明用地所在城市的位置及其与周边地区的关系。

2. 用地现状图：标明用地边界、周边道路、现状地形等高线、道路、有保留价值的植物、建筑物和构筑物、水体边缘线等。

3. 现状分析图：对用地现状做出各种分析。

4. 总平面图（见图 5-4）：标明用地边界、周边道路、出入口位置、设计地形等高线、设计植物、设计园路铺装场地；标明保留的原有园路、植物和各类水体的边缘线、各类建筑物和构筑物、停车场位置及范围；标明用地平衡表、比例尺、指北针、图例及注释。

5. 功能分区图（见图 5-5）或景观分区图：标明用地功能或景区的划分及名称。

6. 园路设计与交通分析图（见图 5-6）：标明各级道路、人流集散广场和停车场布局；分析道路功能与交通组织。

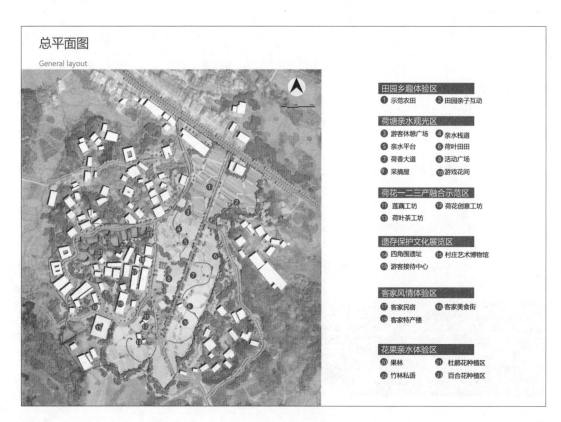

总平面图

General layout

田园乡趣体验区
❶ 示范农田　　❷ 田园亲子互动

荷塘亲水观光区
❸ 游客休憩广场　　❹ 亲水栈道
❺ 亲水平台　　❻ 荷叶田田
❼ 荷香大道　　❽ 活动广场
❾ 采摘屋　　❿ 游戏花间

荷花一二三产融合示范区
⓫ 莲藕工坊　　⓬ 荷花创意工坊
⓭ 荷叶茶工坊

遗存保护文化展览区
⓮ 四角围遗址　　⓯ 村庄艺术博物馆
⓰ 游客接待中心

客家风情体验区
⓱ 客家民宿　　⓲ 客家美食街
⓳ 客家特产楼

花果亲水体验区
⓴ 果林　　㉑ 杜鹃花种植区
㉒ 竹林私语　　㉓ 百合花种植区

图5-4　总平面图

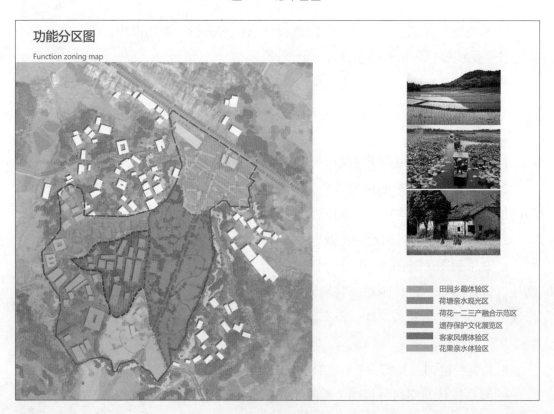

功能分区图

Function zoning map

田园乡趣体验区
荷塘亲水观光区
荷花一二三产融合示范区
遗存保护文化展览区
客家风情体验区
花果亲水体验区

图5-5　功能分区图

　　　　　　　　　　　　　　　　　　　　　　景观规划设计

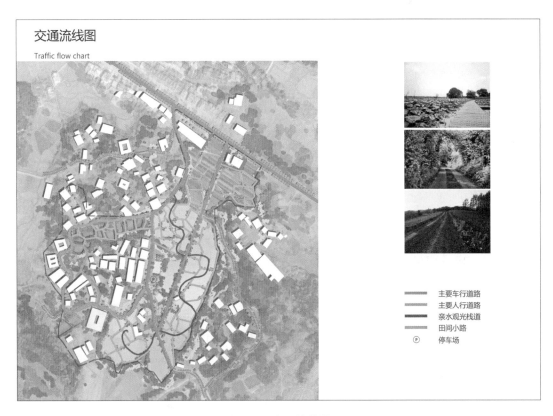

交通流线图
Traffic flow chart

主要车行道路
主要人行道路
亲水观光栈道
田间小路
⑫ 停车场

图5-6 交通流线图

7. 竖向设计图：标明设计地形等高线与原地形等高线；标明主要控制点高程；标明水体的常水位、最高水位与最低水位、水底标高；绘制地形剖面图。

8. 绿化设计图：标明植物分区、各区的主要或特色植物（含乔木、灌木）；标明保留或可利用的现状植物；标明乔木和灌木的平面布局。

9. 主要景点设计图：包括主要景点的平面图、立面图、剖面图及效果图等。

10. 其他必要的图纸。

第三节　扩 初 设 计

扩初设计的要求如下：应满足编制施工图设计文件的需要；应满足各专业设计的平衡与协调；应能据此编制工程概算；应能提供申报有关部门审批的必要文件。设计文件内容包括以下几个方面。

一、总图系列图纸

比例一般采用 1 : 500、1 : 1 000。总图系列图纸主要有封面、目录、设计图例、铺装图例、扩初设计总说明、景观总平面图、索引总平面图（见图 5-7）、尺寸总平面图（见图 5-8）、竖向总平面图（见图 5-9）、铺装总平面图、灯具布置总平面图及选型表、家具小品总平面图、绿化设计说明、绿化设计图（含上木、下木）、苗木表、喷灌平面图等。当设计面积较大时，该系列图纸应分区绘制、分区出图。

设计总说明包括设计依据、设计规范、工程概况、工程特征、设计范围、设计指导思想、设计原则、设计构思或特点、各专业设计说明、在初步设计文件审批时需解决和确定的问题等内容。

总平面图反映的内容包括基地周围环境情况、工程坐标网、用地范围线的位置、地形设计的大致状况和坡向、保留与新建的建筑和小品位置、道路与水体的位置、绿化种植的区域等。

二、详图系列图纸

比例一般采用 1 : 30、1 : 50、1 : 100、1 : 200。主要内容包括道路、铺装、排水沟、排水井、驳岸、台阶、花池、花钵、坐凳、水景、景墙、亭廊、游戏设施、雕塑、围墙、岗亭等各类小品和特色设施的主要平面图、立面图、剖面图等。

三、结构设计图纸

（一）设计说明书
包括设计依据和设计内容的说明。
（二）设计图纸
比例一般采用 1 : 50、1 : 100、1 : 200，包括需要配筋的小品、设施的结构平面图、结构剖面图等。

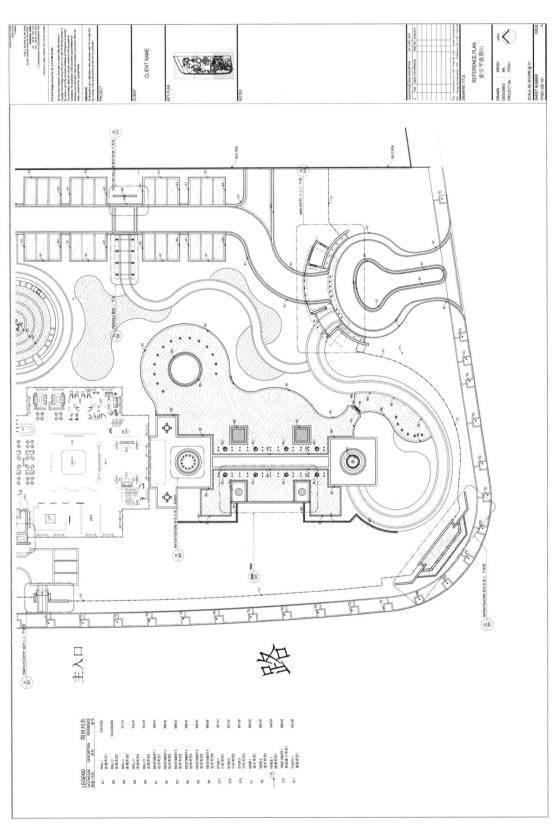

图5-7 扩初设计——索引总平面图

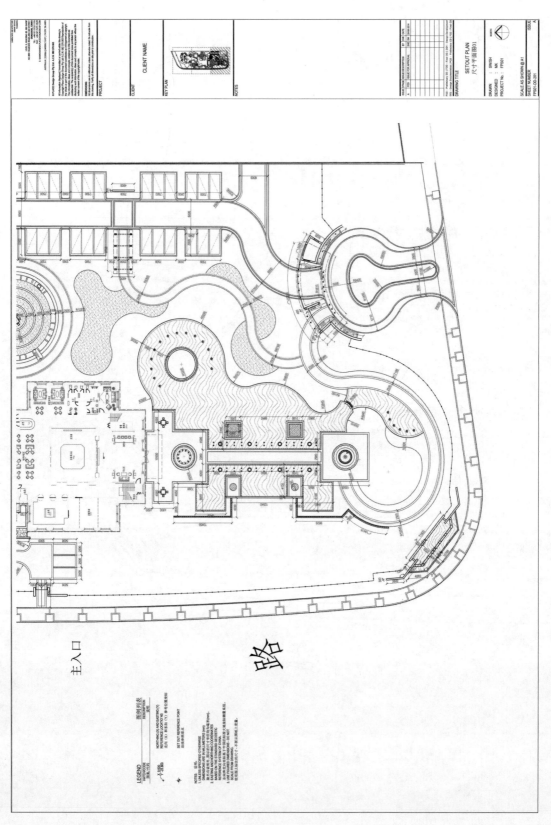

图5-8 扩初设计——尺寸总平面图

景观规划设计

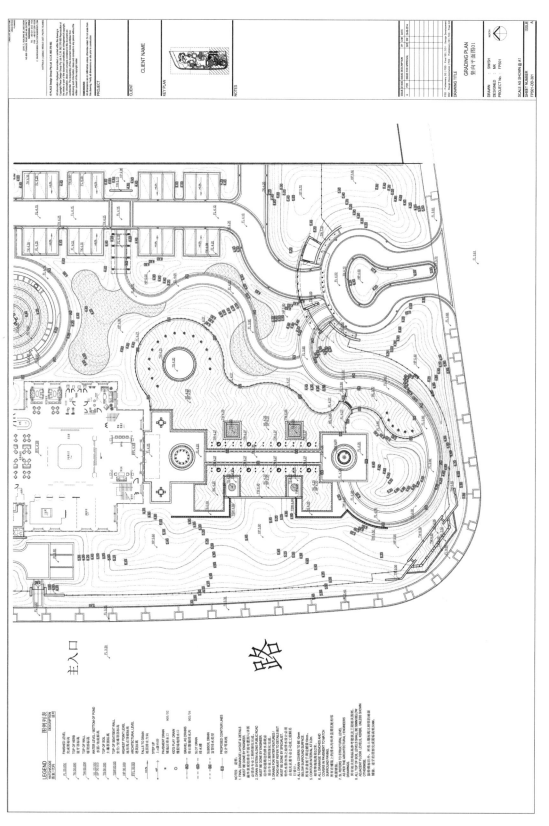

图5-9 扩初设计——竖向总平面图

四、给水排水设计图纸

（一）设计说明书

1. 设计依据、设计范围的说明。

2. 给水设计，包括水源、用水量、给水系统、浇灌系统等方面的说明。

3. 排水设计，包括工程周边现有排水条件简介、排水制度和排水出路、排水量、各种管材和接口的选择及敷设方式等方面的说明。

（二）设计图纸

给水排水总平面图，比例一般采用 1：300、1：500、1：1 000。

（三）主要设备表

主要包括设备名称、材质、单位、数量、备注等内容。

五、电气设计图纸

（一）设计说明书

包括设计依据、设计范围、供配电系统、照明系统、防雷及接地保护、弱电系统等方面的说明。

（二）设计图纸

包括电气总平面图、配电系统图等内容。

（三）主要设备表

主要包括如高压或低压设备等的名称、型号、单位、数量、备注等内容。

六、概算文件

由封面、扉页、概算编制说明、总概算书及各单项工程概算书等组成，可单列成册。

第四节　施工图设计

施工图设计应满足施工、安装及植物种植的需要，满足施工材料采购、非标准设备制作和施工的需要。设计文件包括目录、设计说明、设计图纸、施工详图、套用图纸和通用图、工程预算书等内容。只有经设计单位审核和加盖施工图出图章的设计文件，才能作为正式设计文件交付使用。景观规划设计师应经常深入施工现场，一方面解决现场的各类工程问题，另一方面通过现场经验的积累，提高自己施工图设计的能力与水平。施工图设计的总图系列图纸比扩初设计的更精细、与场地更加契合；施工图设计的详图系列图纸比扩初设计的增加了面层以下的基础层和结构层配筋做法，更多考虑施工效果的优化、施工的可操作性和材料的节约性。

一、总图系列图纸

比例一般采用 1：300、1：500、1：1 000。总图系列图纸主要有目录、施工图设计说明、设计图例（见图 5-10）、铺装图例（见图 5-11）、景观总平面图（见图 5-12）、索引总平面图、尺寸总平面图、网格总平面图（见图 5-13）、竖向总平面图、铺装总平面图（见图 5-14）、灯具布置总平面图（见图 5-15）及选型表、家具小品总平面图（见图 5-16）、绿化设计说明、绿化设计图（含上木、下木）、苗木表、喷灌平面图（见图 5-17）等。当总平面过大时，该系列图纸应分区绘制、分区出图。

（一）设计总说明

1. 设计依据：政府主管部门批准文件和技术要求；建设单位设计任务书和技术资料；其他相关资料。

2. 应遵循主要的国家现行规范、规程、规定和技术标准。

3. 简述工程规模和设计范围。

4. 阐述工程概况和工程特征。

5. 各专业设计说明，可单列专业篇。

（二）总平面图

反映的内容包括基地周围环境情况、工程坐标网、用地范围线的位置、地形设计的大致状况和坡向、保留与新建的建筑和小品位置、道路与水体的位置、绿化种植的区域等。

（三）定位总平面图

可以采用坐标标注、尺寸标注、坐标网格等方法对建筑、景观小品、道路铺装、水体等各项工程进行平面定位。

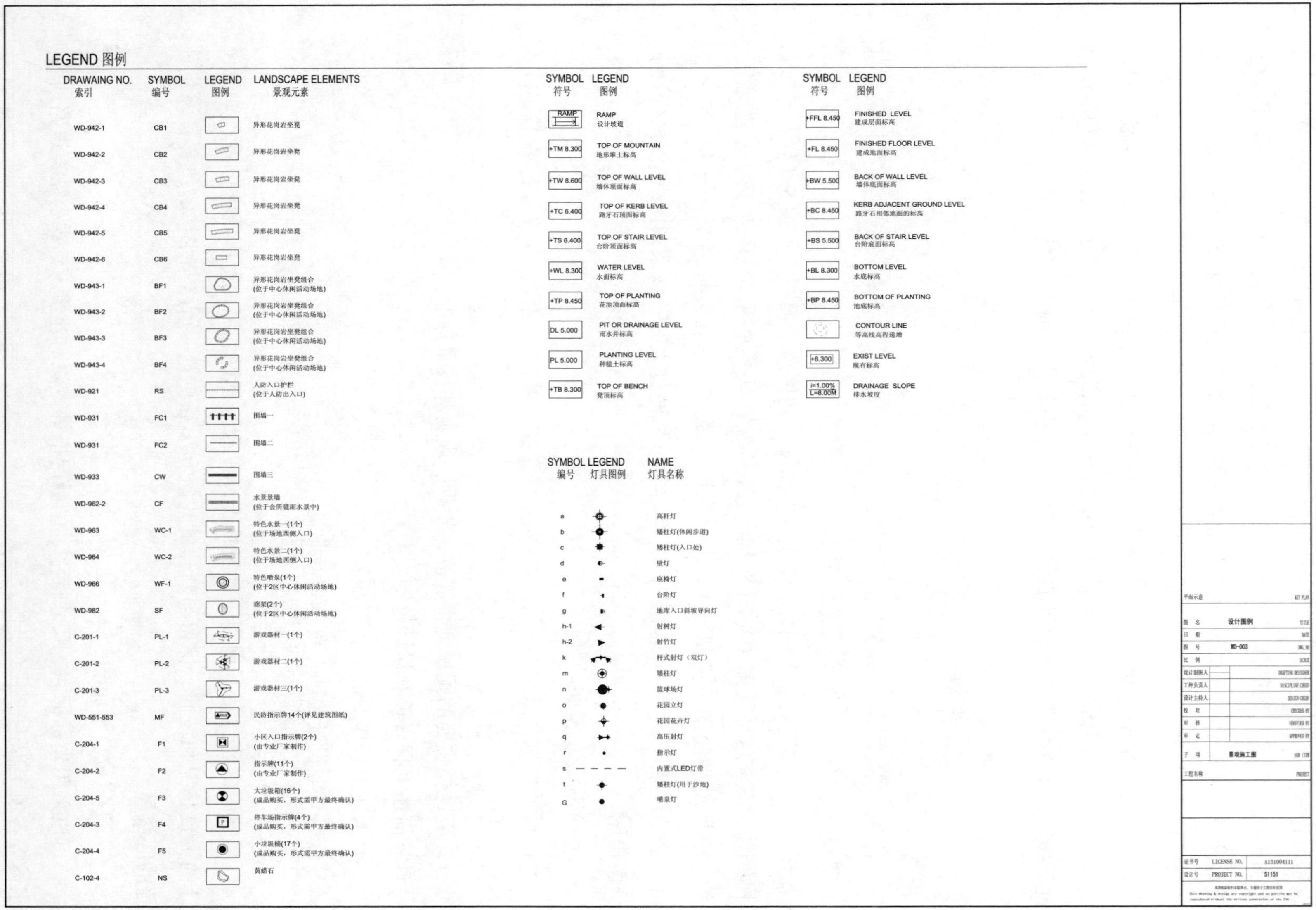

LEGEND 图例

DRAWAING NO. 索引	SYMBOL 编号	LEGEND 图例	LANDSCAPE ELEMENTS 景观元素
WD-942-1	CB1		异形花岗岩铺装
WD-942-2	CB2		异形花岗岩铺装
WD-942-3	CB3		异形花岗岩铺装
WD-942-4	CB4		异形花岗岩铺装
WD-942-5	CB5		异形花岗岩铺装
WD-942-6	CB6		异形花岗岩铺装
WD-943-1	BF1		异形花岗岩坐凳组合（位于中心水系周边活动场地）
WD-943-2	BF2		异形花岗岩坐凳组合（位于中心水系周边活动场地）
WD-943-3	BF3		异形花岗岩坐凳组合（位于中心水系周边活动场地）
WD-943-4	BF4		异形花岗岩坐凳组合（位于中心水系周边活动场地）
WD-921	RS		人流入口护栏
WD-931	FC1		人流入口（主入口）
WD-931	FC2		围墙一
WD-933	CW		围墙二
WD-952-2	CF		围墙三
WD-963	WC-1		水景景墙（位于西南端住水个个）
WD-964	WC-2		特色水景一（1个）
WD-966	WF-1		特色水景二（1个）
WD-982	SF		特色喷泉水景（1个）
C-201-1	PL-1		廊架（2个）（位于T2E中心水系周边活动场地）
C-201-2	PL-2		游廊建材一（1个）
C-201-3	PL-3		游廊建材二（1个）
WD-551-553	MF		民俗路示图14个（评发建筑配施）
C-204-1	F1		小区入口指示牌（2个）
C-204-5	F2		指示牌一（1个）
C-204-3	F3		大店面指示牌（形式需甲方最终确认）
C-204-4	F4		停车场指示牌（形式需甲方最终确认）
C-204-5	F5		小店面牌（17个）（形式需甲方最终确认）
C-102-4	NS		喇叭石

SYMBOL LEGEND 符号 / LEGEND 图例

符号	图例
RAMP	RAMP 设计坡道
+TM 8.300	TOP OF MOUNTAIN 地形堆土标高
+TW 8.600	TOP OF WALL LEVEL 墙体面层标高
+TC 6.400	TOP OF KERB LEVEL 路面石顶面层标高
+TS 6.400	TOP OF STAIR LEVEL 台阶顶面层标高
+WL 8.300	WATER LEVEL 水面标高
+TP 8.450	TOP OF PLANTING 种植面标高
DL 5.000	PIT OR DRAINAGE LEVEL 排水井标高
PL 5.000	PLANTING LEVEL 种植土标高
+TB 8.300	TOP OF BENCH 坐凳面标高

SYMBOL LEGEND 符号 / LEGEND 图例

符号	图例
FFL 8.450	FINISHED LEVEL 建成层面标高
+FL 8.400	FINISHED FLOOR LEVEL 建筑层面标高
+BW 5.500	BACK OF WALL LEVEL 墙背面层标高
+BC 8.450	KERB ADJACENT GROUND LEVEL 路面石旁侧地面标高
+BS 5.500	BACK OF STAIR LEVEL 台阶背面层标高
+BL 8.300	BOTTOM LEVEL 底层标高
+BP 8.450	BOTTOM OF PLANTING 地被底标高
	CONTOUR LINE 等高线布置图
+8.300	EXIST LEVEL 现有标高
i=1.00%	DRAINAGE SLOPE 排水坡度

SYMBOL LEGEND 灯具图例 / NAME 灯具名称

编号	灯具图例	灯具名称
a		高杆灯
b		庭院灯（行体纸步道）
c		庭院灯（入口道）
d		草坪灯
e		高脚灯
f		台阶灯
g		地埋灯（庭景装饰导向灯）
h-1		树木射灯
h-2		树木射灯
k		水下射灯（景灯）
m		壁挂灯
n		庭院射灯
o		花园路灯
p		高压射灯
q		射阴灯
r		内埋式LED灯带
s		地埋灯（步沙地灯）
t		嗽叭灯
G		

图 5-10 施工图设计——设计图例

PAVING LEGEND 铺装图例

DETAIL REF. 参照 | SYMBOL 图例 | MATERIAL FINISH 铺地

DETAIL REF. 参照	MATERIAL FINISH 铺地	DETAIL REF. 参照	MATERIAL FINISH 铺地	DETAIL REF. 参照	MATERIAL FINISH 铺地
GH-A WD-901-1	材料:花岗岩 颜色:芝麻灰 尺寸:150x150x60 面层:荔枝面 图案:45度斜铺（错缝5MM）（车行）	RH WD-903-2	材料:安全塑胶地垫 颜色:本色 尺寸:厚度50/产品 图案:见厂家平面（用于运动及儿童活动场地）	OS WD-912-2	材料:不锈钢盖板 颜色:本色 尺寸:宽600宽 图案:—
GH-B WD-901-2	材料:花岗岩 颜色:中国黑 尺寸:150x150x60 面层:荔枝面 图案:45度斜铺（错缝5MM）（车行）	GP WD-903-3	材料:花岗石 颜色:芝麻灰 尺寸:φ600x90 图案:—;用于建筑周边	OSM WD-912-3	材料:不锈钢盖板 颜色:本色 尺寸:500x600 图案:—
GH-C1 WD-901-3	材料:花岗岩 颜色:芝麻灰 尺寸:600x600x60 面层:对缝铺（错缝5MM）（人行）	MJ-1 WD-903-4	材料:小圆石 颜色:黑色 尺寸:φ20-30 面层:— （人行）	SM WD-912-4	材料:钢铁盖板 颜色:黑色 尺寸:414X414 图案:—
GH-C2 WD-901-4	材料:花岗岩 颜色:芝麻灰 尺寸:600x600x100 面层:对缝铺（错缝5MM）（车行）	MJ-2 WD-903-5	材料:小圆石 颜色:黑色 尺寸:φ20-30 面层:— （人行）	US WD-912-5	材料:混凝土U型排水沟/排水沟盖并钢铁盖板 颜色:本色 尺寸:414X414 面层:—
PS-1 WD-901-5	材料:水洗石 颜色:五色混合 尺寸:φ60-90MM （人行）	JH WD-903-6	材料:小卵石 颜色:本色 尺寸:φ10-20 面层:散铺于草内 （车行）	USM WD-912-6	材料:混凝土U型排水沟/排水沟盖并钢铁盖板 颜色:本色 尺寸:2380宽 面层:—
PS-2 WD-901-6	材料:水洗石 颜色:五色混合 尺寸:φ9-14MM 图案:— （人行）	SE WD-911-1	材料:不锈钢边 颜色:本色 尺寸:见时间 面层:设置于草坪内 （车行）	SS WD-913-1	材料:线性排水沟 颜色:本色 尺寸:宽340宽 图案:—
PH-1 WD-902-1	材料:砾石 颜色:深灰色 尺寸:φ40-90MM 面层:铺贴;用于停车场 （人行）	GE WD-911-2	材料:砖石 颜色:深灰色 尺寸:600x100x150 面层:收边	SSM WD-913-2	材料:线性排水沟盖并排水沟盖板 颜色:本色 尺寸:500x350 图案:—
PH-2 WD-902-2	材料:砾石 颜色:深灰色 尺寸:φ40-90MM 面层:铺贴;用于停车场 （车行）	LS-A1 WD-911-3	材料:花岗岩 颜色:芝麻灰 尺寸:900X330X85 面层:道路路沿 图案:L型平铺石收边	YK WD-913-3	材料:砂浆收边 颜色:本色 尺寸:宽150 图案:—
RB WD-902-3	材料:火山岩 颜色:深灰色 尺寸:1000x900x30-90 面层:— 图案:用于池底及岛间	LS-A2 WD-911-4	材料:花岗岩 颜色:芝麻灰 尺寸:900X330X85 面层:道路路沿 图案:L型平铺石收边		
TH-1 WD-902-4	材料:青石板 颜色:本色 尺寸:600x300x60 面层:火烧面 图案:—	LS-B1 WD-911-5	材料:花岗岩 颜色:中国黑 尺寸:900X1100X150 面层:道路路沿 图案:L型平铺石收边		
TH-2 WD-902-5	材料:青石板 颜色:本色 尺寸:600x300x60 面层:火烧面 图案:—	LS-B2 WD-911-6	材料:花岗岩 颜色:中国黑 尺寸:900X450X85 面层:道路路沿 图案:L型平铺石收边		
SH WD-902-6	材料:砾片 颜色:本色 尺寸:— 面层:— 图案:用于滑道的登高场地	ESS WD-941-3	材料:花岗岩 颜色:芝麻灰 尺寸:宽采用图;厚度500 面层:嵌缝平铺;L型平铺石 图案:L型平铺石收边		
DH WD-903-1	材料:砾片 颜色:棕黄色 尺寸:— 面层:— 图案:环保树脂胶/透气沥青地坪	ESG WD-941-5	材料:花岗岩 颜色:中国黑 尺寸:600X440;厚度见时图 面层:嵌缝平铺;厚度见详图 图案:地面嵌边石		
		LSM WD-912-1	材料:线性不锈钢盖并排水沟 颜色:本色 尺寸:宽 面层:嵌缝交错线性排水沟 图案:L型交错线性排水沟		

备注: 1. 铺装需选用抗腐蚀材质，各层作业参数据按规范。花岗石约定为50的深浅。
2. 图纸所涉收边/案形铺装、案形台阶/系列铺装，其施工详图详见图规案及切割图。

图5-11 施工图设计——铺装图例

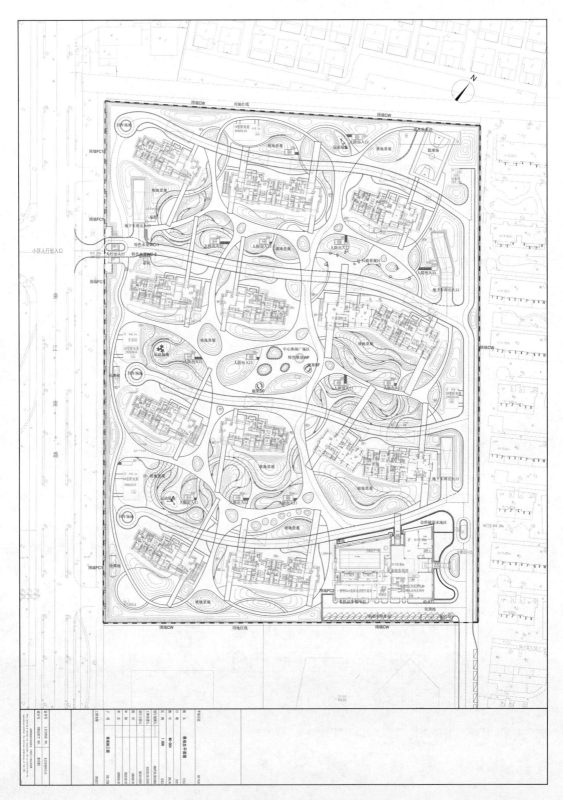

图5-12 施工图设计——景观总平面图

景观规划设计

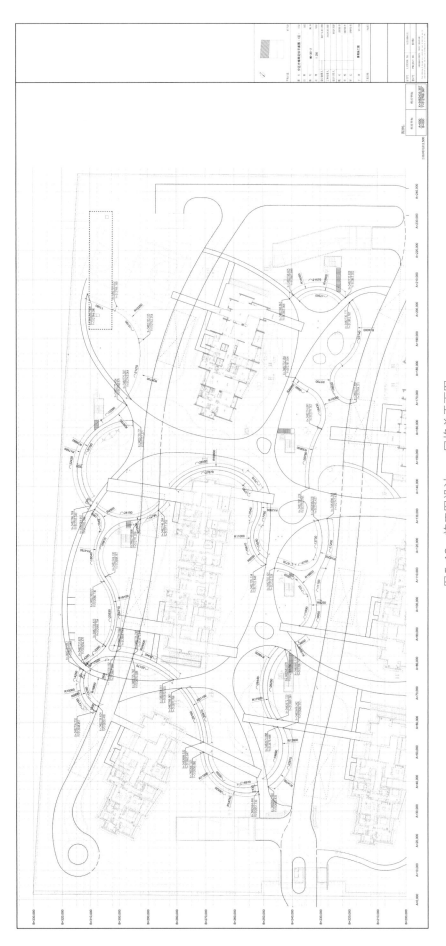

图 5-13 施工图设计——网格总平面图

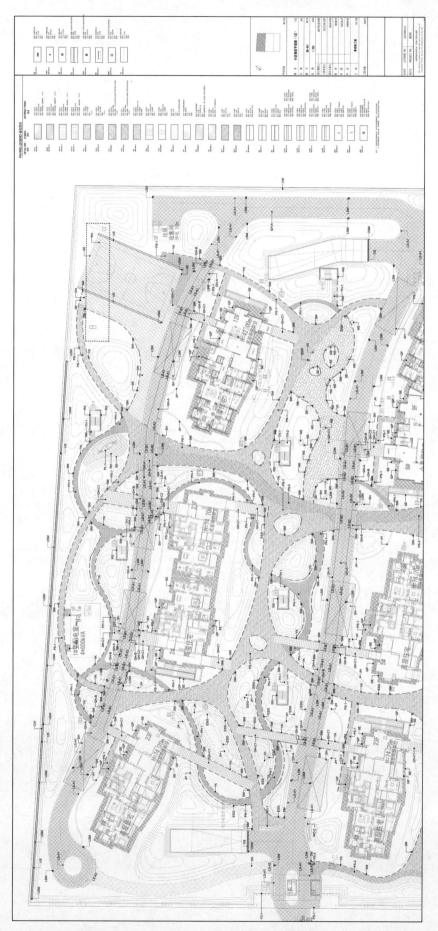

图 5-14 施工图设计——铺装总平面图

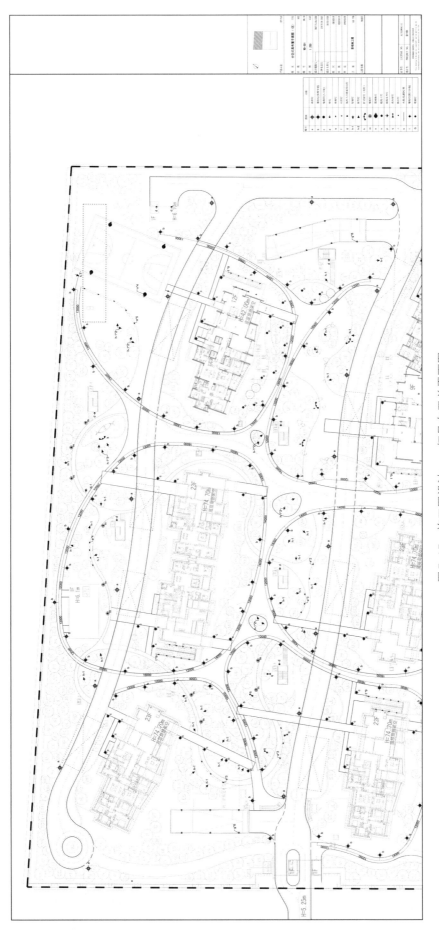

图 5-15 施工图设计——灯具布置总平面图

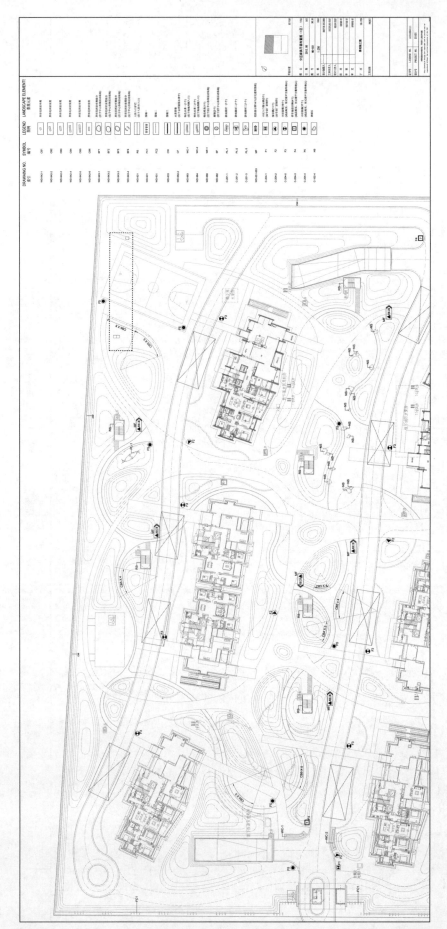

图5-16 施工图设计——家具小品总平面图

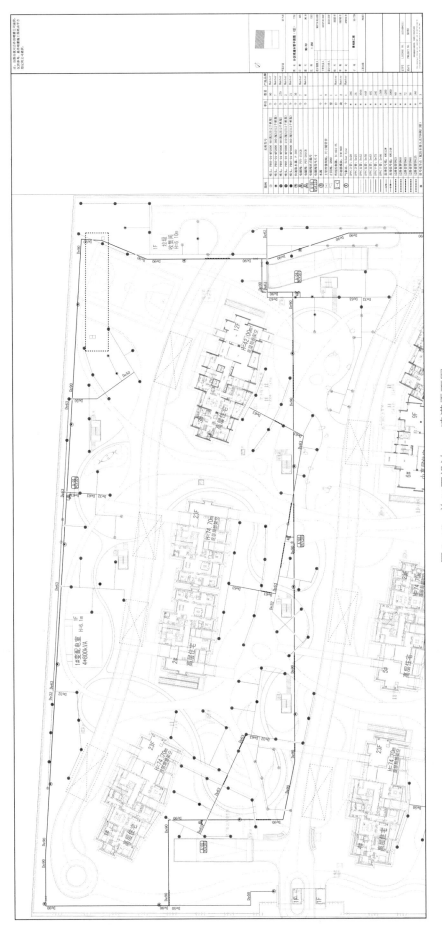

图 5-17　施工图设计——喷灌平面图

（四）索引总平面图

对各项工程的内容进行图纸及分区索引。

（五）竖向总平面图

内容包括：标明人工地形（包括山体和水体）的等高线或等深线（或用标高点进行设计）；标明基地内各项工程（如建筑物、园路、广场等）平面位置的详细标高，并标明其排水方向；标明水体的常水位、最高水位与最低水位、水底标高；标明进行土方工程施工地段内的原标高，计算出挖方和填方的工程量与土石方平衡表等。

（六）铺装总平面图

内容包括：标明道路的等级、道路铺装材料及铺装样式等。

（七）绿化设计图

应包括设计说明和苗木表（见图 5-18）、上木（乔木）设计图（见图 5-19）和下木（灌木、地被）设计图（见图 5-20）。

1. 设计说明

绿化设计的原则、景观和生态要求；对栽植土壤的规定和建议；规定树木与建筑物、构筑物、管线之间的间距要求；对树穴、种植土、介质土、树木支撑等做必要的要求；应对植物材料提出设计要求。

2. 设计图纸

比例一般采用 1∶200、1∶300、1∶500，设计坐标应与总平面图的坐标网一致。① 应标出场地范围内拟保留的植物，若属于古树名木，则应单独标出；② 应分别标出不同植物的类别、位置、范围；③ 应标出每种植物的名称和数量，一般乔木用株数表示，灌木、竹类、地被、草坪用每平方米的数量（株）表示；④ 绿化设计图，根据设计需要，宜分别绘制上木设计图和下木设计图；⑤ 选用的树木图例应简明易懂，不同树种甚至同一树种应采用相同的图例；⑥ 当同一植物规格不同时，应按比例绘制，并有相应表示；⑦ 重点景区宜另出设计详图。

3. 苗木表

苗木表可与种植平面图合一，也可单列。① 列出乔木的名称、规格（胸径、高度、冠径、地径）、数量，其中数量宜用株数或种植密度表示；② 列出灌木、竹类、地被、草坪等的名称、规格（高度、蓬径），其深度需满足施工的需要；③ 对于有特殊要求的植物，应在备注栏加以说明；④ 必要时，标注植物的拉丁文学名。

（八）工程不同具体情况的其他相关内容总平面图

当工程简单时，上述图纸可以合并绘制。

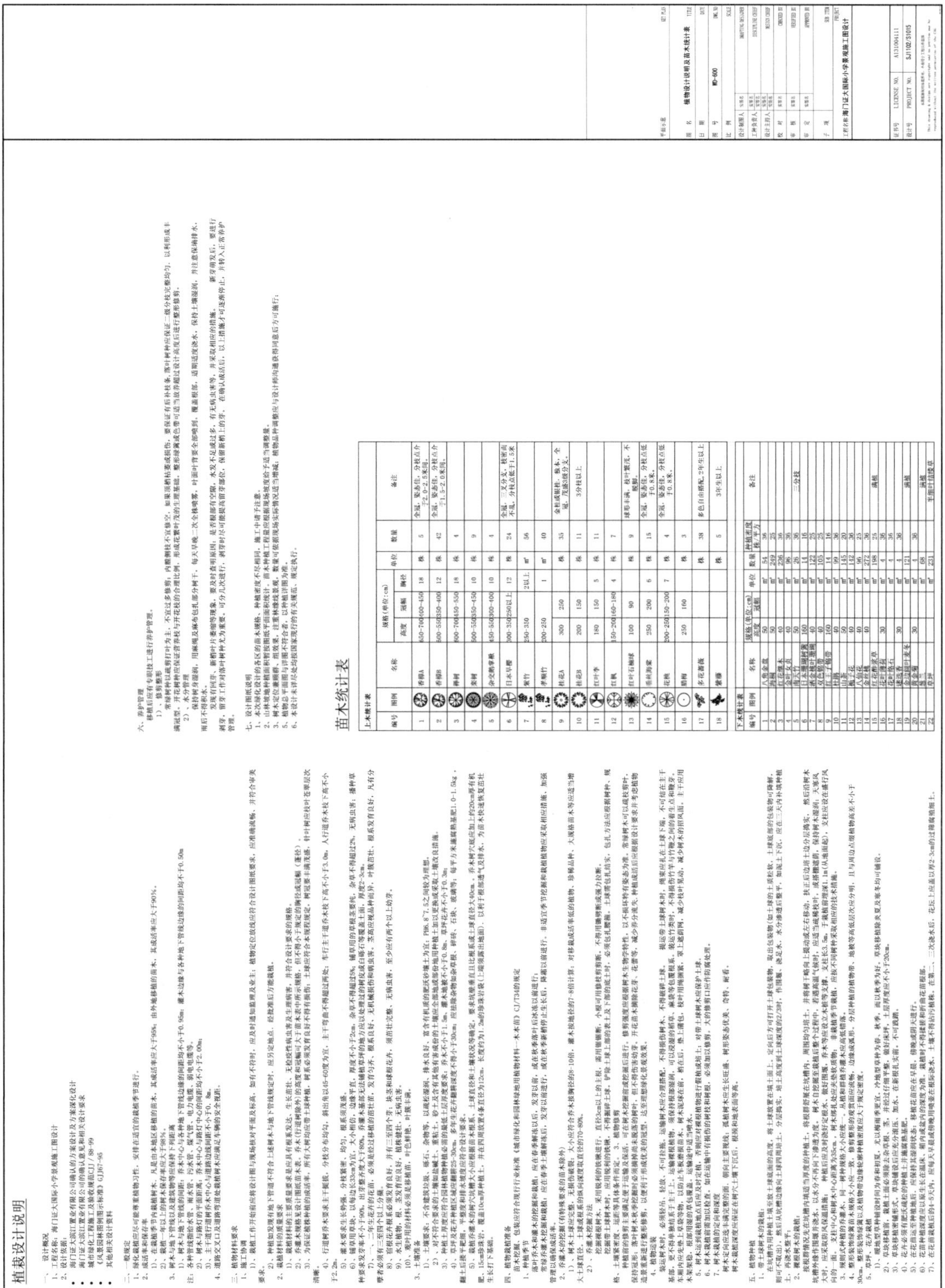

植栽设计说明

一、设计概况

二、一般规定

三、植物种植材料及要求

四、植物种植施工程序

五、植物种植

六、养护管理

七、设计图纸说明

苗木统计表

上木统计表

下木统计表

图5-18　施工图设计——设计说明及苗木表

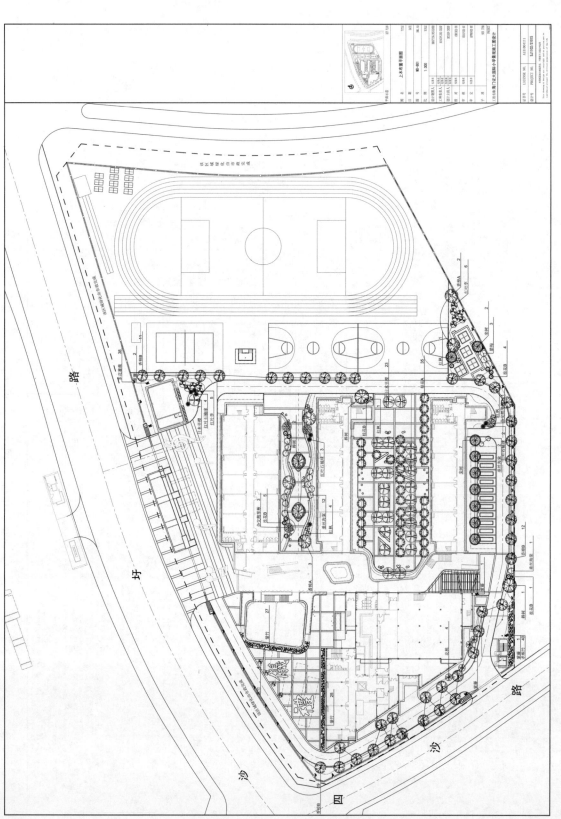

图5-19 施工图设计——土木设计图

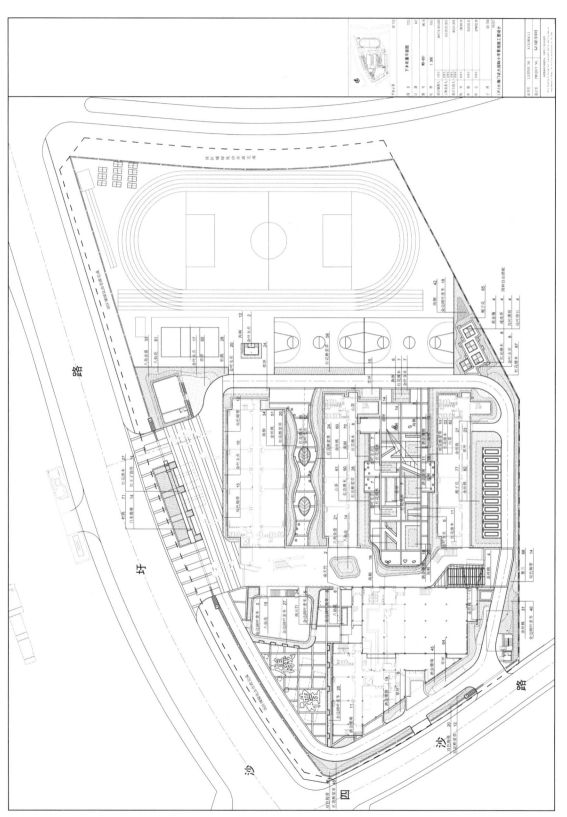

图5-20 施工图设计——下木设计图

二、详图系列图纸

详图系列图纸主要是道路、铺地、景观小品及建筑设计的逐项分列，宜以单项为单位，分别组成设计系列文件。详图施工图设计的说明可注于图上，内容包括设计依据、设计要求、引用的通用图集及对施工的要求。单项施工图的比例要求不限，以表达清晰为主。单项施工详图的常用比例为 1∶10、1∶20、1∶50、1∶100。单项施工图设计应包括平、立、剖面图等。在单项施工图上，应标注尺寸和材料，应满足施工选材和施工工艺要求。单项施工图详图设计应有放大平面、剖面图和节点大样图，标注的尺寸、材料应满足施工要求。标准段节点和通用图应诠释应用范围并加以索引标注。

详图系列图纸主要内容包括道路、铺装（见图 5-21）、排水沟（见图 5-22）、排水井、驳岸、台阶、花池、花钵、坐凳、水景（见图 5-23）、景墙、亭廊、游戏设施、雕塑、围墙、岗亭等各类小品和特色设施的主要平面图、立面图、剖面图等。

三、结构设计图纸

结构专业设计文件应包含计算书、设计说明、设计图纸。

（一）计算书

内部技术存档文件，一般有计算机程序计算与手算两种方式。

（二）设计说明

1. 主要标准和法规，相应的工程地质详细勘察报告及其主要内容。

2. 采用的设计荷载、结构抗震要求。

3. 不良地基的处理措施。

4. 说明所选用结构用材的品种、规格、型号、强度等级、钢筋种类与类别、钢筋保护层厚度、焊条规格型号等。

5. 地形的堆筑要求和人工河岸的稳定措施。

6. 采用的标准构件图集，如特殊构件需做结构性能检验，应说明检验的方法与要求。

7. 施工中应遵循的施工规范和注意事项。

（三）设计图纸

包括基础平面图、结构平面图、构件详图等内容。

　　　　　　　　　　　　　　　　　　　　　　　　　　　景观规划设计

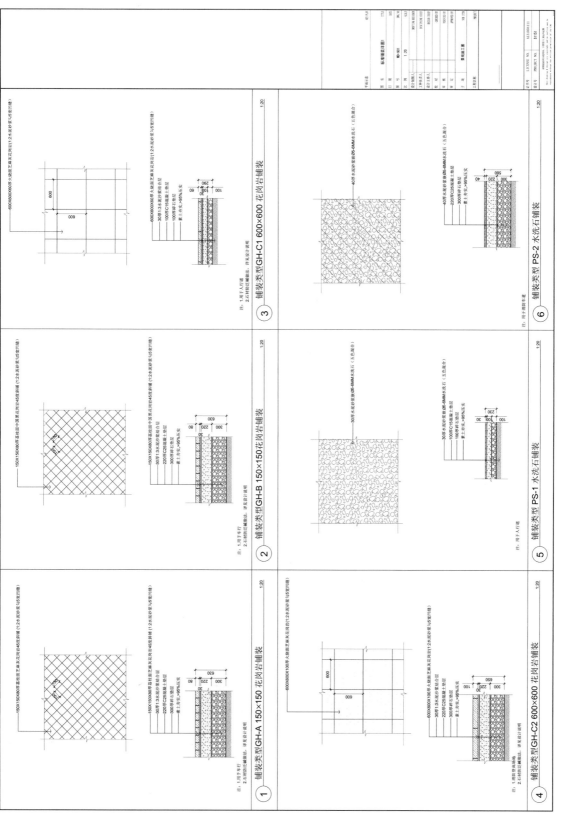

图5-21 施工图设计——铺装详图

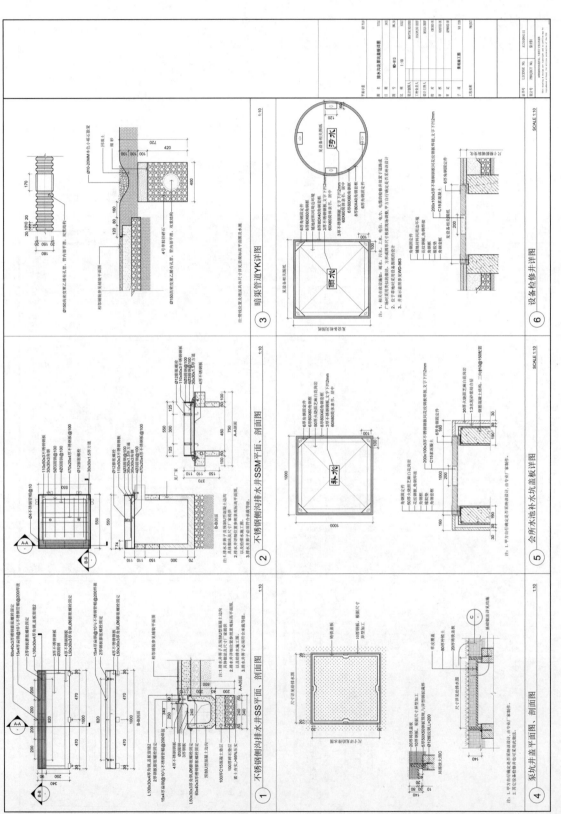

图5-22 施工图设计——排水沟详图

① 不锈钢侧沟排水井SS平面、剖面图

② 不锈钢侧沟排水井SSM平面、剖面图

③ 暗架管道YK详图

④ 泵坑井盖平面图、剖面图

⑤ 会所水池补水坑盖板详图

⑥ 设备检修井详图

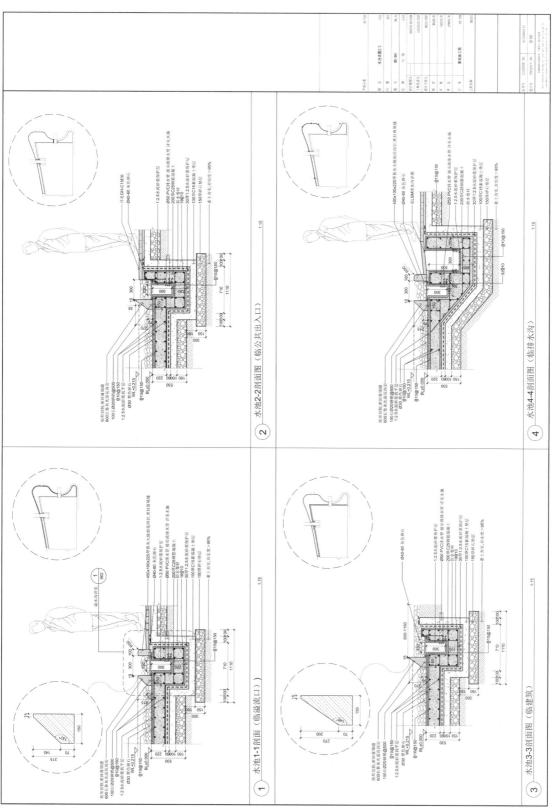

图5-23 施工图设计——水景详图

四、给水排水设计图纸

给水排水设计文件应包括设计说明、设计图纸、主要设备表。

（一）设计说明

1. 设计依据简述。

2. 给水排水系统概况，主要的技术指标。

3. 各种管材的选择及其敷设方式。

4. 凡不能用图示表达的施工要求，均应以设计说明表述。

5. 图例。

（二）设计图纸

1. 给水排水总平面图。

2. 水泵房平面图、剖面图或系统图。

3. 水池配管及详图。

4. 凡由供应商提供的设备（如水景、水处理设备等），应由供应商提供设备施工安装图，设计单位应加以确定。

（三）主要设备表

包括主要设备、器具、仪表及管道附件配件的名称、型号、规格（参数）、数量、材质等。

五、电气设计图纸

包括设计说明、设计图纸、主要设备材料表。

（一）设计说明

1. 设计依据。

2. 各系统的施工要求和注意事项（包括布线和设备安装等）。

3. 设备订货要求。

4. 图例。

（二）设计图纸

1. 电气干线总平面图（仅大型工程出此图）。

2. 电气照明总平面图，包括照明配电箱及各类灯具的位置、各类灯具的控制方式及地点、特殊灯具和配电（控制）箱的安装详图等内容。

3.配电系统图（用单线图绘制）。

（三）主要设备表

包括高低压开关柜、配电箱、电缆及桥架、灯具插座、开关等，应标明型号规格、数量，简单的材料（如导线、保护管等）可不列。

六、预算文件

预算文件的组成内容应包括封面、扉页、预算编制说明、总预算书（或综合预算书）、单位工程预算书等，应单列成册。封面应有项目名称、编制单位、编制日期等内容。扉页应有项目名称、编制单位、项目负责人和主要编制人及校对人员的署名，加盖编制人注册章。

第五节 后期服务

后期服务是景观规划设计的工作内容中极其重要的环节。首先，景观规划设计师应为甲方做好服务工作，协调相关矛盾，与施工单位、监理单位共同完成工程项目；其次，一些景观规划设计的成果（如地形、假山、植物配置的设计等）在施工过程中可变性极强，只有设计师经常深入现场、不断把控，才能保证工程项目的建成效果，充分体现设计意图；最后，由于图纸与现实总有实际的偏差，有时设计师需要在施工现场对原设计进行合理调整，才能达到更好的建成效果。

一、施工前期服务

施工前，设计师需要对施工图进行交底。甲方拿到施工图后，首先会联系监理方、施工方对施工图进行看图和读图。看图属于总体上的把握，读图属于对具体设计节点、详图的理解。之后，由甲方牵头，组织设计方、监理方、施工方进行施工图设计交底会。在交底会上，甲方、监理、施工各方提出看图后发现的各专业方面的问题，各专业设计人员将对口进行答疑。一般情况下，甲方的问题多涉及总体上的协调、衔接，监理方、施工方的问题常涉及设计节点、大样的具体实施，双方侧重点不同。由于上述三方是有备而来的，并且有些问题往往是施工中的关键节点，因而设计方在交底会前要充分准备，会上要尽量结合设计图纸当场答复，现场不能回答的，回去考虑后尽快做出答复。另外，在施工前，设计师还要对硬质工程材料样品及对绿化工程中备选植物进行确认。

二、施工期间服务

施工期间，设计师应定期与不定期地深入施工现场，解决施工单位提出的问题。能解决的，现场解决；无法解决的，要根据施工进度需要，协调各专业设计人员尽快出设计变更图来解决。同时，设计师应进行工地现场监督，以确保工程项目按图施工。另外，设计师还应参加施工期间的阶段性工程验收，如基槽、隐蔽工程的验收。

三、施工后期服务

施工结束后，设计师还需要参加工程竣工验收，以签发竣工证明书。另外，有时在工程维护阶段，甲方要求设计师到现场勘察，并提供相应的报告来叙述维护期的缺点及问题。

案例赏析 》》》

太仓裕沁庭景观施工图设计说明

第一部分：总体景观设计说明

1. 设计依据

1.1 积水置业（太仓）房地产开发有限公司确认的方案设计及方案深化设计

1.2 积水置业（太仓）房地产开发有限公司的确认意见和相关设计要求

1.3 积水置业（太仓）房地产开发有限公司工程设计合同

1.4 与本工程相关的现行国家标准设计规范

1.4.1 《风景园林图例图示标准》（GJJ 67–95）

1.4.2 江苏有关园林标准法规及规定

2.项目概况

2.1 景观工程

太仓裕沁庭景观施工图设计,建设地点为太仓城区,建设单位为积水置业(太仓)房地产开发有限公司。

2.2 工程规模

本景观设计的性质属于居住用地,基地西邻娄江南路,南为上海东路,东侧与北侧均为建设用地。景观设计面积为 63 312 m²。设计工程量包括室外工程、绿化栽植及景观建(构)筑物。

计量单位:凡场地设计中的铺面工程、有屋盖的建筑物等,均以建筑面积 m² 计;展带工程,如道路、围墙、沟渠、驳岸等,均以 mm 计;散点工程,如标志物、室外桌椅等休闲设施,按组、套、个计;桥梁按座计;停车场规模按停车辆数计;其他复杂项目,如主题雕塑群或水景等,单独列计。

3.平面定位

3.1 本工程区域限定在规划征地图核准的红线范围之内,沿用既有地形测量图显示的城市坐标网络定位,以周边测量界标或已有固定的和设计的建(构)筑物的选定部位作为参照物,引出本工程的定位依据,并据此为景观平面形态的设计界定相应的坐标值。

3.2 设计中,特殊形体的平面图(如弧线状的条带等)按所需位置和朝向设定相对原点,展开标准模数的方格网,框取图案形象,以利施工放样。

4.设计标高

4.1 本工程标高采用黄海高程。

4.2 凡起伏道路与露天平台等各游人涉足地面,其最低点标高不得低于当地规划控制标高,景观的最高点标高按设计控制,各部位的标高绝对值见竖向设计图及各区域局部放大图。

4.3 景观地面土丘的等高线若标注为相对标高时,应注明其与绝对标高的换算关系。

4.4 建筑物的室外散水处标注建筑物四周转角或对称两角处室外地坪标高。构筑物的标注是标注具有代表性的标高,并用文字注明标高所注的位置。

4.5 道路标注路面中心及变坡点标高,铺砌场地标注铺砌面层完成面标高。

4.6 挡土墙标注墙顶及墙角标高,路堤、边坡标注坡顶和坡脚标高,排水沟标注沟顶和沟底标高。

5. 尺寸标注

5.1　本设计尺寸采用法定长度单位计量 m 制，标注格式按建筑制图标准。

5.2　凡图面尺寸的标注，除标高以 m 为单位外，绿化种植以 cm 为单位，其余均以 mm 为单位。

5.3　若图面尺寸比例有出入，应以所标注尺寸的数字为准，所有图示尺寸须在现场施工放样时进行复核修正，不可度量图纸。

6. 合格样板

指定的样板应与已批准的样板一致或在认可范围内。在实际完工之前，要保持样板状况良好。

7. 基地防蚀处理

施工单位应预先计划及竭尽全力将现场及下游区域的径流和腐蚀减到最少，必要情况下应采用不仅限于以下的控制措施：

- 分段施工操作；
- 施工期间对受损区域进行修复；
- 建临时的排水口；
- 贯穿现场的集中导流须设置于不会造成损害的地点处。

施工单位应负责设计、施工、运行和维护临时腐蚀控制措施，并在不需要时负责将此措施撤离。

8. 废弃材料的安排

除非另有批示，否则所有清扫、修剪物小规模挖掘、建筑物等所产生的碎片或残弃物要与垃圾一起清理出现场。

第二部分：硬景分项工程设计说明

1. 施工原则

室外工程，无论围墙、门景、敦柱，道路、广场、车坪，窗井、雨棚、花架、台阶、坡道、挡墙，水景、驳岸、喷池，车棚、旗杆、标牌，山体、水池、桥梁，跌水、瀑布、汀步，路障、车挡、导栏，摄影、小卖铺、话亭，休闲、服务、公厕，散水、明沟、管井，凡此各项，均须在对各有关图纸的施工中完善落实结构构造的安全稳妥、形体色彩的和谐适度和细部处理的精确无患，保证整体大环境集散功能的安然和畅顺，以实现景观的综合情趣和环境效益。上述一般未做专门要求的常规构造细节，应按图标及行业规范标准执行。本设计除了在本项目的图纸中所依的主题表达外，凡采用的标准图、通用图、重复利用图等，不论是选用局部节点还是全部详图，均应按照各设计图纸的有关节点和说明合理套用，全面配套施工。

2. 墙体工程

2.1 本工程砖砌体均采用 M7.5 水泥浆砌筑 MU10 机砖。

2.2 围墙、花池等砖砌体的下部，距室外地坪 60 mm 处设防潮层一道，其做法为抹 20 mm 厚 1∶2.5 的水泥砂浆，内掺 5% 的防水剂。

2.3 本工程的墙体，除技术性功能需要外，同时有装饰的要求，不论是否有石材饰面或涂料饰面。

2.4 挡土墙，如采用干垒式挡土墙施工应结合专业厂家施工，砌块由专业厂家提供，施工结构以厂家的图纸为准。

3. 预制铺装及花岗石材

3.1 按平面图及大样图指示的标高及斜水方式铺砌地面。在工作开始前，应该彻底清理基础水泥板层。在铺地施工前，施工面表面应该彻底弄湿，但须清理多于水注。铺装广场排水坡度不小于 0.3%，人行道坡度为 2%～3%，车行道坡度为 1%～1.5%，所有流线型园路需按方格放线，保证曲线流畅、自然。

3.2 按大样图示安排预制铺装材的铺置。铺置的样式 / 纹样大样已在大样图中表示。铺砌时需按图纸指示，以达到合适及准确的纹样效果。承包方须负责提供必需的附加填料，以达到图纸中的标高要求。

3.3 所有铺装单元需上全面、充足的灰泥黏合物料，铺装单元下的黏合层须无气孔虚位。在施工期间至验收保养期，如发现有不合格的铺装黏合，须发还重做。

3.4 梯级的竖板及面板安装，须配以水泥黏合底层（承包方在系统施工前须先取得场地监督的许可）。

3.5 承包方需经常小心注意铺装单元的拼装按设计图纸而行。除特别注明需以不同深浅调子的石材装选效果的部分外，一般同色同材的铺装面需选用调子相近的材料，以营造色调均衡、平整，无任何凸显色块的表面或图纸以外的效果。所有被现场监督拒绝的用材，需立即移离场地，并由承包方自费替换新用材。

3.6 在少于 3 m 长的直边铺装上，铺砌面与指定标高间的容许差距不得多于 10 mm。相邻两块铺装间的接缝误差值为 ±2 mm。

3.7 所有铺装材间的接缝及其与树井、侧石、渠位间的接缝，需保持直线感，在转折位置造平滑、顺畅的收口。

3.8 混凝土铺装广场及园路需设置伸缩缝。当路宽小于 5 m 时，混凝土沿路纵向每隔 4 m 分块做缩缝；当路宽大于 5 m 时，沿路中心线做纵缝，沿路纵向每隔 4 m 分块做缩缝；广场按 4 m×4 m 分块做缝。混凝土纵向长约 20 m 或与不同建筑衔接时做胀缝。所有填缝材料选用沥青橡胶嵌缝条。

3.9 所有铺装块间的接缝需完全以接缝沙填缝。

4. 砂浆层

4.1 一般施工技术指导说明亦适用于景观墙的砂岩及石材饰面。

4.2 所有使用的砂浆为 1：3 的水泥与沙混合成浆，水泥须与约 25% 的粉煤灰（市面有包装产品）混合。沙必须洁净、清洗过、中等幼细，并且没有被染色和风化的问题。

4.3 所有墙面石材推荐使用干粉砂浆砌筑。

4.4 设备用面的铺装需做负重大于 80 mmPa 的水泥砂浆层。

4.5 灰泥层至少要达 25 mm 厚。灰泥接缝一般为 5 mm 宽，以保证铺装单元平整。所有接缝要做到收口平滑，无溢出至铺装表面。

5. 铺装完成后清理

5.1 铺装完成后，清洁所有铺装面，将其表面的所有黏结、滋出灰泥或水泥、表土、沙、树皮碎等杂物清理干净。

5.2 不要使用盐酸类（带腐蚀性）清洁剂清理铺装材料。

6. 金属制品

6.1 金属材质。使用的金属需要符合其功能、表面处理、制作方法、强度和硬度方面的要求。结构钢材为 250 级，结构钢材中空切面为 250 级或 H250，保持干净整洁，没有凸刺和破损。去除所有锋利的边缘及适当的圆弧。

6.2 接缝拼接需要精确细缝。在上漆或进行其他表面处理前，露面的焊缝均须铣平磨光，或按不同铁材要求采用适当的方法处理。

6.3 金属镀层。镀层之前要完成焊接、切割、钻孔和其他装配工作。除非另有说明，否则锌镀层和其他类似镀层要使用热浸法，将所有外露铁质材料镀锌。

6.4 金属制品涂漆。在指定涂漆的地方（包括装饰性和保护性镀层），均需要如下处理：露明部分刷防锈漆一度、铅油二度或银粉漆二度，不露明部分刷防锈漆二度，完成面采用热浸法处理。

7. 木制品

7.1 木材应符合国家防腐及加压处理，及标示相关 "H" 等级或提供经处理过的证明。

7.2 公差度。除非另有说明，木材交叉部分的实际尺寸会与图中所示有所差别，由现场调整。

- 标尺硬木：容限为 +2 mm、−0。
- "刨具标尺"软木：容限为 +3 mm、−0。

7.3 成品尺寸。除了用如"标准"或"超出"或"等同"等词标注的尺度，刨削过的木材的实际尺度不能少于规定的尺度。机械刨削每面最大容许为−3 mm（北极软木为−5 mm）。

7.4 工艺。内部合缝接头及外部采用斜接缝。指定接缝处色彩均需与相邻部件匹配。加固不能用于露明的接缝面。其他接缝面必须越小越好，并保持与所核准之配套盖帽的一致性。

7.5 喷漆。确保底漆、保护层及内层漆适用于基层，并且与饰面料相协调。除了锈漆和其他清晰或透明的装饰，每层着色都应与前层有明显区别。

除特殊说明的两层机制外，喷漆机制应包含不少于三层，其中一层由车间或工厂喷头层漆。如需灌注或密封多渗水的底层，或为达到特殊规定或设计的颜色、不透明性或膜厚度，可使用两层底漆，但需满足以下前提：

- 外表面只使用生产商推荐的油漆；
- 修复或损害露面须以新品程序处理。

8. 螺栓螺丝

使用适应工种的标准型号，能承负对应荷载及压力，并足以保证安装牢固。十字埋头钉（菲利普型）或凹头螺钉，钉头须与表面整平。石工螺钉按国家规格，使用标准型号的现有膨胀螺栓套件。

9. 混凝土

承包方要选用合适的水泥并采取混凝土浇筑方法，以防止干燥裂痕和塑性开裂之类问题的产生。在实际交工时，混凝土完成面若没有达到裂缝不大于 0.1 mm，承包方须修复及更换不良的混凝土，以达到要求。路面放线须垂直及水平。直线以两个定点定线。在路弯处，将用单线弧度标注，所有路面须标桩及经批准后方能施工。在标桩未经过施工监督批准及确认前，所有施工工作都不能开工。

注：步行通道的施工工作应该在绿化和种植工作之前进行。根据指导重新排列和调整水泥道路和砖节点。若无其他说明，所有的钢件加固结构须有 30 mm 的复盖。若无其他说明，所有尺度以 mm 表示。

9.2 不能对新浇筑的水泥烘干，并且要保护其不受过热或过冷温度的影响。在混凝土浇筑期间和之后，多风的情况下要使用防风设备保护其表面。在混凝土养护期间，要保持其处于适宜的恒温条件并将其水分蒸发限制到最小。对于不符合本说明的养护方法，未经过现场监督的批准不予使用。

9.3 根据工程师要求设置伸缩缝。所有结构接缝须与面层缝对应设置。

9.4 在硬水泥上浇注新水泥之前，将硬水泥表面凿毛并彻底清理所有松软的、隐藏的多余物质。在灌入新水泥前，将现有水泥表面浸水至饱和并用水泥和沙 1：2 比例的砂浆层将其覆盖。

9.5 伸缩缝要设置在结构工程师制定的间隔处，以及水泥和其他硬表面的接缝处。使用聚氯乙烯胶泥为接缝密封剂。在膨胀和收缩缝处，按要求放置镀锌钢加固销。

9.6 按要求设置控制施工缝。

10. 标识、艺术性小品、雕塑

标识、艺术性小品等仅提供方案或意向性参考，具体形体设计由专业制造商或雕塑公司进行深化设计。

11. 地面工程统一做法

11.1 非承载花岗岩地面铺装做法

从上至下逐层为：

- 铺装面层；
- 30 厚 1：3 干硬性水泥砂浆结合层；
- 100 厚 C15 混凝土垫层；
- 100 厚碎石垫层；
- 素土分层夯实，夯实系数不小于 95%。

11.2 非承载透水砖地面铺装做法

从上至下逐层为：

- 透水砖；
- 30 厚垫砂层；
- 100 厚 C15 混凝土垫层；
- 100 厚碎石垫层；
- 素土夯实，夯实系数不小于 95%。

11.3 承载花岗岩地面铺装做法

从上至下逐层为：

- 铺装面层；

- 30 厚 1 : 3 干硬性水泥砂浆结合层；

- 150 厚 C15 混凝土垫层；

- 200 厚碎石垫层；

- 素土分层夯实，夯实系数不小于95%。

11.4 承载透水砖或烧结砖地面铺装做法

从上至下逐层为：

- 透水砖；

- 30 厚垫砂层；

- 150 厚 C15 混凝土垫层；

- 200 厚碎石垫层；

- 素土夯实，夯实系数不小于95%。

11.5 管理紧急用通路区域，基层按承载铺装做法，花岗岩改为50厚。

12. 湿贴石材贴面统一做法

从外到内逐层为：

- 石材专用硅酮耐候密封胶密封勾缝；

- 面层贴面（石材全面积喷涂有机硅防水剂、防碱背涂剂或其他无色护面涂剂）；

- 20 厚 1 : 2.5 聚合物水泥砂浆（对于水池或与水接触部分，水泥砂浆应掺10%的防水剂，地面墙根下设置防潮层）；

- 10 厚 1 : 2 水泥砂浆找平层（基层表面应坚固，且干净、平整，无起砂、起壳、空鼓等缺陷，表面应毛糙不得压光）；

- 砖砌体 / 混凝土砌体（混凝土砌体需用混凝土界面剂进行界面处理）。

13. 防止石材泛碱现象的预防措施

13.1 施工前准备

1. 设计上考虑消除泛碱现象，尽可能设计成干挂形式；考虑好结构的防水处理；选择吸水率及其他物理性能符合要求的石材板等。

2. 施工前要充分考虑可能发生泛碱现象的各施工工艺环节，提前做好预防措施，若无把握，应先做样板。

3. 有关材料应先检验后使用，不但要求外观、尺寸合格，其物理性能指标也要合格。

13.2 使用防碱背涂剂

1. 石板安装前在石材背面和侧面背涂专用处理剂，该溶剂将渗入石材堵塞毛细管，使水、Ca(OH)$_2$、盐等其他物质无法侵入，切断了泛碱现象出现的途径。

2. 在石材板底涂刷树脂胶，再贴化纤丝网格布，形成抗拉防水层，但切不可忘记在侧面做涂刷处理。

3. 贴水景的花岗岩时，砂浆层加黏结剂，防止泛碱现象。

13.3　减少 $Ca(OH)_2$、盐等物质生成

1. 户外铺装可采用水泥基商品胶黏剂（干混料），它具有良好的保水性，能大大减少水泥凝结泌水。

2. 作业前不可大量对石材和墙面淋水，适当淋水后要等石材晾干后方能铺装。

3. 在铺贴完成后，室外石材可全面积喷涂有机硅防水剂或其他无色护面涂剂。

14. 水池防水工程统一做法

从上到下逐层为：

- 铺装面层；

- 30 厚 1：3 干硬性水泥砂浆结合层，内掺 5% 的防水剂；

- 200 厚 C25 钢筋混凝土；

- 30 厚 1：2.5 水泥砂浆保护层；

- 4 厚 SBS 改性沥青防水卷材；

- 刷基层处理剂一遍；

- 30 厚 1：2.5 水泥砂浆保护层；

- 100 厚 C20 素混凝土；

- 150 厚级配碎石垫层；

- 素土夯实，夯实系数不小于 95%。

拓展阅读 >>>>

"以人为本" 的设计

设计，是一种有意识地将某些构思和意念进行物化的科学有序的理性活动。这种活动受社会生产力条件、历史文化背景及审美思想体系的制约。设计过程中通常要考虑诸多的因素，但是究其本质，其中最关键的就是处理好设计者、设计对象与设计受众这三者之间的关系，它们之间彼此制约与作用，构成了设计过程中最基本的原则。设计的本质是为人类服务而创造的实践活动，对此，设计者在设计中必须加以认清，并且应时刻在设计过程中运用一种"起之于人，归之于人"的设计思维方式，以"人"

的尺度来把握设计造物。人的需要是人们活动的内在动力。在设计中，设计者要想做出好的设计作品，应该对设计细节进行把握，而这种把握应该从对人性的关怀开始。

"以人为本"的设计理念是客观决定的，设计是为人服务的，这一点是从人类制造和使用工具（也就是我们今天所说的产品）开始的，从来不应该改变或异化。设计服务的对象始终是人，设计的基本特征是技术性与人性的浑然一体、人与物的高度融合，并且充分表现人类的智慧、情感和文化。设计中"以人为本"不是单纯地强调功能性的设计行为，应该是一种思维方式或价值取向。这种思维方式或价值取向是通过长期的积累而慢慢形成的，这种意识会贯穿整个设计的过程，而不只是出现在设计的某个环节或者部分的结果上。设计者在分析、解决问题时，既要坚持"物"的尺度，也要坚持"人"的尺度，要处理好物、功能、价值等的实现与人之间的关系。另外，设计中坚持"以人为本"的原则进行设计，也应该包括对人的限定及对人的利用，可以考虑人与产品发生关系时所产生的效益，即设计中设计受众与设计对象要保持一种持续的相互作用的双向关系。

景观设计中的"以人为本"

现代城市功能的不断多元化使人们的审美倾向和生活需求变得更具有差异性和独特性，人们对生活方式和生活质量的要求也有所提升。人性化的景观设计不仅给生活带来方便、给空间创造美感，而且让使用者与景观之间的关系更加融洽。在景观设计中，人与景观保持着一种持续的相互作用的双向关系。设计师将人的意识形态表现在景观作品上，景观也同时被人体验和享受着。人有衣食住行、社会交往、情感交流等需要，而景观设计的目的就是满足人在物质功能和精神功能上的需求。景观设计研究的主要目标是对人的居住环境进行生态化、景观化、宜人化、舒适化的改造。优秀的景观设计既应强调人性化设计的空间功能，又要秉持尊重自然、利用自然、设计结合自然的观点，给人一种回归自然本真的归属感。

在2011年北京大学建筑与景观设计学院举办的国际论坛上，叶普·埃格德·安德森这位丹麦设计师兼艺术家在丹麦的一个项目令人印象深刻。项目目标是对一个海岛进行重新设计，以满足人的使用并带来景观效果。这个区域作为可持续发展的项目之一，基地海水拍打到海面上会形成另外一种效果，但具有一定的高度，人们无法看到和使用这个空间。设计师和他的团队采取了一种很巧妙的设计方式，他们在基地中加入了一些大的平台石，人们可以坐在上面，这让景色变得非常干净、深远而美好。这个设计在当地非常受市民的欢迎，许多市民在平台石上悠闲地聚会或闲聊，或者一个人看书、晒太阳、发呆。政府发现市民非常喜欢这个项目，所以市长让他们在其他的海岛边缘地带也做了这样的设计，以分散一些人群，项目完工后依然有很多人使用这个空间。这个项目虽然是在自然海岸边加入了规整的人造形状设置物，但是从审美角度来看，这种组合没有生硬感，反而让人感觉很和谐，更重要的是，人们能很好地享受到人造物带来的乐趣与空间实用性。叶普·埃格德·安德森相信改变的能力，只要运用了对的方式，人们便会随着设计师的设计方式而行动。好的景观设计应该是人性化的、功能性的、美观的，评价一个设计的好坏最直接、最简单的方法就是，看看人们是不是喜欢与这个景观发生互动。

功能性需求

设计过程中的功能性特征是设计受众在长期的生产生活演变过程中所产生的基本性需求的体验。人的行为需要影响并改变着景观环境空间的形式。例如，在一个公园里，我们可以从人们在午间时分享受公园环境的行为中观察出人们对景观和环境的需求与关注点。人们关注的不是这个环境的设计师，而是拥有阳光、可以提供午餐的地方，由此可见，人的行为需要是空间设计的基本依据。从功能出发，"以人为本"的景观设计就要以人为中心，综合考虑群体的人、社会的人，考虑群体的局部与社会的整体结合、社会效益与经济效益的结合，使社会的发展与更为长远的人类的生存环境相和谐、统一。"以人为本"的景观设计不仅要给生活带来方便，更重要的是，应当使使用者与景观之间的关系更加融洽，"人为"的景观环境能最大限度地迁就人的行为方式，体谅人的感情，使人感到舒适、愉悦，而不是以一种逼迫的姿态让使用者去适应它、迁就它、理解它。设计师应当为人们的生活提供更好的方式和模式，而不是限制或强制人们改变原有的生活方式。

个体情感需求

"以人为本"的景观设计应满足受众个体的情感需求，这种情感需求不仅包括受众个体由景观优质的使用功能带来的愉悦、舒适的体验，也包括景观的个性化满足个体情感的个性需求。景观的个性化是指在一定时空领域内，某地域景观作为人们的审美对象，相对于其他地域所体现出的不同审美特征和功能特征。景观的个性化是一个国家、一个民族和一个地区在特定的历史时期和地区的反映。它体现了某地域人民的社会生活、精神生活以及当地习俗与情趣在其地域风土上的积累。设计作品只有与当时当地的环境融合，才能被当时当地的人和自然所接受、吸纳。景观规划设计应该将地区的文化古迹、自然环境、城市格局、建筑风格等特色因素综合起来考虑，创造出舒适宜人、具有个性且有一定审美价值的公共景观空间。一个城市或地区在其形成、发展过程中所具有的独特的历史底蕴、景观风貌、文化格调等能提升该地区的形象，从而提升其地位和经济效益，进而提升居住者的自豪感和归属感。如果人们对于自己居住的环境较为满意并感到舒适、愉悦，那从景观的角度来看，产生的附加效益也将是无法估量的。

生态价值体现

设计的生态是相对于自然的生态而言的，也就是人工的生态，或者说是人工设计的生命（包括人）与环境相互作用的系统。在工业高速发展、城市化脚步越来越快的今天，人类生存空间的延续性与生态环境有着紧密的联系。景观的生态性设计应配合当地的自然环境特征和人文风俗习惯，充分利用地域特点，充分考虑阳光、雨水、河流、土壤、植被等因素，从而维护自然环境的平衡。例如，景观设计中植物若多选择当地品种，不仅性价比高、易成活，而且能营造出与当地环境相融的植物群落生态系统。景观环境构筑物、公共环境设施设计产品材料等若尽量使用当地产的材料，建造成本也会更经济、合理。生态性设计还应该通过景观环境不断地向公众进行潜移默化的渗透性教育。生态性设计应着眼于人与自然的生态平衡关系，在设计过程的每个决策中，都应充分考虑环境效益，尽量减少对环境的破坏，强调人与自然环境的和谐共生，保护人居环境的生态美，保护生物系统多样性。"以人为本"但不"因人而损"，人为的景观设计的目的在于创造出人与自然环境相协调、适于人类的、更好的自然生态可持续发展的空间。

复习思考

一、景观规划设计的主要内容有哪些？涉及哪些专业分工？

二、概述景观规划设计步骤分为哪几个阶段以及各阶段的重要性。

三、阐述景观规划设计前期阶段的勘察要点和分析内容。

四、阐述方案设计的主要图纸和具体设计要点。

五、阐述扩初设计阶段和施工图设计阶段的图纸在表达深度和内容上的差异。

第六章

Chapter 06

商业、办公景观

第一节　商　业　景　观

  现代商业对其周围景观环境的要求随着经济和社会的发展而不断提高。商业景观在丰富商业内容、完善服务标准、提高服务质量、改善商业设施条件、优化消费环境、打造生活休闲空间宜居适度及不断满足广大人民群众日益增长的物质文化生活需要等方面发挥着重要作用，对现代商业发展的活力和动力的激发作用显得越来越重要。

一、商业景观规划设计的概念

  传统商业的定义是以货币为媒介进行交换从而实现商品流通的经济活动。与传统商业活动相比，现代商业中心不再只是狭义地买卖商品、进行货物流通的场所，现代商业活动的范畴已大为扩展。人们需要的不仅是一个购物消费的场所，而是注重综合体验和感受，这使得商业中心成为人们社交、游戏和休闲的公共场所。

  商业景观规划设计是针对现代商业空间所做的景观环境规划设计。它整合室内和外部商业空间的空间资源，以一种现代景观理念配合商业业态和人们购物心理进行专项规划。现代的商业空间不单是人们进行商业活动的场所，也是人们工作之余进行社交活动和休闲活动的多功能复合空间。它可以体现一个城市的进步和文化，映射这个城市的精神面貌，因此商业空间的设计被赋予了更多的意义。

二、商业景观规划设计的特点

（一）景观与商业

景观对商业活动有促进作用，有助于推动商业活动的发生和发展，活跃商业环境的氛围，同时也能最大限度地服务公众；而商业业态、消费群体定位、建筑、空间流线等决定了景观的要素构成和形式。

（二）现代商业景观与商业行为

现代商业中人们的行为方式（包括购物、漫步、休憩、饮食、交流、摄影等）是一种综合的行为，现代商业景观的建设则是为了满足人们在商业场所的这些特定行为，为人们提供愉快的购物环境、改变心情、促进消费，既实现了人与环境的互动交流，也带来了观赏价值，为商业场所聚集人流。

（三）多功能场所

现代商业景观是商业建筑和景观、商业环境之间的结合，不单是构成大众购物的场所，也是人们进行休闲活动的去处，是人们工作学习之余进行放松的一个多功能场所。一处好的商业景观能够体现一个城市的精神面貌，可以直接反映所在城市的进步和文化，甚至可以成为一个具有代表性的地标式象征。

三、商业景观营造基本策略

（一）景观与周围商业环境的融合

两院院士、清华大学建筑学院教授吴良镛早在1999年就提出：要融合建筑、地景与城市规划三位一体，打破城市规划、园林学与建筑学的界限，互相交叉，互为渗透。由此可见，景观设计是一种混合行为，在进行商业景观设计时，要与其周边城市的商业环境互相融合，进行综合考虑，不能把商业景观与其他方面作为对立的情况来简单描述，必须结合周围商业环境和业主对用途的需要，在初步构思、实地调研、选择材料、展现文化等方面都应该依照这一原则进行。

（二）根据商业活动行为心理，创造商业环境

现代商业场所不再仅仅是人们进行商业活动的地方，更是释放心情和寻找满足感的场所，因此商业景观不仅要满足消费群体的物质需求，更要考虑到其消费行为心理，以创造舒适而愉悦的消费环境。现代商业景观设计应通过从视觉、听觉、空间序列的营造等各个知觉体验层面增强人与环境的互动，从而营造宜人且令人印象

深刻的商业环境。

（三）结合其他产业，发展综合服务业模式

都市生活节奏的加快使人们需要一处满足多方面需求的地方，以减少交通和选择行为上消耗的时间，提高效率。而现代商业中心也已不再是单纯的购物场所，而是多种服务的综合体验胜地。因此，现代商业景观应满足人们进行社交、休闲等各种活动的需求，努力营建多功能场所，吸引客源群体，结合旅游观光，发展综合服务业模式，将商业和旅游业、文化等产业相结合，打造适应市场需求的新兴服务产业，为现代商业提供广阔的发展空间。

（四）尊重历史文脉

许多商业空间被规划在有历史风貌的传统街道中，那些久负盛名的老店、古色古香的传统建筑，犹如历史的画卷，会为步行商业街增色生辉。在这些地段设计步行商业街时，要注意保护原有风貌，不进行大规模的改造。最大限度地保持自然形态，避免大填大挖，因为自然形态具有促进人类美满生存与发展的美学特征。

四、商业景观规划设计的要点

（一）步行心理分析

首先，不同的人甚至同一个人在不同的年龄和时刻，对景观的评价是不同的。不同的使用者由于使用目的的不同而对景观也有不同的要求。购物者可能会非常关注步行商业街的建筑立面、橱窗、店招广告等；休闲娱乐者主要关注的是游乐设施、休闲场所；旅游者可能更关注标志性景观、街道小品及特殊的艺术表演等（如武汉金地中法仟佰汇广场，见图6-1）。步行时，如果视觉环境和步行感受无变化，则会让人感到厌倦。

（二）交通分析

1. 运动与通路。设计时应充分考虑人的运动心理，把紧张的运动与放松的运动有机结合起来，沿河散步道可以给人们提供一个曲折、延长的运动线路和放松休闲的观赏景观。采用坡道设计，提供带轮的步行交通，使设计更加人性化。确定适当距离的关键不仅是实际的自然距离，更重要的是感觉距离，通过景观节点的设置、景观设施来丰富人们的视觉感受，虽然单调、平直、呆板的街道很短，但人心里的感受距离却很长。

2. 人车分流。通过竖向的变化，使行车道路与人行道处于不同高差，人在商业街的购物会感觉安全，真正营造一个休闲、自由徜徉的街道环境。

图6-1 武汉金地中法仟佰汇广场

资料来源：澳派景观设计工作室（景观设计）

（三）空间分析

商业街的主要特点是因商业店铺的集中而形成了室外购物、休闲、餐饮等功能空间，商业街的店铺特色决定了其设计的核心就是让空间有用而舒适（如日本琦玉新城工厂旧址改造商业街，见图6-2）。

根据调查，一般商业街的尺度都控制在 8～12 m，这是针对两侧都是店铺的商业街而言的，而单侧式商业街则要在商业建筑前约 19 m 宽的范围内满足停车、行车和步行的功能，所以将商业街前面的步行街的尺度定为 5 m。又考虑到车行对人流的影响，利用竖向高差的变化将其划分成两个不同的空间。再根据建筑的轴线在相关节点上设置种植坛以形成景观序列，根据建筑的收放来控制台阶的收放。

（四）色彩分析

人对色彩有着很明显的心理反应。红色、黄色、绿色、白色可提高视觉辨识能力，多用于标志、店招广告等，突出步行街的商业气氛。另外，绿色植物可缓解紧张情绪，花卉可带来愉快的感觉。步行街景观是动态的，并应该具有良好的视觉连续性。

图6-2　日本琦玉新城工厂旧址改造商业街

景观规划设计

（五）景观节点

以景观意境为线索，按其所处位置的不同及功能的不同设置大小不同的三大景观区，它们既互相联系又具统一性（一般通过轴线的控制来实现）。三大景观区包括入口广场与商业街区、旱喷泉广场区和邻水大草坪区，分别满足人们购物、娱乐、休闲的动态活动功能，动静分区的过渡功能，人们交流、休息、思考、冥想的静态活动功能（如北京望京国际商业中心，见图6-3）。

图6-3　北京望京国际商业中心

资料来源：易兰规划设计院（景观设计），扎哈·哈迪德建筑事务所（建筑设计）

第二节 办 公 景 观

办公场所从早期的办公楼、高层写字楼、摩天大楼向绿色思潮推动下的生态办公空间发展，在此过程中，办公区外部景观逐渐占据重要地位，生态转型迫在眉睫。在中央商务区新高层和超高层办公楼群的建设中，也更多地引入了生态概念。由于外部空间面积有限，将绿化引向建筑内部及屋顶。然而，我国办公空间外部景观设计不容乐观，在工作重压下，员工自杀事件偶有发生，亚健康群体队伍还有扩大趋势。现阶段，我国办公区由缺少对景观设计的重视逐步向美观、绿色目标行进，但人本关怀在设计中严重缺失。

一、办公景观规划设计的含义

每栋建筑都会构成两类空间，即内部空间与外部空间。内部空间全由建筑物本身形成，外部空间是相对内部空间而言的。建筑实体的"内壁"围合的"虚空"部分形成了建筑的内部空间，那么建筑实体的"外壁"与周边环境组合而成的空间就形成了建筑的外部空间。这个外部空间从自然中划定，它是由人创造的有目的的外部环境。由于被框框所包围，外部空间建立起从框框向内的向心秩序，在该框框中创造出满足人意图和功能的积极空间（如上海海航办公楼，见图6-4）。

图6-4 上海海航办公楼景观效果图

资料来源：GMP建筑事务所

二、办公景观规划设计的分类

（一）按照企业性质分类

不同的企业性质代表了不同的企业功能需求，因此根据企业性质将办公区外部景观分为行政办公区、科研办公区、商务办公区、办公园区等。

（二）按照办公区地理位置分类

办公区地理位置决定了办公区的外部空间面积及用地紧张程度，而用地面积是制约景观设计的主要因素，因此根据办公区地理位置将其分为中央商务办公区、经济开发区、城市其他区域。

三、办公景观规划设计的要点

（一）边界

边界是一种具有异质性的过渡空间，具有限定、引导、融合的功能，起到分割空间、调节结构、引导视线、控制交通的作用。

1. 开放式边界设计，如人行道、绿化带。

2. 边界景观柔化，即由草坪、树木、土丘构成的开放式设计。

3. 封闭式边界设计，如树篱、围栏、墙壁。

边界的开放程度主要取决于企业需求，例如北京西单商业区的中国银行办公大楼依照城市界面，通过广场空间营造了开放环境，为员工创造了宁静安全的办公环境。

为了免受外界干扰，很多办公园区采用封闭式边界设计，并在大门设置保安，有利于保障员工安全、减少园区维护费用。为大众服务的办公楼往往使用开放式边界。

（二）大门

首先，大门（如宁波新希望·董麟上府售楼处大门，见图6-5）是企业的重要标志，它决定了企业给人的第一印象。建筑形态是影响大门设计的重要因素，它们往往存在于视觉界面，因此大门风格需要与建筑风格统一。其次，大门设计可能是有主题性的，例如历史纪念性、象征性等。最后，要关注大门与标识物、围墙、树篱的协调性。我国不少企业的大门形式雷同，缺乏特色。

图6-5　宁波新希望·董麟上府售楼处大门
资料来源：上海栖地建筑规划设计有限公司

　　　　　　　　　　　　　　　　　　　　　　　　景观规划设计

（三）道路

功能性、安全性、清晰度和路向的完美结合形成了流线，道路成为办公园区设计的主要考虑因素。道路服务于风景，而非统治风景。

1. 机动车道

办公园区边缘机动车道容量较大，核心区机动车道容量较小。机动车道设计的出发点在于发展人行区容量，利于人车分流以保障安全性。

2. 自行车道

自行车以省时、健身、低价、无污染等特点深得人心。自行车并不限于在校园和工厂中使用，也深得办公人员的青睐。美国波士顿公园委员会在报告中曾说：自行车像一匹安静的战马。因此，需要精心设计自行车道：为路面格局提供方便快捷，并通过路面设计处理将人们的车行速度控制在合理范围内；情况允许时设置专门的自行车道，并设置安全、防雨的自行车停放处。

3. 步行道

步行道的一般宽度为 0.6～1 m，而营造充满野趣的小径的最窄宽度可以达到 0.3 m。其倾斜度为 3% 时是最优设计，达到 5% 时会产生不舒适感。道路设计必须考虑步行道的尺寸、长度、交叉及表面处理方法，这样给人的感受会不相同。通常情况下，步行 400～500 m 是可以接受的，但是如果一条长 500 m 的道路平淡、单调、无景可赏，则给人的心理距离会变长。交叉路口处可以通过改变铺路材料或铺路方式以及道路两旁的植物变化提示行人前方路口。步行道的铺地材料会影响路面功能及脚底触感：树皮、碎石给人柔软的感觉，秋天踏落叶使人感受自然氛围，身心会感到更加温暖；硬质铺装则更加便于行走，材料可选择砖、瓦片或混凝土等。在调研中我们发现，无论是步行道还是漫步小径，为方便排水，路面多为弧线设计。

（四）机动车停车场

1. 停车场必须满足便捷性。停车场应设置在方便进出并可快速到达办公园区主要建筑的区域，同时设置明确的指示系统和照明系统。

2. 停车场的车位数量要适宜，尽量集中设置。根据各城市规划设计准则，合理设置车位数量。另外，停车场应具有隐蔽性，如种植高大的乔木庇荫及浓密的灌木以形成绿色视觉屏障。

3. 尽可能营建绿色的停车场。传统停车场带来了大量的热辐射，形成了热污染且占用了大量绿地，解决停车与绿化环境的矛盾的关键就是营建绿色的停车场。

（五）水景

在美丽的花园或优秀的景观元素中，细致的水景设计显得很重要。水景包括江、湖、河流、小溪、池塘、喷泉等。水的可塑性极强，具有渲染气氛、调节心情的作用。静水可使人心旷神怡、平静心态，活动的水带来勃勃生机。由此可见，水体对人产生的生理及心理作用都使它不得不在办公园区中成为重要角色（见图6-6～图6-8）。

图6-6　济南中粮祥云·生活艺术馆水景

资料来源：笛东规划设计（北京）股份有限公司（景观设计）

图6-7　宁波新希望·董麟上府水景

资料来源：上海栖地建筑规划设计有限公司

景观规划设计

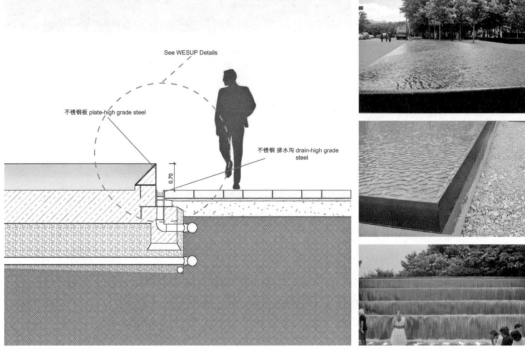

图6-8　上海海航办公楼水景透视图及详图

（六）小品

　　艺术为人们带来灵感、高品质的生活和美好的视觉享受。雕塑、小品与景观的融合会使空间趣意盎然。雕塑风格时常代表企业理念或者企业精神，其寓意深刻。它可能在宣扬历史感，强调公司是一家历史悠久的企业，也可能以新奇、灵动的艺术风格宣扬公司的创新、年轻与活力。我们在办公园区中加入艺术品，创造艺术氛

图6-9　宁波新希望·董麟上府艺术小品
资料来源：上海栖地建筑规划设计有限公司

围浓厚的空间，员工会从中感到自豪，同时增加客户对公司的印象，可宣扬企业文化尤其是企业历史，更可以凝聚力量（见图6-9）。

（七）声环境

噪声通常给人不适感，但是当隔绝外界一切声音时，人们会出现心情烦乱、害怕、空虚之感。轻微噪声不仅有利于工作者高效投入工作，还有利于缓解工作中所产生的压力。因此，设计中可以通过在办公园区的边界设置绿篱等方式，有效隔绝办公园区外的交通噪声；同时营造适宜的声音，例如通过设置树林中的鸟鸣声、自然水体产生的水流声或轻柔的音乐等方式，放松人们的心情，使其精力更加充沛。

（八）沟通与交往空间

互相接触交流，可以促进同事间的情感，增强团队精神，并使其获得自我实现与被尊重。研究显示，两个在同一幢办公楼不同楼层上班的人在任何一个工作中相遇的概率仅有1%。据有关调查，有相当一部分员工离职的原因是公司内部员工的人际关系不和。马斯洛的需要层次理论也提出了社交的重要性。著名的霍桑实验提示了人们关心友谊、尊重、温情、关怀这些社会性需要。人们从事工作不仅仅是为了挣钱和获得看得见的成就，对于大多数员工来说，工作还满足了他

图6-10　济南中粮祥云·生活艺术馆

资料来源：笛东规划设计（北京）股份有限公司（景观设计）

们社会交往的需要（见图6-10）。因此，获得同事的认可和支持会提高员工对工作的满意度。

从环境设计角度而言，办公景观规划设计可以为人们创造舒适的交流空间，提供更多的交流机会，并在其中得到自我实现和获得尊重。Owens Corning公司总部搬入新办公楼后，将之前95%的个人空间下调到70%、合作工作空间则上升至30%后大受欢迎，人们逐渐感受到沟通的重要性。我们大致将办公环境中的沟通分为如下几种：

1. 协作。有计划地协调不同部门或群体关系，通常在会议室中进行。

2. 非正式沟通。主旨个体分管某工作，通常发生在办公室走廊或午餐时的偶遇。

3. 即发性沟通。创造新思维、新观点，与同事、朋友等随时随地进行交流。

每种类型的沟通需要不同的环境场所，办公环境设计中必须考虑创造足够的供各方信息交流的空间。在办公外部空间中，人际交流通常以所谓的"小群生态"方式进行，三五成群地交谈。研究显示，这种非正式沟通和即发性沟通往往比正式沟通更加有效，主要的交流时间包括工作时间、用餐时间、宵夜时间、休息时间等，因此平台上特色的茶吧、咖啡厅、餐厅、围合庭院等都可为非正式沟通提供场所。

休憩与交往空间是办公园区中办公功能与休闲功能相互渗透的空间场所。办公人员在休息中进行人际交往，情感交流，思维碰撞，疏导焦虑、疲劳与烦躁情绪，减轻工作带来的紧张程度，同时从交流中获得人与人之间的相互尊重，是生活化与人性化的空间，是满足人生理需求最为关键的精神场所。在现代文明社会中，所谓空间，就是人们休憩与交往的场所。空间不仅是围合的结构，关键在于创作一个积极的行为场所，其设计合理，并且能使员工产生凝聚力、提高工作满意度。任何设计都包含私密空间、公共空间、半私密性与半公共性空间。私密空间与公共空间分别鼓励休憩与交往的实现。对于休憩与交往空间的开放性与封闭性的限定，既要有内向性的私密会谈区，又要有外向性的公共聚会场所，其开放与封闭程度取决于空间的围合程度、形态等。

（九）办公园区空间

城市办公园区在城市生活中扮演着越来越重要的角色，多由人们工作与学习场所构成，承载着城市中的人们最基本的社会生活内容。日常的景观体验通常在这里发生，人工与自然在这一层面上有着最深入的交流。因而，城市中各类办公园区景观空间对于维持城市的自然形态与社会生态具有重要的意义。各类城市办公园区是城市重要的功能主体，也是公园景观构成的重要组成部分。其整体合理而恰当的景观规划设计会对提升城市整体形象起到重要作用（见图 6-11）。

在对城市办公园区进行景观规划设计选址时，需要综合考虑园区自身的发展、类型与特性，结合城市整体的定位与发展，使之互相融合与促进。不再是园区内建筑的单一建设和场地的简单定位、圈划，而需要注意园区的建筑，结合场地的形态和区位情况，还有本地区的生态情况及园区周边城市的景观空间，再进行统筹规划设计和定位。

图6-11　济南中粮祥云·生活艺术馆

资料来源：笛东规划设计（北京）股份有限公司（景观设计）

　　鉴于以上认识与分析，在城市办公园区的景观建设中，要注意区域和相对静态工作区的建筑设计，同时兼顾园区整体与周边城市的景观、园区内建筑物与园区内景观并重及相互补充与协调的关系，以为办公园区内的工作人群提供更舒适、怡人的日常工作环境，摆脱只有机器生产活动相关的单调、枯燥的工作内容。更多自然景观和植栽融入，建筑功能与生产活动相适应的同时更多地与场地景观构建相融合，为办公园区空间添入更多的舒适感与活力。此外，办公园区若因为自身的生产活动而产生工业废料，应结合景观生态性建设和可持续发展原则，对此进行合理的处理。

第三节 屋顶花园景观

一、屋顶花园的概念

屋顶花园是一种将建筑艺术与绿化技术融合为一体的综合性的现代技艺，它使建筑物的空间潜能与绿色植物的多种效益得到了完美的结合和充分的发挥，是城市绿化发展的崭新领域。广义的屋顶花园是指在建筑和构筑物的顶部、围墙、桥梁、天台、露台，或是大型人工假山山体等上进行的绿化装饰及造园活动。狭义的屋顶花园是指在屋顶绿化的基础上，把地面花园的部分设计手法应用于屋顶上，创造丰富的景观，为人们提供观光、休息、纳凉的场所。屋顶花园作为一种特殊的绿化形式，它并不是现代建筑的产物，更不是现代园林中新出现的绿化形式，它的历史可以追溯到距今 4 000 年以前。曾经苏美尔时期亚述古城有一座大庙塔，英国考古学者伦德·伍利爵士发现这座庙塔的第三层平台上有大树的种植痕迹，在之后的 1 500 余年才发现真正的屋顶花园——著名的巴比伦空中花园，它被称为"古代世界七大奇迹之一"。随着城市化进程的加速、建筑用地的日趋紧张、人口密集区的不断增加等，人们不得不充分合理地利用有限的生活空间，这就使得屋顶花园成为现代城市建设和建筑发展的必然趋势。

二、屋顶花园的类型

（一）庭院式屋顶花园

庭院式屋顶花园风格是园林景观和园林小品的实现，在休闲区添加传统的建筑小品，如亭、廊、假山和瀑布，可以营造意境悠远的效果。

（二）苗圃式屋顶花园

苗圃式屋顶花园风格主要是指种植经济作物，进行科研、生产。其中，主要种植果树、中草药、蔬菜、花木等经济作物。这种风格适合有较大面积的屋顶，绿植栽种为其重要组成部分，屋顶上可以为人们提供休闲娱乐的场地略少。

（三）综合式屋顶花园

综合式屋顶花园风格是将各种风格集成在一起，形成了一个更高层次的丰富景观。优雅的休闲环境，既可以满足商业性质、商场和大型酒店，又可以为不同层次和不同的人提供服务（见图 6-12 和图 6-13）。

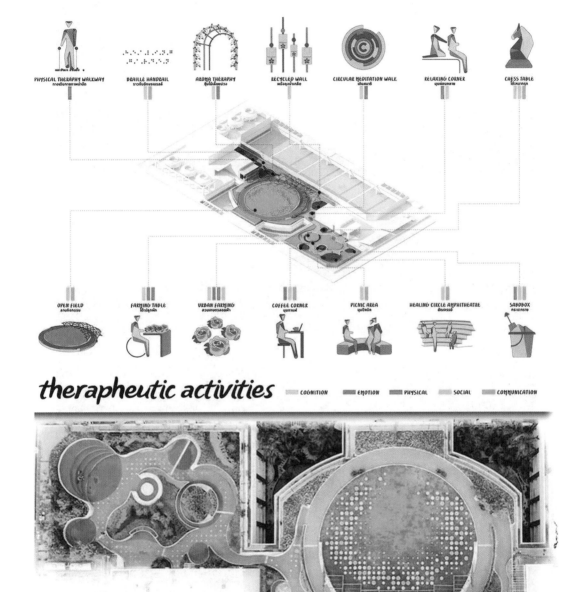

图6-12　泰国 Ramathibodi Healing Garden（1）

图6-13　泰国Ramathibodi Healing Garden（2）

景观规划设计

（四）森林式屋顶花园

森林式屋顶花园又可称为绿岛式屋顶花园，一般用于一些荷载比较大、条件比较好的屋顶，以乔灌木种植为主。其作用是为城市环境中生存的鸟类、昆虫提供良好的栖息地，对一些比较珍贵的植物进行保护性种植。这将是未来生态城市建设的重要节点，可积点成面发挥重要的生态恢复效应。

三、屋顶花园设计的要点

（一）植物造景

屋顶花园以植物造景为主，所提供的植物面积需占到屋顶花园总面积的 70% 以上，强调把生态效益、景观效益放在首位。植物种植能起到调节空气温度、水分平衡的作用，屋顶植物首先应具有能使建筑物降温的功能，其次还能起到物种保护的作用，这就要求有充足数量的植物。植物是屋顶花园的根本，给屋顶以生命力，为屋顶创造一种意境、一种氛围。屋顶花园植物选择应比地面花园植物选择更加严格，需选择浅根性的乔木及灌、花、草、藤类植物，尽可能选用适应性强、生长缓慢、病虫害少的植物。为满足植物根系生长需要，通常人工土考虑 15 ~ 40 cm 厚，局部可设计成 60 ~ 80 cm 厚；土壤应采用轻型人工土，常用的轻型土壤包括树皮、珍珠岩、泥炭、蛭石等，再按比例混合田园土、腐殖土、陶粒等质量轻的机质，从而满足植物在屋顶花园中的生长需要。

（二）铺装

屋顶花园的铺装和地面花园的铺装所起的作用几乎相同，但又有其特殊性。一方面，屋顶花园常能被居住更高楼层的人们所见，因此铺装应考虑外观的可视性；另一方面，屋顶上缺乏大树，因此很少有能为人们提供庇荫的地方，如果铺装材料反射眩光，在阳光直射区域会造成人眼的不适，需要选择如石材、砂岩、花岗岩、混凝土等无反射性的铺装材料。园路的铺装要灵活、贴近自然，沙砾和小石子能在屋顶花园中形成很好的视觉效果，可根据不同的需要配以不同规格、不同颜色的石材，还可设计成弧形，以增添屋顶花园的趣味性。防腐木既可减少屋面的质量，又能凸显生态自然的效果，给人以亲切感。

（三）水景

水是园林中不可缺少的重要部分，水景的存在可赋予屋顶花园洁净之美、流动之美。水的表现形式可以是瀑布、水池、小溪、喷泉、水雾，也可以存在于容器中。

水景中可以种植水培植物，起到净化水的作用。在提倡屋顶花园中大量使用水的同时，必须考虑安全因素。鉴于要保证水的质量，尽量用浅水，可用黑色材料铺设于水池底，以营造深不可测之感。

（四）种植容器

屋顶花园中可普遍使用种植容器，如罐子、砖、石头、混凝土等。种植容器能很好地突出植物，将其烘托为屋顶花园的亮点。在开花季节，其可以作为草花植物的临时安身之处；在不开花的季节，也可以栽种开花灌木等树木，作为其结构元素。在使用这些材料时，应注意在种植容器内部用沥青等材料密封，这样能防止由于水从缝隙中渗出而破坏种植容器的外观（见图6-14）。

图6-14　上海海航办公楼屋顶平台详图

（五）其他

屋顶花园中的设施可以是木制、金属或塑钢等适应各种天气变化的表面材料。最好设置固定的家具，既能延长家具的使用寿命，也能增加屋顶花园的安全性。座椅的摆放是必不可少的，可为休息之用，还可以配以遮阳伞来增加人们在屋顶花园

景观规划设计

中的舒适度。

四、屋顶花园的结构设计

（一）屋顶花园的设计原则

屋顶花园以植物造景为主，把生态放在首位。我们把"以人为本，第二自然"作为屋顶花园的设计总原则，具体归纳了以下五点：

1. 适用是屋顶花园的最终目的；

2. 精美是屋顶花园的特色和造景艺术的要求；

3. 安全是屋顶花园营造的基本要求；

4. 创新是屋顶花园的风格；

5. 经济是屋顶花园设计与营造的基础。

（二）屋顶花园的结构层

屋顶花园的基本分层情况如图 6-15 所示。

1. 植被层：可选择各种规格、各类花园植物，种植根须较短的植物。

2. 种植土：一般采用园土为基础，然后加以泥炭土、珍珠岩、蛭石、腐殖土、黏土和其他松散的混合物，作为屋顶花园的种植土。

3. 过滤层：使用无纺布、玻璃纤维布，也可以用塑料布，以保持适度的渗透；铺设不黏合，可以直接重叠搭接。

4. 蓄排水层：选用 5 cm 厚的泡沫铺设，也可以用海绵垫。现在一般采用成品蓄水板，将蓄水层、排水层合二为一。可选用 2 ～ 3 cm 粒径的碎石或卵石作为排水层，厚度一般设定为 10 ～ 15 cm。

5. 保护层：使用细石混凝土或 1∶3 水泥砂浆。

6. 隔离层：使用 PE 膜或聚酯无纺布。

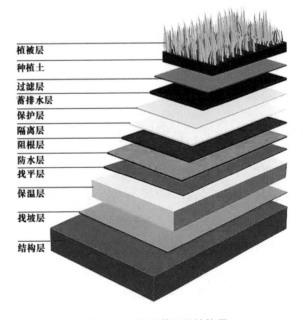

图 6-15　屋顶花园的结构层

7. 阻根层：按规定选择聚氯乙烯卷材、沥青油毡、中密度聚乙烯土工布。

8. 防水层：一般防水层需要做二道防设，以确保防水效果；可采用高分子卷材、沥青基卷材和涂料。

9. 找平层：可直接把砂浆抹在屋顶上，找平即可。

10. 保温层：一般要轻，大部分采用聚苯板、硬质发泡聚氨酯。

11. 找坡层：采用轻集料混凝土等，坡度为 1% ～ 2%。

12. 结构层：一般建筑物决定了楼体的结构层，大部分建筑物是钢筋混凝土，因考虑防水，建议采用新型防水材料，再按设计重做防水层。

（三）土壤的选择及处理

植物也是一种生物，与其他所有生物相同的是，只有在合适的条件下才能正常生长。因此，需要特定的生存环境，所有条件都必须合适，植物才可以正常生长。从许多屋顶花园的设计要求来看，可以证明植物生长基质使用田园土是不恰当的，一定要改良土壤，满足屋顶上植物的生长条件。

（四）绿化苗木的选择

种植绿化苗木的方法主要包括地栽、盆栽、桶栽、种植池及立体种植。其选择不仅要考虑功能和外观，还要考虑屋顶荷载。若在栏架上种植绿篱，不适宜太高，种植方向相对于风向平行。

（五）屋顶花园的布局

屋顶花园和地面上园林的布局几乎是一样的，但在设计上依然分成三种模式：自然式、规则式和混合式。

五、屋顶花园的施工建设

（一）屋顶的荷载

在屋顶花园建设的同时，必须考虑结构承重架、屋面防水和排水系统、植被的生态特征和生存率，以及一些景观园林和其他科技领域的问题。在种植土壤和植被的选定中，首先应该考虑材料的荷载。在田园土作为生长基质的同时，也可引用新型种植基质。新型种植基质的优点是质量轻，具有良好的保水性和透水性。

屋顶花园内适合种植一些低矮的灌木植物，尽可能在木质容器中种植矮小树，并放置在墙或柱上。为了减轻屋顶荷载，要把比较重的人造景观（如假山、亭台、廊架、水池等）放在框架的承重部分或墙面跨度较小的位置，要尽可能更多地选取轻型材料，如人造石、泥炭土等。

（二）屋顶花园的防水与施工

防水层的质量影响屋顶花园和建筑物的寿命，如果有渗漏现象，会造成部分甚至全部返工。因此，屋顶花园的技术关键在于防水层的施工处理，这也是设计者及业主较重视的问题。

1. 原屋顶防水层存在的缺陷

结构楼板层和防水层最常出现渗漏之处是与天沟、檐沟、山墙、女儿墙的交界处等地方。尤其是刚性防水屋面，最怕遇到由建筑物的沉降导致防水层出现裂缝而引发漏水。产生裂缝的原因很多，如屋面的热胀冷缩和屋板的挤压变形等。

2. 屋顶花园中水的处理

若屋顶花园内频繁使用储水灌溉、喷泉，也可能导致屋面渗漏。一般在房屋建筑工程中，很少考虑到屋顶花园的滤水和废水的处理。灌溉水，池塘中植物的根、叶、泥土及其他杂物，排水中残存的杂物都可能会导致阻塞，从而导致屋顶积水和渗水。防止屋顶花园漏水的技术措施如下：在建筑物上建设屋顶花园要考虑建筑物本身的承重能力及屋顶防水层的处理，还要考虑屋顶植被以后生长产生的质量。

3. 防水层施工要点及注意事项

（1）做防水试验和确保有良好的排水系统

在建设屋顶花园之前，必须进行两次防水处理。首先应当考虑原防水层的性能检测，需要进行四天四夜的闭水试验，过程中要仔细观察其防水效果。如果96 h不漏水，说明屋面防水效果好。

（2）不伤原防水层

在第二次防水处理时，除去屋顶隔热层，不要破坏屋顶防水层。取后要清洁、冲洗，以提高黏附强度。当防水层施工时，不应穿孔洞、管线等。

（3）注意材料质量

新型防水材料应选择市场上高温不流淌，低温不断裂，不老化、防水效果很好的材料。施工时务必严格按要求操作。

（三）屋顶花园的排水系统及施工

屋顶做防水处理主要是为了解决屋面渗漏，但是屋面的防水与排水是两个方面，所以做好屋面防水处理的同时也需要做好屋面排水处理，否则防水再好也是无济于事。具体的排水方式有明沟排水和暗管沟排水。我们要了解建筑物屋顶结构的承载能力，并根据工作人员的引导进行制作排水层的前期准备。

泰国国立法政大学 Rangsit 校区屋顶花园

该屋顶花园位于曼谷市中心以北的泰国国立法政大学 Rangsit 校区。设计师表示，过去的都市设计过度使用水泥、柏油等，对地球造成的负面影响包括破坏生物多样性、形成热岛效应等，因此希望通过绿色建筑设计，结合植物、有机农场、太阳能、防洪、农产品生产等概念，让市民拥有一个舒适的绿色空间，以应对气候变迁的冲击。

该屋顶花园包含了雨水管理系统、亚洲最大的有机屋顶农场。通过现代景观设计原理与传统农业知识结合，设计师希望更有效利用空间，确保居住安全与粮食生产，尤其是水资源的妥善利用。该屋顶花园的整体设计为 H 形，并以区块堆砌成梯状（见图6-16），当雨水落下时，会沿着锯齿状的坡度流下，并被层层土壤吸收，而多余的雨水则会被导流到蓄水池中，容量可达 10 000 000 L。和普通的混凝土建筑相比，其雨水流速会降低 20%，能防止大雨期间突发性的洪水泛滥。

图6-16　泰国国立法政大学Rangsit校区屋顶花园（1）

该屋顶花园拥有约 7 000 m² 的农场，种植有机的耐旱水稻、泰国茄子、泰国红辣椒等 50 种稻米、蔬菜和草药，其梯田结构则是受泰国稻米种植的启发，也是对泰国稻田、农业史的致敬，并已完成多次收成。

农场每年可以为校园餐厅提供约 20 t 的稻米与蔬菜。餐厅内产生的厨余可以被制成堆肥再回到农场，而蓄水池中收集的雨水也可以用来灌溉，完美地创造了一个在地的循环系统。此外，该农场更为学生开创了室外永续课程的场域，并为农民与社区成员提供了工作机会，通过集体的合作（包括播种、收割等）培养新一代的农民，进一步提升社区的共识与意识（见图 6-17 和图 6-18）。

图 6-17　泰国国立法政大学 Rangsit 校区屋顶花园（2）

图6-18　泰国国立法政大学Rangsit校区屋顶花园（3）

景观规划设计

体 验 经 济

从农业经济、工业经济和服务经济到体验经济的演进过程，就像母亲为孩子过生日准备生日蛋糕的进化过程。在农业经济时代，母亲是拿自家农场的面粉、鸡蛋等材料，亲手做蛋糕，从头忙到尾，成本不到 1 美元。到了工业经济时代，母亲到商店里花几美元买混合好的盒装粉回家，自己烘烤。进入服务经济时代，母亲是向西点店或超市订购做好的蛋糕，花费十几美元。到了今天，母亲不但不用烘烤蛋糕，甚至不用费事自己办生日聚会，而是花 100 美元将生日活动外包给一些公司，请他们为孩子筹办一个难忘的生日聚会。这就是体验经济的诞生。

相 关 概 念

体验（Experience）通常被看成服务的一部分，但实际上，体验是一种经济物品，像服务、货物一样是实实在在的产品，不是虚无缥缈的感觉。体验是企业以服务为舞台、以商品为道具，环绕着消费者，创造出值得消费者回忆的活动。其中的商品是有形的，服务是无形的，而创造出的体验是令人难忘的。与过去不同的是，商品、服务对消费者来说是外在的，但是体验是内在的，存在于个人心中，是个人在形体、情绪、知识上参与的所得。没有任何两个人的体验是完全一样的，因为体验是来自个人的心境与事件的互动。

主题体验设计，即一个题目的设计在一个时间、一个地点和所构思的一种思想观念状态。从一个诱人的故事开始，重复出现该题目或在该题目上构建各种变化，使之成为一种独特的风格，而根据消费者的兴趣、态度、嗜好、情绪、知识和教育，通过市场营销工作，把商品作为"道具"、服务作为"舞台"、环境作为"布景"，特别是使顾客在商业活动过程中产生美好的体验，甚至当过程结束时，体验价值仍长期停留在脑海中，即创造一项顾客所拥有的美好回忆、值得被纪念的产品及其商业娱乐活动过程的设计，就是主题体验设计。

应使主题体验设计相对容易或强制性地进入人们生活的各个经济领域，如工业、农业、信息业、旅游业、商业、服务业、餐饮业、娱乐业（影视、主题公园）等。由于具有主题体验的思想和概念，主题体验设计除了注重"艺术＋技术"的传统理念外，设计师必须更加注重关于"市场营销＋戏剧舞台"的概念或文化建设，要求主题针对特定消费人群且更具有市场性，对市场营销知识的需求更加迫切，而另一个鲜明的特征就是"设计的戏剧化"，或者说"戏剧化设计"，这就要求设计师具备戏剧舞台艺术的知识。

体验经济（The Experience Economy）是服务经济的延伸，是农业经济、工业经济和服务经济之后的第四个经济类型，强调顾客的感受性满足，重视消费行为发生时顾客的心理体验。体验经济的灵魂或主观思想核心是主题体验设计，而成功的主题体验设计必然能够有效地促进体验经济的发展。在体验经济中，"工作就是剧院"和"每个企业都是一个舞台"的设计理念已在发达国家企业经营活动中被广泛应用。主题设计或主题体验设计在发达国家已经成为一个设计行业。体验经济也将成为中国 21 世纪初经济发展的重要内容和形式之一。美国的 B. 约瑟夫·派恩（B. Joseph Pine）、詹姆斯·H. 吉尔摩（James H. Gilmore）合著的《体验经济》，通俗地讲解了为什么体验的商业经济形态是建立在初级产品、产品、服务之上的，他们认为体验经济是未来的一种趋势。这本书的最后部分抛出了另一个概念：比体验更高一个层级的形态——变革。变革的概念在于变革提供商的产品即顾客，以引导方式让顾客得到想要的结果，最后获得收益。

基 本 特 征

非生产性　体验是一个人达到情绪、体力、精神的某一特定水平时，他意识中产生的一种美好感觉。它本身不是一种经济产出，不能完全以清点的方式来量化，因而也不能像其他工作那样创造出可以触摸的物品。

短周期性　一般规律是，农业经济的生产周期最长，一般以年为单位，工业经济的生产周期以月为单位，服务经济的生产周期以天为单位，而体验经济的生产周期是以小时为单位，有的甚至以分钟为单位，如互联网。

互动性　农业经济、工业经济和服务经济是卖方经济，它们所有的经济产出都停留在顾客之外，不与顾客发生关系。而体验经济则不然，因为任何一种体验都是某个人身心、体智状态与那些筹划事件之间互动作用的结果，顾客全程参与其中。

不可替代性　农业经济对其经济提供物——产品的需求要素是特点，工业经济对其经济提供物——商品的需求要素是特色，服务经济对其经济提供物——服务的需求要素是服务，而体验经济对其经济提供物——体验的需求要素是突出感受。这种感受是个性化的，在人与人之间、体验与体验之间有着本质的区别，因为没有哪两个人能够得到完全相同的体验、经历。

映像性　任何一次体验都会给体验者打上深刻的烙印，几天、几年甚至终生。一次航海远行、一次极地探险、一次峡谷漂流、一次乘筏冲浪、一次高空蹦极、一次洗头按摩，所有这些，都会让体验者对体验的回忆超越体验本身。

高增进性　一杯咖啡，你自己在家里冲，成本不过2毛。但在鲜花装饰的走廊，伴随着古典轻柔音乐和名家名画装饰的咖啡屋，一杯咖啡的价格可能超过10元，你也认为物有所值。在家里烧一盆洗头水，成本不会超过1元，但在美发店找一下放松、快慰的感觉，一次可能会花费几百元。截至目前，有幸进入太空旅游的只有美国富翁丹尼斯·蒂托等极少数人，蒂托为自己的太空体验支付了2 000万美元的天价。而一个农民两亩地种一年的产值不过上千元，一个工人加班加点干一个月的工资也不过几千元。这就是体验经济，一种低投入、高产出的暴利经济。

体验经济与旅游产业

马克思早就说过，忧心忡忡的穷人和满眼是利害、计较的珠宝商都无法欣赏珠宝的美。旅游活动也是如此。叶朗先生在国内较早地提出："旅游，从本质上说，是一种审美活动。离开审美，还谈什么旅游？旅游活动就是审美活动。"于光远先生同样强调："旅游是现代社会生活中居民的一种短期的特殊的生活方式。这种生活方式的特点是异地性、业余性和享受性。"他们都强调了旅游活动的休闲性与审美性，这是非常有见解的。我们从中国古代对"游"字的解释同样可以获得对旅游活动的休闲与审美特征的启示。"游"在《说文解字》中被解释为"旌之垂"，其本义是旌旗的垂落，自由自在地漂游，可引申为自由自在。朱熹这样解释"游"——"玩物适情"，意为在愉悦的生命中体验自由。由此我们可以这样理解旅游的含义：人在旅途（旅），自由地体验与欣赏（游）。旅游的意义就是自由生命的自由体验。

旅游需要休闲的状态，旅游需要自由的感受，旅游需要艺术的想象，旅游需要审美的情趣。阿尔卑斯山上山的公路旁立着一块提示牌："慢慢走，请欣赏"，这正道出了旅游的真谛。日本著名美学家今道友信将审美知觉表述为"日常意识的垂直中断"，这也可以作为对旅游状态的描述。真正的旅游者不应该是浮光掠影、走马观花、直奔目的地的匆匆过客，而应该是玩物适情、情与物游、品味全过程的体验者。这就需要我们在旅游景观的营造、旅游服务的提供等方面充分地考虑人的休闲、审美与体验的需求。如何提升旅游景观的审美境界，如何提升旅游服务者自身的审美文化素质，如何引导旅游者的审美情趣，已是人文旅游刻不容缓的重要课题。

一、商业、办公景观规划设计的类型有哪些?

二、当代商业、办公景观规划设计的主要原则有哪些?

三、简述不同类型的商业、办公景观规划设计的主要设计手法。

四、结合当代特色商业、办公景观规划设计案例,简述其主要创新点。

五、思考商业、办公景观规划设计的未来发展趋势。

Chapter
07

住区景观

第一节　住区景观概述

住区景观规划设计是对居住区空间内的路网、绿地、设施等多种因素进行的整体规划设计。在对住区景观进行规划设计时，要将居住小区的环境景观与住宅的建筑、室内、周边环境有机融合，营造与小区风格、主题相适应的宜居环境。

一、住区景观规划设计的原则

（一）整体性原则

住区景观设计必须考虑与整个小区的风格协调、统一。在对整个小区环境进行规划设计时，要充分把握好设计要点，将小区的景观内容、环境功能、结构布局、造型色彩等元素纳入小区整体环境关系中进行考虑。对小区各区域内的设计元素进行整体把握，对各空间关系的处理进行再创造，与住区整体风格融合、协调，将小区居民和整个自然生态环境的客观要求视为一个完整、和谐的统一体。

（二）实用性原则

住区的环境景观设计，要满足交通、安全、休闲娱乐等基本功能。在设计过程中，可根据居民的生活习惯和活动特点、不同年龄层次的生理和心理特征进行相应的景观环境布局，为居民提供便捷的生活服务空间，如小区内部的交通系统设置、公共设施配套（如儿童游乐场、健身运动场地、老年人活动场地、休闲广场等）及服务方式等。兼顾各项设施、设备的安全性，为居民提供完善、舒适的服务设施和户外活动场地，使居民们在交往、休闲、活动、赏景时更加舒适、便捷。

（三）生态性原则

在设计之初，在尊重、保护自然生态资源的前提下，根据景观生态学原理和方法，充分利用项目所在地的原生态山水、地形、树木花草、动物、土壤及气候因素等，合理布局、精心塑造出富有创意和个性的景观空间。因地制宜地创造出具有时代特点和地域特征的空间环境，避免盲目移植，使景观设计根植于地方土壤，设计出接近原生态的居住小区绿色景观环境。大力提倡将目前较先进的生态技术运用到环境景观的塑造中，以利于可持续发展。

（四）经济性原则

住区的环境景观设计，要顺应市场发展需求及地方经济状况，注重节能、节材，注重合理使用土地资源。要在保证各项使用功能的前提下，尽可能降低造价。提倡朴实简约，反对浮华铺张，有针对性地采用新技术、新材料、新设备，达到优良的性价比。既要考虑到环境景观建设的费用，还要兼顾到建成后的管理和运行的费用。

二、住区景观规划设计的特性

（一）共享性

强调住区环境景观的均衡和共享，让每套住房都能得到很好的景观环境效果，是住区景观设计追求的目标。公共使用场所（如健身运动场地、儿童游乐场等）的合理布局及公共设施的合理配置也属于共享性要求的范畴。

（二）领域性

领域性对集体活动内聚力的形成至关重要，也是邻里关系和谐的基础。领域性作为住区景观设计的重要元素，有明确的空间界定，可通过空间分割、围合来创造人们所需要的空间尺度。空间围合是指运用各种景观要素来划分空间领域，满足人们的视觉景观需求，形成多层次的空间深度，获得具有领域性的景观效果，为人们提供一处交流、休闲的场所，从而创造出一种安静、温馨、优美、祥和、安全的居家环境。

（三）文化性

崇尚文化是近年来住区景观设计的一大趋势。在实际规划设计中，可通过景观设计语言来适当地表现景观的文化象征性，营造住区环境景观的文化氛围。充分挖掘、提炼和发扬居住小区的文化定位，从而启发和引导居住者的文化需求方向，以满足居住者健康、高尚的精神需求。

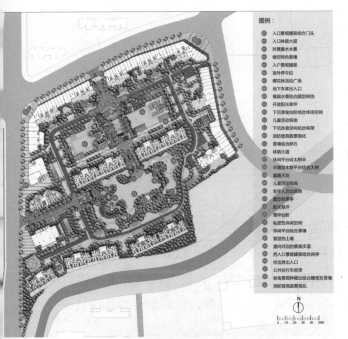

图例：
① 入口景观铺装结合门头
② 入口林荫大道
③ 对景叠水景墙
④ 镂空特色景墙
⑤ 入户景观铺装
⑥ 室外停车位
⑦ 樱花林活动广场
⑧ 地下车库出入口
⑨ 镜面水景结合圆型树池
⑩ 开放阳光草坪
⑪ 下沉草坡台阶结合休闲空间
⑫ 儿童活动场地
⑬ 下层休息空间结合构架
⑭ 消防登高面景观化
⑮ 景墙结合种池
⑯ 林荫大道
⑰ 休闲平台结合太阳伞
⑱ 半圆型木制平台结合大树
⑲ 温馨天地
⑳ 儿童活动场地
㉑ 老年人活动场地
㉒ 圆型观景亭
㉓ 阳光草坪
㉔ 草坪台阶
㉕ 私密性休闲空间
㉖ 休闲平台结合景墙
㉗ 弧型挡土墙
㉘ 通向河边的景观步道
㉙ 西入口景观铺装结合凉亭
㉚ 经济房出入口
㉛ 公共自行车租赁
㉜ 转角景观和横坛结合雕塑及景墙
㉝ 消防登高面景观化

图7-1 杭州黄龙金茂悦住区

三、住区景观规划设计的要点

（一）绿地

绿地是住区景观设计的基本构成元素，是居民休闲最常用的户外活动空间，同时也是衡量一个居住小区品质的重要参考元素。

1.公共绿地

公共绿地作为居民休闲的主要室外活动空间，是适合居民休息、交往、娱乐等进行有利于身心健康活动的场所。

2.道路绿化

道路绿化主要起到衔接各类绿地的作用，就像是一条条纽带把各种绿地景观连接起来，可以营造温馨的居住氛围。

3.屋顶绿化

屋顶绿化的特点和位置环境与其他绿化有着很大的区别，它受太阳照射、屋顶温差、风力、土壤相对湿度和屋顶载荷的影响较大。

（二）道路

道路作为住区景观设计的构成元素之一，它不但起到了疏导居住小区内交通、划分居住小区使用空间的功能，同时好的道路设计本身就是居住小区美丽的风景。居住小区的道路按照使用性质一般可分为车行道和人行道，按照铺装材质可分为水泥、沥青以及各种砖、石材等。宅间小路常富于变化，往往会营造曲径通幽的氛围（见图7-1）。

（三）铺地

铺地主要应用在居住小区内的广场、道路等地，是人们休闲娱乐的场所，人流相对比较集中。可以通过场地高差、图案大小、色彩变化、材质搭配、点线面等构成要素营造出富有特色的路面和场地景观。户外防腐可用木板铺地。

（四）小品

小品在居住小区硬质景观设计中具有举足轻重的地位，经过精心设计的小品往往会成为人们视觉的焦点和小区的标识性特色。

1. 雕塑小品

雕塑小品作为住区环境景观中最富艺术性、最显韵味的重要设施，起到点缀和渲染景观氛围的作用，有时还可以用来延续和限定空间。

2. 园艺小品

园艺小品是住区环境景观中不可或缺的组成部分，具有烘托氛围，点缀、装饰、美化环境的作用，还可供人休憩和观赏。

3. 设施小品

设施小品是住区环境景观中为便于小区管理及方便居民使用的小型公共设施，如信息标志、座椅、公告栏、单元牌、电话亭、自行车棚等。

（五）水景

水作为我们生活中不可缺少的元素，是居住小区中生动的景观之一，直接影响整个小区景观的品位和档次。

常见的水景有自然水景、泳池水景、庭院水景和装饰水景。

1. 自然水景

自然水景通常与江、河、湖、溪相关联。可通过借景、对景等手法与住区环境景观联系起来，发挥自然优势，创造和谐的亲水居住景观。

2. 泳池水景

泳池水景以静态为主，在营造轻松、愉悦环境的同时要突出人的参与性和景观的观赏性，既应具备游泳、戏水的功能特征，又要兼具一定的观赏性。

3. 庭院水景

庭院水景通常以人工为主。根据空间的不同，可采取多种手法进行引水造景（如跌水、溪流、瀑布、涉水池等），借助水的动态效果营造充满活力的景观空间。

4. 装饰水景

装饰水景主要起到赏心悦目、烘托氛围的作用，通过人工对水流的控制来达到预想的艺术效果，与灯光、音乐共同组合产生视觉上的美感，从而展示水体的活力和动态美。

第二节　示范区景观规划设计

楼盘示范区是现代楼盘销售的"代言人"，由于其功能的特殊性，它的景观设计更多的是一种展示性、商业性，是为售楼处服务的，是为购房者这一个特定的消费群体服务的。因此，楼盘示范区是展现楼盘的设计理念、争取客户在第一时间交易的重要手段。一个好的示范区往往能在短时间内打动客户，引发客户购房的欲望，以促成成交。所以，楼盘示范区的景观设计是地产公司非常重视的一个部分，众多一线地产公司纷纷花重金不遗余力地打造示范区。

一、示范区景观规划设计的概念

示范区景观是以一定的物境为基础来调动客户的一切感官，创造客户理想生活方式的构成情境，从而使客户对产品产生情感认同，激发购买欲望。从营销的角度看，示范区景观的作用不仅仅是给购房者一个眼见为实的"范本"，更为项目提供了更多采用情景式、互动式营销的可能性，最大限度地提升项目溢价空间。创作情景体验式的示范区景观，就是为消费者创造一个"全景体验"的过程，让生活先于销售。

二、示范区景观规划设计的要点

（一）空间组织及游线
主入口要有提示性的空间设计，就是展示楼盘的案名，然后进入一个主体景观，展示小区的景观品质，最后来到示范展示区体验景观产品及细节。设计时应注重空间的节奏变化和客户的游线感受。

（二）主入口设计
突出礼仪感和秩序感，特选大乔木点景，运用颜色鲜艳亮丽的时令花卉，通过

图7-2　扬州世茂恒通·璀璨星辰主入口

资料来源：上海栖地建筑规划设计有限公司

庭院灯、移动式花箱装饰、点缀。通过岗亭、门楼对进出的人、车进行有效管理
（见图 7-2）。

（三）主景观设计

主景观结合主入口，直接体现示范区和住区的整体设计品质。一个大的阳光草
坪或一个大水面，或一片特色树林，结合小路及休息设施，可营造大气、开敞、可
参与的景观效果。

（四）庭院设计

庭院设计应满足室外生活功能需要，注重室外生活品质，结合聚会空间、游戏
空间、读书空间进行动静分区。同时注重庭院内的室外家具小品的品质，其将起到
很重要的气氛烘托作用。

（五）入户设计

入户应有陶土柱墩、花钵或类似的艺术景观设计提示，应注意植物的搭配层次
清晰，道路场地尺度宜人。

图7-3　扬州世茂恒通·璀璨星辰装饰小品

资料来源：上海栖地建筑规划设计有限公司

（六）装饰小品设计

注重装饰小品对空间气氛的烘托，如陶罐、伞座、花箱等都可以随意移动、组合，形成新的景观效果，垃圾箱、烟灰缸、标牌及花钵等应组合设计（见图7-3）。

（七）水景设计

一种水景设计依托滨水资源，通过水生植物种植对水体进行净化，以卵石驳岸结合水生植物来营造自然水岸的效果。另一种水景设计除了局部设计采用集中大型水面，其余均采用小尺度的亲水设计。水体驳岸设计应软硬结合，浅水面20～50 cm深，以石材、马赛克、卵石铺底。水景应结合装饰小品设计特色涌泉、喷泉、叠水、跌水、喷雾等，以增加立体效果，同时保证无水期的观赏效果（见

图7-4　合肥银城旭辉·樾溪臺水景喷雾

资料来源：上海栖地建筑规划设计有限公司

景观规划设计

图7-5 合肥银城旭辉·樾溪臺水池

资料来源：上海栖地建筑规划设计有限公司

图7-4和图7-5）。

（八）植物设计

"五重"植物设计是现在地产实践出的种植特点。第一层是高为7～8 m、胸径为20 cm以上的大乔木，勾勒天际；第二层是高为4～5 m的小乔木、大灌木，增添层次；第三层是高为2～3 m的灌木；第四层是花卉、小灌木，这是园林内最有特色、层次最丰富的部分；第五层是草坪、地被，供人近赏。应通过这种五层垂直绿化来打造远超绿化率指标的丰富景观效果，最终营造出富有灵动生命气息的生活体验。

（九）景观色彩设计

铺装颜色应与建筑相呼应。植物色彩应隆重，善用对比色，以调动客户的视觉感受，时令花卉可较多地使用，后期要经常进行维护。

（十）灯具照明设计

艺术性的照明灯光和色彩构成通过形成动态和静态的光、声、色的景观来营造丰富的环境外观，景观庭园灯具的小品化、雕塑化、时尚性，成为示范区景观环境的重要点缀。

（十一）铺装材料设计

普遍运用细腻、精细的材料，比如在暖色系的建筑环境中，可使用陶红色舒布洛克砖、黄金麻花岗岩来烘托样板区的整体品质。

（十二）地形设计

通过地形设计改善植物种植条件，提供干、湿场地以及水中场地，创造阴阳、缓陡、高低等多样性的立体变化空间，也可结合地形进行自然排水，并创造丰富的园林活动项目，这样可形成优美的园林景观。

案例赏析 >>>

上海大宁金茂府

大宁金茂府位于上海市内中环静安区大宁板块，由方兴置业（上海）有限公司建成，总建筑面积为 216 110 m²，总占地面积为 96 039 m²，容积率为 2.2，绿地率为 35%，共计房屋 1 640 户，小区物业公司为中化金茂物业管理（北京）有限公司。小区所在位置是轨道交通 1 号线、北中环高架、南北高架等城市核心枢纽之地。东区由 9 栋高层"绿金公寓"及 4 栋多层"法式叠墅"组合而成，毗邻 68 hm² 的大宁灵石公园、14 hm² 的闸北公园和 2.5 hm² 的市政公共绿地，它们赋予了生活风景与诗意，使业主拥享四季风华独有的奢适体验。

大宁金茂府与大宁国际商业中心、协信中心、大宁久光中心等高端商业综合体近在咫尺，业主尽览一城中心繁华无余，对生活自由掌控。更享大宁国际小学、风华初级中学、上海大学等各级学府环伺和全年龄段教育资源，尽享国际化的生活圈。

大宁金茂府是上海第一个荣膺"英国 BREEAM 认证""绿色建筑三星标准认证"双认证的科技人居住宅，12 大科技系统全屋覆盖，以全生命周期体系打造金茂府系标杆作品。

整体社区绿化根据回家动线布置特色林荫大树，让业主感受到"公园里的家"。不同组团搭配各种不同季节赏花、闻香、观叶的植物，营造"一年四季皆有景"。

在景观的空间序列上，强调价值感与尊贵感，形成入口礼仪门楼、迎宾楼、主水景及雕塑、社区客厅亭架、中央草坪、特色组团庭院、楼宇入口强化景观七重景观空间。在景观的互动与参与上，充分考虑了业主各种活动的可能性。中央大草坪提供了生活的大舞台，不定期举办各种主题 Party，场景生活绚丽多彩；在农夫果园中种植橘子、枇杷、石榴、樱桃等多种果树，形成体验式采摘果园，小朋友们可仔细观察和记录从果树开花、结果到采摘、品尝成熟果实的全过程，既增长了科学知识，也体验了采摘的乐趣（见图 7-6 ～图 7-14）。

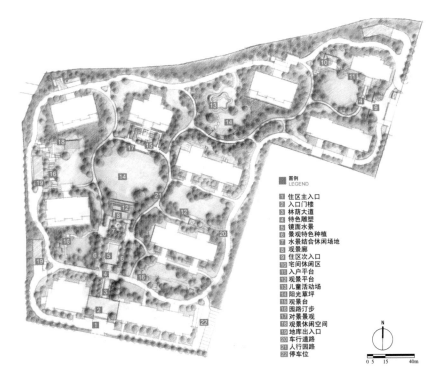

图例
LEGEND

1 住区主入口
2 入口门楼
3 林荫大道
4 特色雕塑
5 镜面水景
6 景观特色种植
7 水景结合休闲场地
8 观景廊
9 住区次入口
10 宅间休闲区
11 入户平台
12 观景平台
13 儿童活动场
14 阳光草坪
15 观景台
16 园路汀步
17 对景景观
18 观景休闲空间
19 地库出入口
20 车行道路
21 人行园路
22 停车位

N
0 5 15   40m

图7-6 上海大宁金茂府景观总平面图
资料来源：深圳奥雅设计股份有限公司

总体设计
景观功能
MASTERPLAN

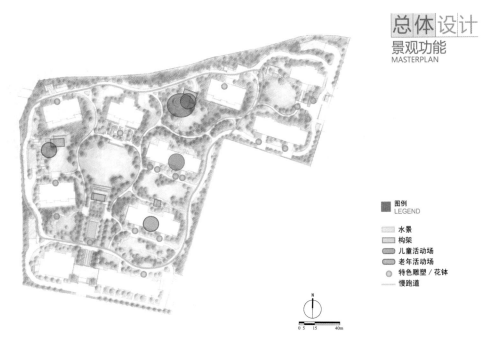

图例
LEGEND

水景
构架
儿童活动场
老年活动场
特色雕塑／花钵
慢跑道

N
0 5 15   40m

图7-7 上海大宁金茂府景观功能分析图
资料来源：深圳奥雅设计股份有限公司

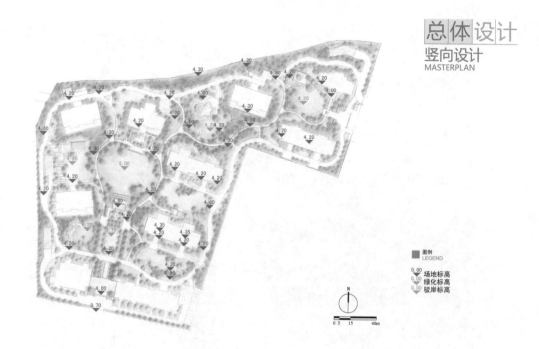

图7-8 上海大宁金茂府景观竖向设计图（1）

资料来源：深圳奥雅设计股份有限公司

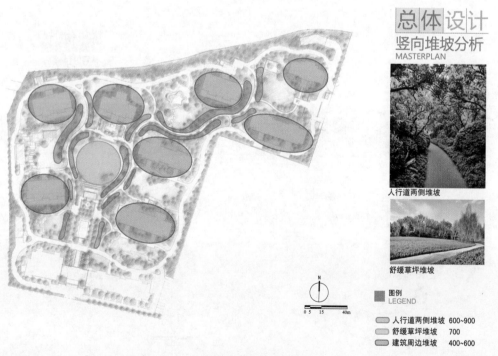

图7-9 上海大宁金茂府景观竖向设计图（2）

资料来源：深圳奥雅设计股份有限公司

景观规划设计

图 7-10　上海大宁金茂府景观交通分析图
资料来源：深圳奥雅设计股份有限公司

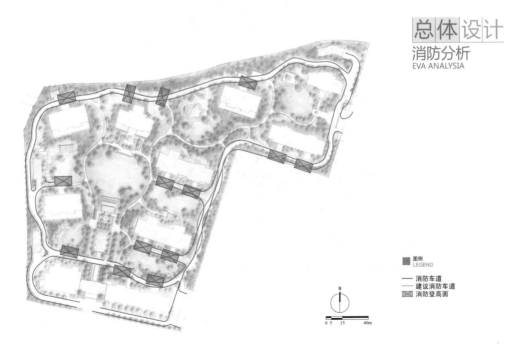

图 7-11　上海大宁金茂府景观消防分析图
资料来源：深圳奥雅设计股份有限公司

入口轴线区效果图

入口轴线区效果图

入口轴线区效果图

图7-12　上海大宁金茂府入口轴线区景观效果图

资料来源：深圳奥雅设计股份有限公司

景观规划设计

东入口效果图

东入口效果图

东入口效果图

图7-13　上海大宁金茂府东入口景观效果图
资料来源：深圳奥雅设计股份有限公司

社区客厅效果图

儿童花园效果图

花之韵境宅间效果图

图7-14　上海大宁金茂府景观效果图
资料来源：深圳奥雅设计股份有限公司

　　　　　　　　　　　　　　　　　　　　　　　　　景观规划设计

地 形 设 计

大气候是由大地形形成的，小气候是由微地形形成的。地形设计是风景园林设计中一个重要环节，是户外环境营造的必要手段之一。地形是指地表在三维空间上的特征，除最基本的承载功能外，还起到塑造空间、组织视线、调节局部气候和丰富游人体验等作用。同时，地形还是组织地表排水和经营植物的重要手段，地形的高低、向背、干湿都为各种植物创造了生长发育的优良条件。人类只有为植物创造了好的生态条件，植物才会为人提供优良的生态环境。

地形骨架的"塑造"，山水布局，峰、峦、坡、谷、河、湖、泉、瀑等地貌小品的设置，它们之间的相对位置、高低、大小、比例、尺度、外观形态、坡度的控制和高程关系等都要通过地形设计来解决。不同的土壤有不同的自然倾斜角。山体的坡度不宜超过相应土壤的自然倾斜角（安息角）。水体岸坡的坡度也要按有关规范的规定进行设计和施工。

地形的种类多样，实体有峰、峦、岗、岭、壁等，虚体有谷、壑、峪、峡、坝等。

地形设计要点

1. 造型

处理园林地形应该遵循顺应自然、因高就低和利用原地形为主、改造为辅的原则。在满足园林建设的基本要求的同时，要与设计意图的艺术构思结合起来，因地制宜，因高堆山，就低凿水。园林中各种设施和景物的布置应尽可能利用原地形。对不合要求的局部，应根据设计意图加以改造或补充。地形设计应避免破坏自然地貌，又不可为艺术而艺术。中国古典名苑中有不少因地制宜的佳例，如北京颐和园、承德避暑山庄等。园林地形的塑造是一种造型艺术，中国传统园林的地形处理手法可概括为如下几点。

（1）师法自然 园林地形的塑造，一方面要学习和模仿多姿多彩的自然地貌；另一方面要概括和局部夸张，学习中国传统的掇山理水手法，加强自身的艺术素养。用传统的手法去加工或改造自然素材，以真为假，做假乱真，使园林地貌"虽由人作，宛自天开"。

（2）成竹在胸，地貌自然合理　园林山水的创作如文章的构思，要有命题、有起承转合，要主次分明、承上启下、前后呼应、烘托对比等。在布置山水时，对山水的位置、朝向、形状、大小、高深，以及山与山之间、山与平地之间、山与水之间的关系等，做通盘考虑。造山理水犹如作画，设计者须胸有丘壑，才能布置自如、顺应自然，而景物因人成胜概。

（3）统筹全局，景物相得益彰　园林地形的处理，除注意其本身的造型外，还要考虑为园林中建筑及其他工程设施创造合适的场地，施工时注意保留好表土以利于植物的生长。在造景方面，地形和其他景物要相互配合。

2. 坡度和排水

坡度的大小，常规分类如下：缓坡地为 2%～5%，台阶地为 8%～15%，土山地为不超过 40%。显著的坡度变化是 2%～8%。对于最低排水坡度，广场为 2‰，草地为 3‰。

步　骤

园林地形的设计是地形改造全过程的前奏。地形改造大致可分相地、设计、施工三个步骤。在这之前，还要收集有关的资料，如原地形测量、周围规划与现况的图纸，以及水文、土壤、气象等资料。相地，即现场踏勘，详细了解整个园林的基本情况，其任务有二：一是对照检查地形图的精确度；二是观察地貌、地物，把有利用价值的地点标记在图上，以备设计时参考。地形设计是园林总体规划和进一步技术设计的重要组成部分。地形设计图应单做，其比例尺与其他图纸相同，这样可以方便土方量的计算和施工图的制作。园林地形设计工作以后必须进行土方量计算。计算土方量，要明确挖方和填方的具体数量，并预示挖、填土方量能否在园林内就地平衡，常用断面法（等高面法）或方格网法计算。前者适用于自然山水园的土方量计算，后者则适用于大面积平整场地的土方量计算。土方工程设计是地形改造设计的重要部分，其中应有具体的土方施工图，指明土方挖、填位置，深度，以及运输平衡的路线等，是施工的主要依据。在园林地形设计图纸中，山体和水体的位置、形状、高深及地貌状态主要用等高线表示。

复习思考

一、住区景观规划设计的类型有哪些？

二、当代住区景观规划设计的主要原则有哪些？

三、简述住区景观规划设计的主要设计手法。

四、结合当代特色的住区景观规划设计案例，简述其主要创新点。

五、思考住区景观规划设计的发展趋势。

第八章

Chapter 08

滨水景观

学习目标

　　通过本章的学习，使学生了解滨水景观规划设计的要点，并通过理论学习及案例分析，掌握滨水景观规划设计的基本方法。

核心要点

　　滨水景观规划设计的要点和方法。

　　水是一切生命有机体赖以生存的基础，一个生命从孕育开始终其一生都与水密不可分。城市中的滨水区对于人类同样有着内在的、持久的吸引力，因此，也就成为极具灵性与吸引力的空间之一。水是风景的血脉，作为城市中能直接接触到的水体，除了能改善城市物理环境和提供多种实用功能外，其也是极富变化的因素，使得滨水区成为"一个城市中景色最优美、最能反映出城市特色的地区"。

第一节　滨河景观

一、滨河景观的构成

（一）水体

水的形态，如线形或面状、宽度、水深及纵横断面形状；水域的局部地形，如洲、岛的分布，河床或湖床地质构造等；水面特征，如流动或静态，水质、倒影的形成。

（二）水际

水滨的构筑物，如堤坝、驳岸、水闸及码头；道路及附属设施；建筑物；开敞空间，如公园、广场；人工或天然植被，如树木、草地等；其他附属设施，如座椅、告示或广告牌、护栏等。

（三）远景

自然景观，如山峦、田野、森林；人工景观，如城市其他区域的人造物。

（四）夜景

各类灯光造型及效果。

（五）人的各种活动

车、船、行人。

（六）自然生态

水中的生物、天空中的生物等。

（七）自然变化因素

季相、天相、时相等。

二、滨河景观的特征

（一）滨河景观的视觉效应

视觉效应主要受位置与距离两个因素的作用。人与水相对位置的变化，导致视线产生平视或俯视。平视时，人与水具有整体感；而俯视时，视野极为开阔。人还可以借助建筑、桥、堤岛及游船等凌于水上，或者身体直接进入水中并与水中的其他生物接触。人与水的距离一般分为近距离（$L < 10\,\mathrm{m}$）、中距离（$10\,\mathrm{m} \leqslant L < 20\,\mathrm{m}$）、远距离（$L \geqslant 20\,\mathrm{m}$）三类。人对水环境的感受是由视觉、嗅觉、听觉及触觉等多方面构成的，并随着距离的增加而减弱。因此，从水的景观视觉效应分析，滨河景观空间的塑造以集中在近、中距离的范围较佳。

（二）驳岸的景观功能

驳岸是城市的风景线和游步道，也是最佳的驻足观景点。驳岸的线形、砌筑方式、材料的色彩与质感都与景观效果有密切的关系。设计时，应首先选择与自然环境协调的岸线形状，兼顾沿岸风景视线的组织及人的亲水性需求，在合适的地点提供亲水设施。

（三）水的表情与感受

水的表情是指水的变化特征，它直接影响人的景观感受。静态的水平如镜、倒影如画，微风吹拂时波纹如皱、影像斑驳，给人安静、平和的感受。动态的水或浪花拍岸，或潺潺流淌，极易让人产生激动的情绪。阳光或灯光的作用会强化水的表情，并创造出某种特定的环境气氛。而季节变迁、气候变化、周围环境的其他因素综合构成了复合景观形象，不断向人们传递生命运动、远与近、倒影与闪光、声音与色彩、空间变幻等信息，带来了多样化的身心体验。

（四）生态功能

滨河区作为城市生态系统中人工子系统和自然子系统的交错带，是城市中人类活动与自然过程共同作用极为强烈的地带之一，具有极高的生态敏感度。水中的生物和水边的绿色植物作为城市生态系统中自然子系统的组成部分，在维持城市生态系统平衡、调节城市环境的物理特性等方面具有十分重要的意义和明显的作用（见图8-1和图8-2）。水在城市生态系统中的主要功能体现在诸多方面：① 在人工子系

图8-1　黄山荣盛·太平湖金盆湾规划场地分析及功能分区图

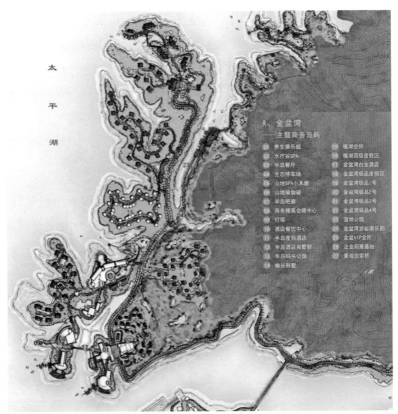

A、金盆湾
——主题商务岛屿

01 养生俱乐部	15 榧湖会所
02 水疗谷SPA	16 榧湖顶级度假区
03 半岛餐厅	17 金盆湾白金酒店
04 生态停车场	18 金盆湾极品度假区
05 山地SPA小木屋	19 金盆湾极品1号
06 山地瑜伽馆	20 金盆湾极品2号
07 半岛吧廊	21 金盆湾极品3号
08 商务精英会晤中心	22 金盆湾极品4号
09 灯塔	23 湿地公园
10 酒店餐饮中心	24 金盆湾游艇俱乐部
11 半岛度假酒店	25 企业VIP会所
12 半岛酒店别墅群	26 企业拓展基地
13 半岛码头公园	27 景观拉索桥
14 幽谷别墅	

图8-2 黄山荣盛·太平湖金盆湾规划区平面图及鸟瞰图

统中，主要体现在使用功能（如饮用、运输等）、生产功能（如灌溉、工业生产、渔业生产等）和休闲功能（如观赏、戏水、游泳、垂钓、赛艇等）上；② 在自然子系统中，主要体现在构成群落生境、区域水循环和微气候（如温度、湿度、微风等）调节等环境功能上。

三、滨河景观中人的行为特征

许多景观规划研究成果表明，人群对进行自发性活动和"连锁"性活动（社会性活动）的场所的环境品质有较高的要求。这些空间场所一般都需要具有形象优美、绿化质量好、服务设施完善及环境舒适等特点。人尤其对水边的环境特别钟爱，但是人对水的感情，往往与人的参与条件有关。滨河区人的行为与环境的关系如表 8-1 所示。

表 8-1　滨河区人的行为与环境的关系

活动类型	场所特征	距离关系	主要设施
观赏类活动	视觉亲近	近	驳岸、平台、栈道、桥、堤
	视线通畅	中	开阔草坪、休息广场
	视野开朗	远	提供眺望点的建筑物
游戏类活动	参与体验	近	亲水台阶、沙滩、卵石滩
		浅水	戏水设施
运动类活动	水域空间较开阔	近	垂钓设施
	水域空间开阔	水中	游船、赛艇、码头

第二节　滨 海 景 观

滨海景观是非常吸引人的，在景观设计中，所有的滨海区设计和陆地景观设计的互相衔接显得尤为重要。近年来，滨海景观越来越受到人们的普遍重视，世界各地掀起了滨海区开发与再开发的热潮。滨海景观是当今城市景观的一个重要组成部分，而滨海景观又是滨河景观中的一部分。在中国古代风水思想的影响下，形成了近水、亲水的特征，而各大滨海、滨湖城市的滨水景观也大同小异，滨海景观特色的塑造成为各大滨海城市面临的难题。滨海景观规划不仅要考虑城市的历史，还要体现城市的发展和未来，这对处于薄弱地位的滨海景观来说面临着一个极大的挑战。

一、滨海景观的概念

滨海景观的概念所包括的内容极其广泛，滨海景观是滨海城市与众不同的或独有的优秀的品质和现象，下面是对与滨海景观有联系的相关概念的介绍，对这几部分概念的理解有助于加强对滨海景观的理解。

（一）滨海区的概念

滨海景观是在滨海区这一基础条件上形成的，所以首先要对滨海区的一些相关概念进行了解。滨海区是城市滨水区的一种，是指沿海城市与海洋相毗邻的特定区域，具有自然、开放、方向性强等空间特点和公共活动多、功能复杂、历史文化因素丰富等特征。滨海区是构成城市开放空间的重要组成部分，它的作用尤为重要和独特，只有将这个部分与滨海城市完美地结合，提高它的可利用性和亲密性，使它融为整个城市的一部分，才能达到景观设计的目的。

（二）滨海景观设计

随着城市的不断发展，城市特色危机越来越严重，而作为滨海城市，滨海景观设计就成为一大亮点。这就需要充分考虑景观设计中的自然景观和人文景观，这种特色是建立在一定的地理位置和文化背景之下的。营造滨海景观，要充分利用自然资源，把人工建造的环境和当地的自然环境融为一体，考虑到生态价值、风土人情、文化遗址、城市文脉，增强人与自然的可达性和亲密性，使自然开放空间对于城市、环境的调节作用逐步增强，就如虽然南方建筑风格和北方建筑风格截然不同，但在每个不同的区域都要有自己的特色。滨海景观设计中的"特色设计"包含多方面的内容，这里的设计并不是单纯的设计，而是一种文化的融入和人们对这种特色文化的认同感（见图 8-3）。

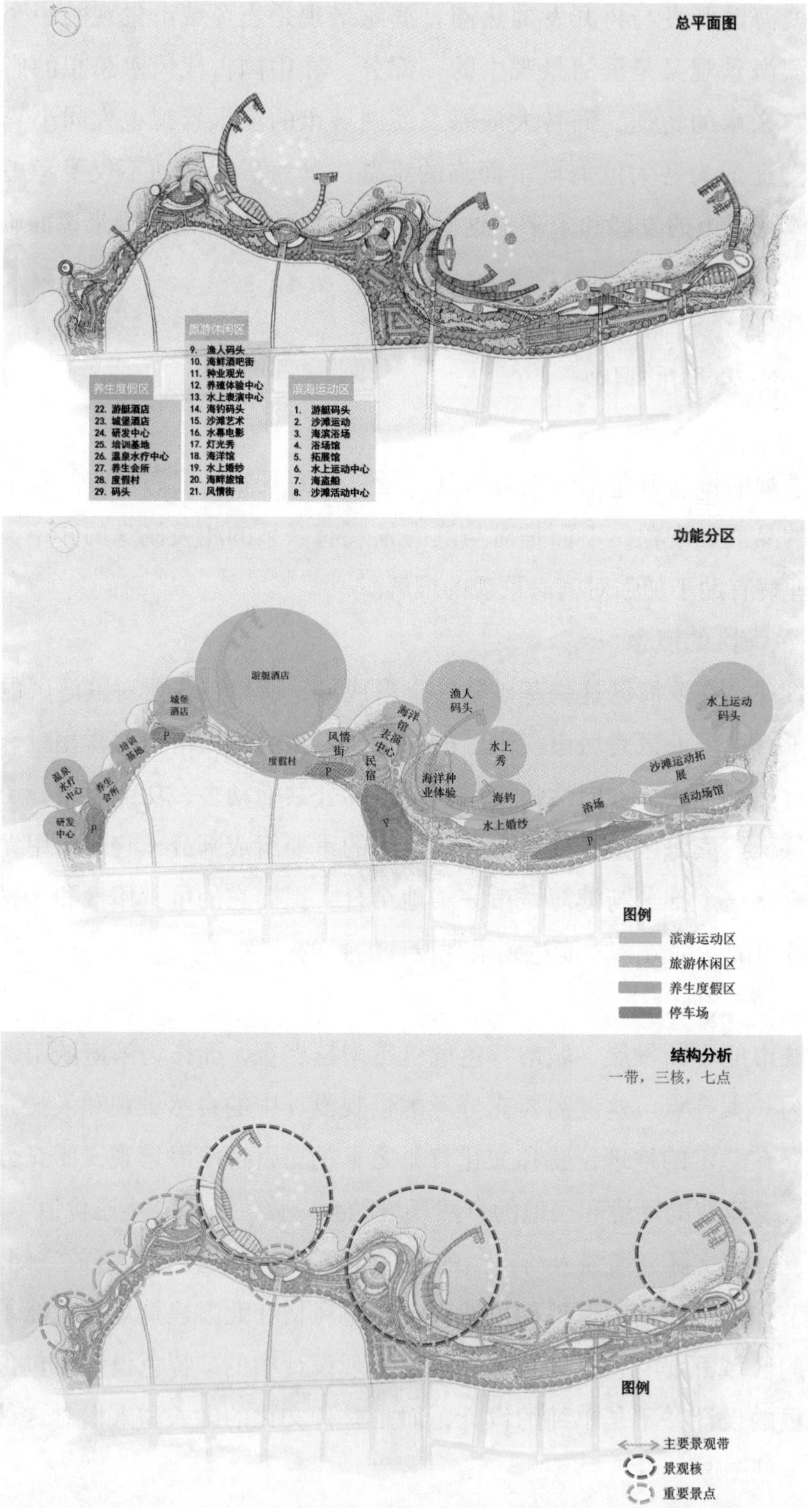
总平面图
旅游休闲区
9. 渔人码头
10. 海鲜酒吧街
11. 种业观光
12. 养殖体验中心
13. 水上表演中心
14. 海钓码头
15. 沙滩艺术
16. 水幕电影
17. 灯光秀
18. 海洋馆
19. 水上婚纱
20. 海畔旅馆
21. 风情街
养生度假区
22. 游艇酒店
23. 城堡酒店
24. 研发中心
25. 培训基地
26. 温泉水疗中心
27. 养生会所
28. 度假村
29. 码头
滨海运动区
1. 游艇码头
2. 沙滩运动
3. 海滨浴场
4. 浴场馆
5. 拓展馆
6. 水上运动中心
7. 海盗船
8. 沙滩活动中心
功能分区
游艇酒店
城堡酒店
培训基地
温泉水疗中心
养生会所
研发中心
度假村
风情街
海洋馆
表演中心
民宿
渔人码头
水上秀
海洋种业体验
海钓
水上婚纱
浴场
沙滩运动拓展
活动场馆
水上运动码头
P
图例
滨海运动区
旅游休闲区
养生度假区
停车场
结构分析
一带，三核，七点
图例
主要景观带
景观核
重要景点
次要景点

图8-3　烟台八角湾滨海旅游景观总平面、功能分区、结构分析图

二、滨海景观存在的问题

（一）没有尊重当地地形地貌特征

地形地貌是构成景观规划设计的重要元素，也是其他景观要素的依托基础和底界面。滨海区的地形地貌构成了整个滨海景观的骨架。有的设计师不尊重当地的地形地貌特征，只懂得平面构成，没有坚持因地制宜的原则，盲目大面积、大范围地改造地形地貌。

荷兰是世界上有名的围海造田的国家，荷兰有句著名的格言，"上帝造海，荷兰人造陆"，荷兰人尊崇"与水斗，其乐无穷"的信仰，通过填海来争取陆地生存空间。但是如今，荷兰人也意识到围海造田的危害性，开始"退耕还海"。荷兰南部西斯海尔德水道两岸的部分堤坝被推倒，一片围海造田得来的 300 hm² 的"开拓地"再次被海水淹没，恢复为可供鸟类栖息的湿地。

目前，我国不少滨海区在开发建设上存在填海造陆的现象，值得我们警惕。向大海要陆地，围海造陆已成为滨海区建设常用的手段。围海造陆不仅会造成自然海岸线缩减、海岛数量下降、海湾消失、自然景观破坏等问题，还会造成近岸海域的生态环境被破坏、海水动力条件失衡等不良后果。

（二）地域性表达过于注重外观而忽视功能性

工业化、模式化带来了高效能，使建筑成为一种产品，建筑的地域性正在慢慢淡化。当代社会很多人在钢筋混凝土的高楼大厦中产生了"失根"的失落情绪。建筑很多时候给予人们的不仅仅是一个可以遮风挡雨的地方，而是能够体现人们归属感和认同感的重要存在。在安藤、赖特、阿尔托等世界大师的作品中，都有一个共同的特点，那就是强烈的地域性和民族特色。

说到地域性建筑，人们常认为是在形式上对建筑进行特色设计，使之具有当地的文化特点。这些被抽象为地域性精神层面的东西确实能够从视觉上让人感受到地域性建筑的魅力，但这只是表象，并不是深层次的东西。建筑的地域性表达不仅仅体现在表象的文化因素上，从更深层次来说，地域性还包含气候、建筑材料、施工工艺及当地居民的生活习惯。例如，滨海地域性建筑应考虑遮阳、遮雨、通风的组织和对台风的防御，并力求达到节能、生态、经济的效果。只有充分考虑了以上几点，才能够设计出具有地域性的滨海建筑，而不仅仅是在形式上看起来像是地域性建筑。

（三）景观元素单一

地面的铺装都是以海特产的具体形象零星存在的，海边的雕塑和地面的铺装基本使用的是石材，位于滨海广场和音乐广场的雕塑基本是一个造型。不仔细区分是看不出来的，也区分不开哪个是滨海广场哪个是音乐广场。广场是滨海景观设计的中心要素，是景观要素中较大的区域部分。对广场雕塑和地面铺装的合理表现，也是体现特色的一个重要方面。景观的表现形式可以是用来彰显个性的方式，功能以形式来表达需求，地面的铺装可以起到装饰的作用，同时也可以起到导向的作用。烟台滨海步道的地面铺装，有的是零星存在的，还有的是以一群一群的状态存在的，但是没有发挥一定的功能，只是作为一种单纯的形式存在，只起到装饰作用。

滨海景观要素的组成应该以多样化为主，不能只是以一种单纯的具象形象来表现，而过多的具象会使整体景观空间显得杂乱无序，通过有序的组织形式，将相互联系的各种景观要素串联到一起，在空间上起到导向和指引的作用，如地面铺装的导向作用。地面铺装的作用不可忽视，在滨海景观设计中，滨海步道的地面铺装可以呈现各种不同的空间层次。无论采用何种铺装方式，都要注意防潮。滨海景观地面铺装在后现代主义的影响下，产生了丰富的表现语言和表达方式。在特色滨海景观设计中，更应该合理利用、充分挖掘地面铺装的特色优势，可以通过小区域范围内的划分对具象事物进行抽象化，或采用立体的铺装方式，或采用平面的铺装方式。在烟台现有滨海景观中，大多采用立体的铺装方式，立体地面铺装的适度增加可以提升整体的景观效果，但是过多的立体地面铺装会造成滨海景观设计的负担，不利于滨海景观功能的整合。

（四）景观布局缺乏主次

景观功能分区不明显、没有轴心，景观结构组织散乱。很多海岸线是一条直线，没有曲线变化，没有主景和配景的区分，在整体的景观设计中占的比重基本相同。特色滨海景观设计中要想突出特色，就要突出"主体"。如果主次不分，主景和配景的数量差不多，形态也差不多，就会造成整体景观功能分区的散乱无章。所以在进行特色滨海景观设计时，首先要把功能分区划定好，然后确定"主体"，主要在主景上下功夫，配景起到补充作用，两者是互相补充、共同构建特色滨海景观的关系。景观的布局是滨海景观设计的最终落实点，滨海景观设计中最能体现质量的地方就是水体空间与陆地空间相结合的地带，通过对空间形态的分析和组织，使各种景观要素与空间布局相结合。

（五）景观空间序列不连贯

景观序列是由空间序列与景观理论相结合而派生的，是风景景物、空间环境、序列的合成。景观序列是指某种事物按一定的次序排列景观空间，其会直接影响到人们的心理感受。如今很多滨海景观的特征不明显，整体景观序列不连贯、协调性差。在对滨海景观进行设计时，要对整个路线中的起点、终点、重要的景点进行引导和组织，形成富有节奏感的景观序列，各个景观节点衔接自然、整体连贯，有重要景点和次要景点的区别，功能区划分明显，海边别墅区和广场休闲区有明显的过渡带。特色的滨海景观设计就是要将特色的要素融入这种有序的滨海景观中。

三、滨海景观规划设计的要点

（一）海水

海洋是滨海区进行观光活动及娱乐活动的主要范围，是滨海景观设计中"特色"的基础与前提、材料与工具、关键与保证。滨海景观设计中海水要素为第一大艺术要素，这也是滨海景观设计所独有的艺术要素。滨海景观中海水元素的创造性利用，要凸显出优雅、舒适、清新、别致、开阔、现代等审美特色。就本质上而言，海水要素是一种动态的艺术要素，是其他景观所不具备的。海水要素给人的心理感受与审美情趣是独特的，它的汹涌与静谧、热烈与广阔、博大与纯洁，都形成独特的意境美。大海的颜色是游客最先捕捉到的事物，蓝色的海洋给人宁静的感觉，让烦躁的心情立刻平静下来。海水的潮汐和波浪是大自然赋予人类的一种动态美景。从景观空间的视角考量，海水要素具有塑造滨海景观特色的先天性优越条件。海水所形成的滨海空间多为一种带状空间，这种空间本身就具有动态性与延续性。在众多的几何图形中，带状图形具有很大的优势，既可以最大限度地接触陆地空间，又可以与陆地空间紧密结合，即使不做任何加工，也是一道亮丽的风景线。可以听到波涛声、吹到海风，是人们喜欢滨海区的一个重要原因。而且近年来随着科技水平的提高，潜水观看海底珊瑚礁、热带鱼也逐渐发展为旅游的热点。

（二）气候

由于受海洋的影响，特殊的气候要素也是滨海景观设计所特有的艺术要素。人们很容易把滨海区和避暑胜地联系起来，徐徐的海风，清凉的海水，消除了夏季的炎热。滨海区是海洋和陆地两大系统的过渡带，海洋就是庞大的温度调节计，使滨海区具有温度变化小、气候宜人的特点。因此，滨海区宜人的气候本身就是重要的旅游资源。但同时我们也要考虑到滨海区还有台风、暴雨等自然灾害，在景观设计时要注意趋利避害。不同地域的滨海城市，如南方的厦门与北方的大连，要根据不同的气候特点设计出不同的滨海景观特色。

（三）气象

海上日出经常为人们所津津乐道，海边常有游客一大早就过去散步，就为了等待日出的到来。文学大师巴金还有一篇著名的文章叫作《海上日出》，体现了一种浪漫情怀。同时，由于滨海区地处大陆与海洋的交界处，湿度大，因此滨海区还是一个多雾的地带，海面经常由于平流雾的存在而处于一种雾蒙蒙的佳境。不仅如此，滨海的云景也极为丰富，很适合游客躺在沙滩上观看天空云雾的变化。

海市蜃楼是滨海景观中最奇特的现象。由于海水的作用，垂直方向上气温发生剧烈变化，海面垂直上方的空气密度在分布上发生显著变化，引起光的折射和全反射，从而产生海市蜃楼。山东蓬莱就是众所周知的海市蜃楼多发地带。

（四）海岸线

海岸线指的是陆地和海洋的分界线，一般指涨潮时高潮所达到的界线。海岸线实际上不是一条线，它应该是一个具有一定宽度的沿着海岸延伸的条带。因为海水总在日夜不停地潮涨潮落，陆地和海洋的分界线也在不停地发生变化，所以海岸线也一直处在变化之中。海岸线分为三类：平直型海岸线、内弯型海岸线、外弯型海岸线。世界上有很多城市都依托海岸线，借助海湾的美景而建立。海边的构筑物与海岸线的关系是滨海景观规划设计中需要深入研究的问题。

（五）文化

滨海景观设计，要彰显民族文化、地域文化、历史文化、经济文化、政治文化等文化意蕴与文化品位，不同的滨海城市的不同滨海景观设计，要体现不同的文化含量与文化特征。

滨海的物质文化景观包括历史遗留的传统建筑，以及构成滨海景观而增加的景观建筑小品，甚至是上百年的古树名木。例如，上海外滩的西洋建筑、青岛八大关的单体西洋建筑、大连老街区的文艺复兴建筑、威海刘公岛的军事工程等都属于物质文化景观。

滨海的非物质文化景观较为抽象，是滨海区独特的文化传统，包括滨海传说，如妈祖文化、精卫填海传说等，还有滨海的民间节日活动、饮食等。例如，青岛的啤酒节和海洋节就是深入开发海洋非物质文化资源、充分挖掘海洋市场潜力、塑造青岛滨海名城形象的代表。

（六）道路

沿海边建设的道路也是滨海景观设计中的重要要素之一，它们兼具双重功能，既是滨海景观展示的路线，又是游览观光的路线，承载着物质功能与精神功能，既是连通滨海景观的物质链，又是连通人们情感的心灵链。

（七）海上设施

海上设施要素是海水要素的附加要素与衍生要素，它们依托海水要素而形成、发展，主要包括游舰、救生艇、水上游乐场、海滨浴场等。

（八）植被绿地

滨海植被绿地景观主要包括主题绿地、休憩绿地、广场绿地和防护绿地等。滨海植被绿地景观不但要具有较高的生态效益和社会效益，还要具有良好的审美和游憩功能。因此，滨海植被绿地景观要遵循景观生态学原理来进行规划和设计，利用乡土树种等鲜明的地域个性来塑造具有地方特色的滨海植被绿地景观，其中重点运用果树等经济作物，考虑滨海区的土壤盐碱性等特点进行植被的选择。

第三节　湿地景观

近年来，随着城市化进程的加快，城市的建设严重影响到处在城市中的生态湿地。不断发展的城市规划将城市中的湿地分割成面积大小不一的小斑块，而这些小斑块之间不能进行有效的物质和信息交换，久而久之，斑块内部的生态系统也随之被破坏并逐渐消失。这种不断变更的城市规划对湿地环境的影响是至深至远的，有些甚至严重影响了湿地生态系统的健康发展。此外，在对湿地进行景观规划设计时，有的设计师为了一味地提高所谓的观赏性，而不科学地进行植物配置及大量引用非乡土植物，反而降低了湿地的经济效益，造成了严重的不良后果。因此，科学、合理地进行湿地保护和设计，已经成为当前不可忽视的重要问题。

一、湿地景观的定义

城市湿地是指城市及其周边区域被浅水或暂时性积水所覆盖的低地，有周期性的水生植物生长，基质以排水不良的水成土为主，是城市排毒养颜的"肾器官"，具有重要的水源涵养、环境净化、气候调节、生物多样性保护、教育科普等生态服务功能（见图 8-4）。

图8-4 浙江长兴太湖图影湿地公园总体平面及鸟瞰图

景观规划设计

二、湿地景观规划设计的原则

（一）尊重自然

众所周知，景观设计是在一定场地上进行的，人类的活动对自然环境的干扰在所难免。而我们推崇的湿地景观设计，就是要尽量减少人为因素对自然环境的干扰与破坏，并把促进自然生态系统的物质利用和能量循环作为设计目标之一，尽量保留场地原有的自然生态，保护和增强生物多样性。自然性是湿地的根本属性之一，是其艺术审美价值的根本，只有自然性突出的湿地，才能吸引人们的审美感知，才能放松人们紧绷的神经。所以，我们不能将自己的审美趣味强加于湿地，更不能忽略湿地景观自身的演化过程与规律，要避免对原有湿地自然性的破坏。在设计时，应该了解湿地生态学的原理，按照湿地形成、发展与演化的规律来进行设计。理想的湿地景观设计首先应该具有完整的自然结构，呈现明显的自然特征，保持湿地的自然属性，尽显湿地的自然灵气，不因人类的参与而改变其自然属性，要体现人与自然的和谐统一，达到真正的"天人合一"（见图8-5）。

（二）注重生态

生态性，是湿地的另一个根本属性。失去了生态性，湿地就失去了自身的意义。然而所谓的生态性，绝不是简单的生态材料和符号的运用。生态本身就是一个平衡的系统，有自我维持、自我修复和自我更新的能力。因此，在设计时，

图8-5　浙江长兴太湖图影湿地公园水镇观涛景观平面及鸟瞰图

我们应注重生态，最大限度地保持城市湿地独特的自然生态性。湿地越是接近于自然生态下的状态，其系统内部不同的动植物物种越能维持生态平衡和种群协调。以"整体的和谐"作为设计的宗旨，就能达到生态性自动修复和平衡的境界。

（三）坚持"4R"原则

"4R"，即 Reduce、Reuse、Recycle 和 Renewable。Reduce，即减少对各种资源，尤其是不可再生资源的使用，并要慎重地使用可再生资源；Reuse，即在符合工程要求的情况下，对基地原有的景观构件进行再利用；Recycle，即建立回收系统，循环利用可回收材料和资源；Renewable，即利用可回收材料与保留下的资源，创造新的景观，服务于新的功能。"4R"原则也是可持续发展和低碳生活在设计上的真实反映。在过去很长时间里，我们忽略生态效益，片面追求经济效益，最终导致生态环境被破坏。面对这样的现状，我们在进行湿地景观设计时，要考虑到人类社会与自然的和谐共存，实现循环利用，而不仅仅是考虑人类自身的发展。

（四）重视生物多样性

在对城市湿地景观进行设计时，要充分重视生物多样性这一特点。因为在城市的快速发展中，局部的生态系统难免会遭到破坏，使动植物或多或少地受到影响，从而影响到这些生态系统中的生物多样性。虽然动植物具有自我适应和恢复的能力，但这毕竟需要一个过程。而在这个适应、恢复的过程中，有些动植物就已经从这个生态系统中消失了。为了避免这种情况的发生，城市湿地景观设计就非常重要了，因为城市湿地景观设计的存在本质和生态意义就是为生物创造生存空间，保护生物多样性，维持城市生态系统的平衡。

（五）确保连续性和整体性

是否成功地进行城市湿地景观设计，在于能否确保整个湿地生态系统的连续性和整体性。整个湿地基本被水体覆盖，水系成为连接湿地中各个生态系统的桥梁。因此，在设计中，要充分利用水体这一系统来确保整个湿地生态系统的连续性和整体性，并且实现湿地与外界物质和信息的交换与共存。

（六）建筑物融于自然环境

有景观的区域或多或少地都会有些建筑物存在。但是，形式单一、刻板的建筑物会破坏湿地的自然环境。因此，城市湿地中建筑物的选址应与周围的自然环境相协调；建筑物的风格应是朴实、简洁的；造型应多利用非线性设计，充分贴近周围环境；选材上尽量就地取材，减少资源浪费；建筑物表面采用垂直绿化来弱化建筑效果。这样才能有效地将建筑物融入自然环境中。

三、湿地景观规划的生态设计

（一）人工湿地和自然湿地相结合

湿地景观的生态设计，要充分利用原有的景观要素，包括地形地势、植被、水系等，使设计要素与周围环境相协调，达到使整个生态系统完整的目的。为保持整个湿地生态系统的完整性，对于一些生态系统被严重破坏的湿地，可以在其外围建造人工湿地，使人工湿地成为内部自然湿地的保护屏障，将外界有毒害物质通过隔离或过滤后反补到内部自然湿地中。长此以往，使自然湿地重新恢复自我调节和恢复能力，形成自身完整的生态系统。

（二）湿地植物的配置

能够直接体现湿地生态环境的重要因素就是植物。湿地植物，从植物生长环境来看，可以分为水生、沼生、湿生三类；从植物生活类型来看，可以分为挺水型、浮叶型、沉水型和漂浮型；从植物生长类型来看，可以分为草本类、灌木类、乔木类。用多种类型的植物进行配置，不但可以起到丰富视觉的效果，而且有助于对水中污染物的处理。在对城市湿地进行植物配置设计时，除了特定的情况外，一般都会利用原有湿地生态系统中保存较好的植物和一些乡土树种，这样的配置除了能够节约成本、创造经济效益外，还能使湿地尽快达到可观赏性。

（三）适宜的驳岸环境

驳岸，也是湿地的重要组成部分。通过对驳岸的精心设计，可以使驳岸环境充分起到连接水体与陆地的作用。湿地驳岸的岸线应以湿地原有岸线的土壤为基质，尽量避免有人工痕迹的砌筑。对于一些土壤裸露严重的地块，可以覆盖草皮或配置亲水性植物。这样做，不仅可以使水体与陆地有更自然的过渡，增强湿地的过滤作用，而且扩大了水陆两栖动物的生存空间，使生态效果更加明显。

案例赏析 ▶▶▶

杭州西溪国家湿地公园

杭州西溪国家湿地公园位于浙江省杭州市区西部，距西湖不到 5 千米，规划总面积为 11.5 平方千米，湿地内河流总长为 100 多千米，约 70% 的面积为河港、池塘、湖漾、沼泽等水域。湿地公园内生态资源丰富、自然景观幽雅、文化积淀深厚，与西湖、西泠并称杭州"三西"，是中国第一个集城市湿地、农耕湿地、文化湿地于一体的国家级湿地公园。2009年7月7日，杭州西溪国家湿地公园被录入国际重要湿地名录。2012年1月11日，杭州西溪湿地旅游区被正式授予"国家5A级旅游景区"称号，成为中国首个国家5A级景区的国家湿地公园。2013年10月31日，杭州西溪国家湿地公园被中央电视台评选为中国"十大魅力湿地"（见图8-6～图8-9）。

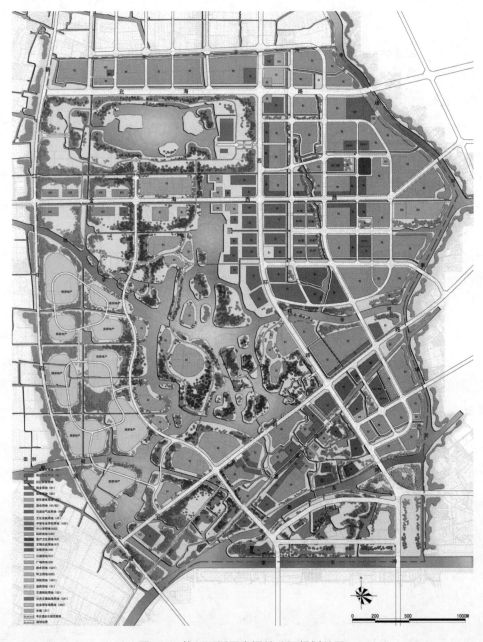

图8-6　杭州西溪国家湿地公园规划总图

景观规划设计

图8-7 杭州西溪国家湿地公园实景（1）

图8-8 杭州西溪国家湿地公园实景（2）　　　图8-9 杭州西溪国家湿地公园实景（3）

历史人文

西溪的文化氛围相当浓厚，许多帝王将相、文人名士视其为人间净土、世外桃源，并留下了大批的诗文辞章；西溪的民俗文化尤其丰富多彩，至今仍保留了"龙舟胜会""碧潭网鱼""竹林挖笋""清明野餐"等诸多传统民俗；西溪的宗教文化也相当发达，以寺观、庵堂、祠庙、名园等为载体的建筑文化，更增添了西溪湿地的文化内涵。

自古以来，每年农历端午节，西溪四邻八乡之龙舟，汇集于此，参与龙舟胜会，这一传统民俗活动至今长盛不衰。相传清乾隆帝南巡江南，曾在深潭口观赏蒋村龙舟，欣而口敕"龙舟胜会"。自此，西溪龙舟声名远播。每年端午龙舟胜会，深潭口和五常河道两岸人声鼎沸、热闹非常，古戏台上戏曲、武术、舞龙舞狮精彩纷呈，水中几百条龙舟来往穿梭、试比高低，这项象征西溪人勇猛顽强、百折不挠、追求美好生活的民俗活动流传至今。

核 心 景 点

泊蓭：明末清初钱塘人邹孝直（名师绩）的庄园。当时这一带芦苇丛生，野趣盎然，从高处远远望去，整片庄园似仙岛泊于水上，因此得名。其中自在堂、空明轩两组建筑与拈花舫前后呼应，由南向北分别构成三个空间。

烟水渔庄：西溪农耕渔事文化展示中心。借鉴了清代文人陈文述《秋雪渔庄》的诗歌意境，取柳烟、炊烟、水烟三烟之妙，因此得名。此景点有桑蚕丝绸故事、婚姻民俗、西溪人家等展览馆，展现水乡民居的地方特色和居民质朴的农耕文化。

深潭口：又名深潭港，据《南漳子》记载："深潭口，非舟不渡；闻有龙，深潭不可测。"因此得名，是西溪主要的民俗文化展示中心。西溪龙舟胜会每年都在此举行。这里也是许多影视文化作品在西溪拍摄的取景点，如冯小刚导演的《非诚勿扰》等。

厉杭二公祠：厉杭二公祠是西溪专门奉祀文人的祠堂之一，与秋雪庵两浙词人祠齐名。供奉的二公，一位是厉鹗，字太鸿，号樊榭，是康熙举人；另一位是杭世骏，字太宗，号董浦、秦亭老民，为雍正举人。两位都是清代杭城的著名学者和诗人。该景点主要恢复文人墨客雅聚功能，可供人切磋诗艺、挥毫泼墨、题诗作画，具有较浓厚的文化氛围。

河渚街：因古地名为河渚而得名，是一条以休闲、商贸集市、观光旅游为一体的民俗商业街。街中还原了当时人们生活生产的格局，临水而建的阁楼房屋，穿桥

　　　　　　　　　　　　　　　　　　　　　　　　景观规划设计

而过的零星小船，还流传着不少民间传说，充满了以岛为家、以船为马的水乡风情。

洪钟别业：明代成化年间刑部尚书洪钟（字宜之）晚年退隐回籍时，在西溪建造的别业。别业内由宅院（三瑞堂、归舣居、香雪堂、沁芳楼等）和书院（竹清山房、清平山堂、萝荫阁、抱月轩等）等建筑组合而成。

高庄：又名西溪山庄，俗称西庄。始建于清顺治十四年（1657 年）至康熙三年（1664 年）之间，是清代文人高士奇的山庄别业，具有典型的明末清中期前宅后园的官宅特点。因康熙南巡时，曾驾临此地，而名声大噪。庄内由高宅、竹窗、蕉园诗社等建筑组成，再现了当年康熙驾临高庄的历史场景。

梅竹山庄：清钱塘文人章黼（字次白）的山庄别业。他在庄外种植大量梅花与翠竹，其又人性高洁，自比梅竹，又好读书、擅字画，常邀朋唤友至此吟诗作画，因此得名。此地为西溪主要的赏梅区域。

西溪梅墅：位于西溪梅竹休闲区内，属于旧时南宋辇道沿线范围，自古便因种植梅花而吸引了众多文人雅士前来赏梅。此地以田园农舍为载体，以梅文化为内涵，以旷达开远的环境美为特色，为西溪主要的赏梅区域。

西溪水阁：位于西溪梅竹休闲区内，居所临水而建，是自古文人墨客在西溪隐居藏书之地。水阁分为"兰溪书屋"和"拥书楼"两处藏书楼，不仅可以感受西溪厚重的文化气息，还能了解当时文人隐士避世清闲的情怀。

秋雪庵：始建于宋淳熙年间，初名"大圣庵"。明末西溪沈氏兄弟重整建筑，延请名僧住持庵堂；明末陈继儒取唐人诗句"秋雪濛钓船"诗意题为"秋雪庵"；民国时期经南浔名士周庆云（字梦坡）重修。此地是全国诗词研究基地，也是西溪重要的寺庵之一。

莲花滩观鸟区：位于莲花滩区域，规划面积约为 35 公顷。整体水域比较浅，局部为深水区，生长着茂密的水生植物，很适合涉禽类的水鸟生活。观鸟区内遍布小岛、游步道、林地，为西溪涉禽类水鸟的主要栖息地，是观赏西溪涉禽类水鸟的主要区域。

湿地植物园：中国首个国家级湿地类植物园。园内总占地约为 55 公顷，展示了西溪特色的基塘系统、河流、滩渚等生态多样性的湿地植物；其内容包含了全国范围内水生、湿生植物的收集、栽培和展览，集休闲游览、科研科普教育、水生植物的配植示范和引种繁育为一体。共培育湿地植物 600 多种，其中乔木 100 余种，湿生灌木地被近 250 种，挺水植物 150 余种，漂浮植物 30 余种，浮叶植物 50 余种，沉水植物 30 余种。

创意产业园：西溪创意产业园，位于杭州西溪国家湿地公园东北角的桑梓样区域，占地0.95平方千米，占整个西溪国家湿地公园面积的十分之一，也是西溪国家湿地公园的文化精粹之地。创意产业园于2009年11月开园，园区建筑共有59幢，总建筑面积约为2.6万平方米，投资近1.4亿元。创意产业园坚持"名人立园，影视强园"的发展战略，重点发展影视和文学艺术产业。

福堤：整条堤以六座带"福"字的桥连接，因此得名。福堤全长约为2 300米，衔接公园南北两个出口，并串联起园区的主要景点，是一条以生态为基调、以人文为特色的长堤，体现了西溪"梵、隐、俗、闲、野"的文化特质。

绿堤：绿堤东西全长为1 600米，宽为7米，两侧植被丰茂，生态良好，景观优美。绿堤寓意西溪国家湿地公园，和杭州生态旅游城市相呼应。绿堤犹如一串五彩的珍珠，自西向东串起了杭州湿地植物园、包家埭生态保育区、合建港生态保育区，是西溪的生态堤和科研科普长廊。

寿堤：寿堤与五常港并行，南北全长约为5 470米，宽为4.5米，是西溪湿地中最长的一条堤，与长寿之意不谋而合。寿堤两岸水网纵横，古树森森，朴野幽趣，景观天成。沿线设有龙蛇环绿、慈航送子、龙舟胜会、洪园余韵、慢港寻幽、桥亭思母、火柿映波、村埭田园等西溪美景。

空中览胜："空中览胜"观光氦气球位于西溪湿地慢生活街区，是由中国自主研发制造的载人观光氦气球，也是杭州唯一的高空氦气球体验项目。

拓展阅读 〉〉〉〉

生 态 足 迹

生态足迹（Ecological Footprint，EF）也称生态占用，是指特定数量的人群按照某一种生活方式消费的、自然生态系统提供的各种商品和服务功能，以及在这一过程中所产生的废弃物需要环境（生态系统）吸纳，并以生物生产性土地（或水域）面积来表示的一种可操作的定量方法（见图8-10）。它是能够持续地提供资源或吸纳废物的、具有生物生产力的地域空间（Biologically Productive Areas），其含义就是要维持一个人、地区、国家的生存所需要的或者能够容纳人类所排放的废物的、具有生物生产力的地域面积。生态足迹要承载一定生活质量的人口，需要估计多大的可供人类使用的可再生资源或者能够吸纳废物的生态系统，又称适当的承载力。它的应用意义是，通过生态足迹需求与自然生态系统的承载力（亦称生态足迹供给）进行比较，即可以定量地判断某一国家或地区可持续发展的状态，以便对未来人类生存和社会经济发展做出科学规划和建议。

20 世纪 90 年代初，生态足迹由加拿大大不列颠哥伦比亚大学规划与资源生态学教授威廉·里斯（Willian E. Rees）提出。它显示在现

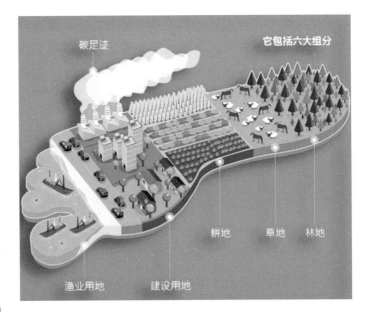

图8-10　生态足迹组成

有技术条件下，指定的人口单位（一个人、一个城市、一个国家或全人类）内需要多少具备生物生产力的土地（Biological Productive Land）和水域来生产所需资源和吸纳所衍生的废物。生态足迹通过测定现今人类为了维持自身生存而利用自然的量来评估人类对生态系统的影响。

比如说，一个人的粮食消费量可以转换为生产这些粮食所需要的耕地面积，他排放的 CO_2 总量可以转换成吸收这些 CO_2 所需要的森林、草地或农田的面积。因此，它可以形象地被理解成一只负载着人类和人类所创造的城市、工厂、铁路、农田……的巨脚踏在地球上时留下的脚印大小。它的值越高，人类对生态的破坏就越严重。

该指标的提出为核算某地区、国家和全球自然资本利用状况提供了简明框架，通过测量人类对自然生态服务的需求与自然所能提供的生态服务之间的差距，就可以知道人类对生态系统的利用状况，可以在地区、国家和全球尺度上比较人类对自然的消费量与自然资本的承载量。生态足迹的意义在于探讨人类持续依赖自然及要怎么做才能保障地球的承受力，进而支持人类未来的生存。

生态足迹将每个人消耗的资源折合成全球统一的、具有生产力的地域面积，通过计算区域生态足迹总供给与总需求之间的差值——生态赤字或生态盈余，准确地反映出不同区域对于全球生态环境现状的贡献。生态足迹既能够反映出个人或地区的资源消耗强度，又能够反映出区域的资源供给能力和资源消耗总量，也揭示了人

类持续生存的生态阈值。它通过相同的单位比较人类的需求和自然界的供给，使可持续发展的衡量真正具有区域可比性，评估的结果清楚地表明在所分析的每个时空尺度上，人类对生物圈所施加的加压及其量级，因为生态足迹取决于人口规模、物质生活水平、技术条件和生态生产力。

计 算 方 法

生态足迹的计算是基于两个简单的事实：① 我们可以保留大部分消费的资源及大部分产生的废弃物；② 这些资源及废弃物大部分可以转化成可提供这些功能的生物生产性土地。生态足迹的计算方式明确地指出某个国家或地区使用了多少自然资源，然而这些足迹并不是一片连续的土地；由于国际贸易的关系，人们使用的土地与水域面积分散在全球各个角落，而这些需要很多研究才能确定其具体位置。

1. 生物生产面积类型及其均衡化处理

在生态足迹的计算中，各种资源和能源消费项目被折算为耕地、草场、林地、建筑用地、化石能源土地和海洋（水域）六种生物生产面积类型。耕地是最有生产能力的土地类型，提供了人类所利用的大部分生物量。草场的生产能力比耕地要低得多。由于人类对森林资源的过度开发，全世界除了一些不能接近的热带丛林外，现有林地的生产能力大多较低。化石能源土地是人类应该留出用于吸收 CO_2 的土地，但事实上人类并未留出这类土地，出于生态经济研究的谨慎性考虑，生态足迹的计算中考虑了 CO_2 吸收所需的化石能源土地面积。由于人类定居在最肥沃的土壤上，因此建筑用地面积的增加意味着生物生产量的损失。

由于这六类生物生产面积的生态生产力不同，要将这些具有不同生态生产力的生物生产面积转化为具有相同生态生产力的面积，以汇总生态足迹和生态承载力，需要对计算得到的各类生物生产面积乘一个均衡因子，即

$$r_k = d_k / D \ (k = 1, \ 2, \ \cdots, \ 6)$$

式中，r_k 为均衡因子；d_k 为全球第 k 类生物生产面积类型的平均生态生产力；D 为全球所有各类生物生产面积类型的平均生态生产力。这里采用的均衡因子如下：耕地、建筑用地为 2.8，林地、化石能源土地为 1.1，草场为 0.5，海洋为 0.2。

2. 人均生态足迹分量

$$A_i = (P_i + I_i - E_i) / (Y_i \cdot N) \ (i = 1, \ 2, \ \cdots, \ m)$$

式中，A_i 为第 i 种消费项目折算的人均生态足迹分量，hm^2/人；Y_i 为生物生产土地生产第 i 种消费项目的年（世界）平均产量，kg/hm^2；P_i 为第 i 种消费项目的年生产量；I_i 为第 i 种消费项目年进口量；E_i 为第 i 种消费项目的年出口量；N 为人口数。在计算煤、焦炭、燃料油、原油、汽油、柴油、热力和电力等能源消费项目的生态足迹时，将这些能源消费转化为化石能源土地面积，也就是以化石能源的消费速率来估计自然资产所需要的土地面积。

3. 生态足迹

$$EF = N \cdot ef = N \cdot \sum aa_i = \sum r_j A_i = \sum (c_i / p_i)$$

式中，EF 为总的生态足迹；N 为人口数；ef 为人均生态足迹；i 为所消费商品和投入的类型；aa_i 为人均第 i 种交易商品折算的生物生产面积；r_j 为均衡因子；A_i 为第 i 种消费项目折算的人均占有的生物生产面积；c_i 为第 i 种商品的人均消费量；p_i 为第 i 种消费商品的平均生产能力。

4. 生态承载力

在生态承载力的计算中，由于不同国家或地区的资源禀赋不同，不仅单位面积耕地、草场、林地、建筑用地、化石能源土地、海洋（水域）等之间的生态生产力差异很大，而且单位面积相同生物生产面积类型的生态生产力差异也很大。因此，不同国家或地区相同生物生产面积类型的实际面积是不能直接进行对比的，需要对不同类型的面积进行标准化。不同国家或地区的某类生物生产面积类型所代表的局地产量与世界平均产量的差异可用"产量因子"表示。某个国家或地区某类土地的产量因子是其平均生产力与世界同类土地的平均生产力的比率。同时出于谨慎性考虑，在生态承载力计算时应扣除 12% 的生物多样性保护面积。

$$ec = a_j \cdot r_j \cdot y_j \quad (j = 1, 2, \cdots, 6)$$

式中，ec 为人均生态承载力，hm^2/人；a_j 为人均生物生产面积；r_j 为均衡因子；y_i 为产量因子。

5. 生态赤字与生态盈余

如果区域生态足迹超过了区域所能提供的生态承载力，就会出现生态赤字；如果区域生态足迹小于区域的生态承载力，则表现为生态盈余。区域的生态赤字或生态盈余，反映了区域人口对自然资源的利用状况。

实 例 数 据

据统计，日本每人的生态足迹为 4.3 全球公顷（以 gha 为单位），远远超过日本土地、水源所具备的生产能力（0.8 gha），所以日本只能利用别国资源。另外，这一面积是世界人均值（1.8 gha）的约 2.4 倍。如果地球上的人都像日本人那样生活，就要准备 2 个以上地球，而像美国人那样生活则需要 5 个地球。就世界整体而言，生态足迹已超过 1980 年的地球生产能力，而 2001 年已超过 20%。主要原因是工业国的消费，1992—2002 年，世界上高收入的 27 个国家的人均生态足迹增加了 8%，但中低收入国家的人均生态足迹却减少了 8%。瑞士测定了本国的生态足迹，与国内生产总值一样，作为反映国家政策运营情况的指标。加拿大、澳大利亚、芬兰都采取了同样的措施。

优 点

生态足迹分析方法首先通过引入生态生产性土地概念实现了对各种自然资源的统一描述，其次通过引入等价因子和生产力系数进一步实现了各国各地区各类生态生产性土地的可加性和可比性。这使得生态足迹分析方法具有广泛的应用范围，可以计算个人、家庭、城市、地区、国家乃至整个世界这些不同对象的生态足迹，对它们的足迹进行纵向的、横向的比较分析。

总之，生态足迹分析指标为度量可持续性程度提供了一杆"公平秤"，它能够对时间、空间二维的可持续性程度做出客观量度和比较，使人们能明确知晓现实距离可持续性目标尚有多远，从而有助于监测可持续方案实施的效果。另外，生态足迹计算具有很强的可复制性。这使得将生态足迹计算过程制作成一个软件包成为可能，从而可以推动该指标及方法的普及化。

复习思考

一、滨水景观规划设计的类型有哪些？

二、当代滨水景观规划设计的主要特征有哪些？

三、简述不同类型的滨水景观规划设计的主要设计手法。

四、结合当代特色的滨水景观规划设计案例，阐述其主要创新点。

五、思考滨水景观规划设计的发展趋势。

第九章

Chapter
09

公园绿地
景观

第一节 公园景观

第二次工业革命后，现代城市迅速发展，我国在改革开放后的城市建设与发展显得尤为快速。在这种迅速的城市面积扩张中，由于景观规划设计理论跟不上城市迫切需要建设与发展的速度，多数城市出现千城一面的情况。城市整体景观缺乏历史传承感、可以互相区分的地域特点、可持续发展的生态性建设，以及城市整体意象与美感意境缺少关联。在这样的城市空间中，人们感觉到的多是乏味、单调的建筑物与城市街道，还有不够充分的绿化及城市公园。面对此种情况，有些人出现了渴望回归郊野甚至是反对城市建设与扩张的想法。而面对必然变化与发展的历史大潮，与其抱着怀古或恐惑的心态，不如用心去拥抱这种变化，努力找寻方法与途径，建设符合现代城市发展规律同时满足人们心目中理想景观的现代城市空间。

一、公园景观的设计原则

城市的整体规划设计决定着城市的空间形态、意境、格调，而城市的空间形态、意境、格调又决定了城市公园的面貌，因为每个城市都拥有自己独一无二的地理位置、气候条件和历史文化。在公园景观规划设计的过程中，应当尊重城市自身的自然条件与历史文化、城市路网和建筑的空间结构与布局，结合城市自身的区位特点因地制宜，发觉城市自身自然条件的特点与美感并加以烘托和提升，创造出具有现代气息、本于自然同时又高于自然，并且具有公共景观特性的城市整体空间环境。

在构建城市整体空间环境时，城市自身的地理环境和历史文化及整体景观的空间布局对于创造城市自身独一无二的城市特色具有基础性与决定性的作用。而这种基于城市自身地理位置、气候条件和历史文化而生成的整体空间景观又会自然地体现出城市自身独有的特色。城市自身独有的特色是尊重自然、回归自然、体现中国古典园林因地制宜又尊重自然的具体方法与必然途径，也是发觉与创造城市独有的意境美感的重要途径和方法。

公园景观规划设计在宏观上分为三个层面：整体—局部—整体。第一个"整体"是指对城市位置、地质地形地貌及气候类型等天然条件做出分析与判断。结合城市整体规划和城市的定位与发展方向对城市景观进行宏观的规划设计，再结合各个城市自身的不同状况对城市景观进行宏观的定位。其包括城市整体发展的定位、空间理想目标形态的定位、理想景观美学意境的定位。"局部"是指在对以上城市景观进行整体定位后，对构成城市理想有机整体中各个要素组成部分的合理组合，分区与布局。这使得各部分各就各位、各个部分形态与功能理想呈现。第二个"整体"是指对公园景观的整体定位与各个城市空间组成要素的合理定位、分区与布局后的整体平衡，评估、控制与发展的把控。这三个层面最终使得城市整体景观持续地既满足社会与城市发展中所需要的各种功能，又像公园一般富于诗情画意、意境含蓄生动，并赋予每个城市不同个性的城市景观。

二、公园景观规划设计的意义

（一）对城市整体空间的整合具有积极作用

公园景观规划设计过程是将构成城市空间系统中的"点""线""面"各种空间类型统筹与规划设计的过程。其中，各个空间结合自身功能与属性、城市得天独厚的自然条件与客观的发展需求，以及城市的历史文化，在构成公园景观的过程中合理安排、统筹规划布局。在落实与实现这一理念的过程中，其对城市整体空间的整合具有积极作用。

（二）对继承和发扬中国古典园林精神理念、空间理念具有积极作用

公园景观规划设计这一理念基于对中国古典园林精神与设计理念的继承与发扬，是体现与实现城市整体空间自身与客观环境相互和谐统一的合理途径与方法。依循中国古典园林的特点、精神与启示对城市整体空间环境统筹规划设计，追求与实现城市整体空间自身与客观环境相互和谐统一的过程，是适应现代城市整体景观规划设计与发展的必然趋势，同时也是继承与发展中国古典园林精神理念、空间处理手

法的过程。在这样的历史发展阶段与条件下，公园景观规划设计必然对继承和发扬中国古典园林精神理念、空间理念具有积极作用。

（三）对提升城市意象、保护与体现城市的历史文脉具有重要意义

公园景观规划设计应遵循中国古典园林因地制宜与天人合一的理念，因而在规划设计城市整体空间时尊重与保护城市自身的生态环境，结合城市各自独特的地理气候条件和历史文化将城市整体空间视为如同公园一般的有机整体，在满足城市功能与发展需求的同时，具有体现城市个性与气质的意境美感，让在城市中生活的每个人在城市的每个角落都能够感受到如同身处公园之中的舒适惬意和审美享受。在这样的城市景观规划设计理念与目标下，公园景观规划设计有利于发觉与提升城市的意象特点，尊重每个城市的个性，发掘唯一性，能够有力地避免目前千城一面的城市形象，有利于保护与体现城市的历史文脉，体现中国古典园林源于自然、尊重自然与和谐的思想。因此，运用公园景观规划设计对提升城市意象、保护与体现城市的历史文脉具有重要意义。

（四）顺应现代城市发展趋势和特点

在总结与归纳现代城市景观规划设计理念与方法的基础上，加以区分、借鉴和提升。公园景观这一城市景观的规划设计理念既结合中国古典园林的规划设计思想和特点，又面向现代城市景观规划设计的发展需求，统筹城市视觉意象和整合城市总体空间，同时顺应现代城市景观服务于城市空间中每个人的民主化、大众化的发展趋势。将构成城市空间中的各类型空间依其自身不同的形态类型和在城市整体景观构成中的各自属性加以分类，结合各个城市自身特点并尊重自然生态和谐与可持续发展的客观要求，对构成城市景观的整体空间进行规划设计。因此，公园景观规划设计对发掘、提供、构建能够顺应现代城市发展趋势和特点的城市景观规划设计的必要途径、方法、理念具有积极的贡献和意义。

第二节 口袋公园

一、口袋公园的概念

目前，国内外的文献中尚未给出较明确的定义，许多国家对于口袋公园的称呼有所不同。西方发达国家称其为口袋公园、迷你公园、绿亩公园、袖珍公园、小型公园、贴身公园等。我国的张文英教授在《口袋公园——躲避城市喧嚣的绿洲》一文中是这样界定的:"口袋公园,是一种规模很小的城市开放空间,它们常呈斑块状散落或隐藏在城市结构中,直接为当地居民服务。因为口袋公园常是随机产生的,其分布更趋向于离散,相互之间没有关联,不需要连成一片,但如果能以步行道系统将它们连接会更方便。"

二、口袋公园的特点

1. 面积微小、不规则:口袋公园又称袖珍公园,这与其面积微小有关,一般一个口袋公园可能就是1~3个宅基地的大小。

2. 亲切安全性:口袋公园通常是充满人情味的绿色小空间,适合人们游憩与交往,贴近人们的生活,因而能够使人们觉得亲切舒适,具有安全感。

3. 近距离可达性、便利:口袋公园一般与主干道、广场或者建筑相邻,很少会设置在一些隐秘位置,使用方便,同时节约土地和资源,为人们提供了游憩与交往的空间,更贴近人们的生活和工作。

4. 放置灵活、应用范围广:口袋公园通常是由空地或者废弃闲置空间发展起来的。它不需要什么特定的场地,可以被放置在任何被需要的地方。

5. 利用率高:因为口袋公园有容易到达的特性,因而具有较高的使用频率。公园在人们的身边,使用便利,所以使口袋公园成为在所有的城市开放空间中使用频率最高的绿地。

三、口袋公园的功能

1. 生态功能

数量众多的口袋公园遍布在城市各个角落,为城市提供可渗透的地表界面,同时为小动物,尤其是鸟类提供栖息廊道。绿化率在50%以上的口袋公园可以形成一定的小型生态环境,调节微气候,提高小环境的空气质量,同时还能够起到防震减灾、降低噪声等作用。

2. 社会功能

城市公园应为社会大众的交流提供平台,并积极为人们的交往创造条件。口袋公园因其小且无处不在以及贴近人们的生活，成为城市居民的主要室外活动场所，为其提供了丰富的户外活动的场地，促进了人与人、人与自然、人与社会的交往（见图9-1和图9-2）。

图9-1　武汉口袋公园

图9-2　上海口袋公园

3. 景观功能

口袋公园是城市绿地景观的一部分，大部分位于城市主要街道交叉口、居住区等方便居民出行的地方。它能够装点街景、美化城市、丰富城市空间层次和提升城市形象；形成特定的城市景观特征，体现城市的文化、历史风貌，构筑独具特色的城市风格；与城市绿地系统构成良好的连接，增加了城市绿色空间的连续性，在城市中形成一个绿色的网络。

4. 心理功能

口袋公园为人们提供了释压的场所，能使人们获得心理上的满足和快感，从而减轻人们背负的各种压力。这种满足和快感会延伸到其他活动和领域中，对人们整体心理状况的改善有明显的促进作用。

5. 填补功能

口袋公园的填补功能主要表现在两方面，一方面是对城市建筑间的留白进行填补，另一方面是对城市的历史和人们的记忆进行填补。

四、口袋公园的分类

口袋公园按不同的标准有不同的分类方式，这里主要从功能的角度来分类。绿色开放空间由城市绿地、专业绿地、生态绿地构成，类型包括居住型开放空间、工作型开放空间、交通型开放空间、游憩型开放空间。绿色开放空间的这四种类型，恰好诠释了口袋公园的功能——以某种功能为主，并兼有部分其他功能。根据绿色开放空间的分类方式，口袋公园可根据其主要解决的功能问题分为居住型口袋公园、工作型口袋公园、交通型口袋公园和游憩型口袋公园。

五、口袋公园规划设计的原则

1. 系统性、协调性原则

口袋公园是城市微观环境的重要成员，是城市绿地的一部分。在宏观规划设计时，应始终将其纳入城市体系中去考虑，协调好口袋公园和周边环境的关系，同时也要保证口袋公园中各个要素间有良好的组织和联系。

2. 安全性、可及性原则

口袋公园作为免费为人们使用的全面开放的场所，一般要设在方便市民活动的地方，并且人们能在较短的时间内步行快速、准确到达。口袋公园方便可及、利用率高，每个人都可以进入其中，这样就会有不安定的因素存在，若不进行安全管制，口袋公园有可能成为不安定场所，造成社会问题，因此要特别注意安全问题。

3. 功能性、人性化原则

对于口袋公园的设计，必须满足口袋公园的使用主体——人的心理和行为需求。口袋公园是完全对外自由开放的小型绿色空间，它的主要功能就是满足人们的日常户外活动的需要。在设计时，从具体人群的生理、心理行为特征出发，从人们对环境的使用需求出发，从人们对景观的感性认识规律出发，满足各种人群的需求（见图 9-3）。

图9-3　上海新华路口袋公园

资料来源：上海水石建筑规划设计股份有限公司

景观规划设计

4.可持续性原则

现在，可持续发展思想已经深入人心，随着人们对物质文明与精神文明需求的追求以及人性化设计理念的发展，口袋公园作为使用频率最高的绿地，需要不断地更新和持续性发展，才能让经常来口袋公园的人产生新鲜感，使它在人们心目中的地位一直保持平衡。

六、口袋公园规划设计的程序

1.周边环境的调查分析

这是设计的前期准备工作，为后续的设计做有实际依据的铺垫。主要对设计地块及其周边环境进行调查分析，包括了解场地的气候、土壤条件、植被情况，分析周边的交通环境、建筑位置业态，解析历史文化背景，掌握场地的利弊条件等。把收集到的相关因素做全面的分析，并将有价值的信息进行记录、整理。

2.口袋公园使用者的确定

口袋公园的使用者几乎都是采用步行的方式去公园，所以为确定口袋公园的使用者，设计师应当以基地周围四个街区为半径，对这个范围进行调研分析。根据对场地所处的位置和周边建筑的性质的分析，还有对附近主要人群性质的调查来确定使用者。例如，若周边居住性的建筑很多，那居住的人的年龄层次就比较大，对这个公园的使用就是以老年人和儿童为主，在设计中就要重点考虑老年人和儿童的需求。

3.方案设计

在对基地进行分析、掌握文化背景、确定使用者及需求后，就要确定口袋公园的类型和主题，开始有针对性地进行方案设计。首先进行功能区的划分，安排好各种用途的优先顺序，必须先满足地块所承担的主要功能的要求。口袋公园的使用者由于年龄、性格、性别、经济水平、健康状况等不同，在口袋公园内活动的需求就各不相同，应尽量避免使用群体之间出现矛盾冲突。这里要特别指出的是公众参与设计的重要性。在设计时，通过媒体介质、召开座谈会等途径让公众参与口袋公园的整个设计过程，这样由公众共同参与设计建设起来的口袋公园，会让他们对其更具认同感，并且会更愿意去使用和爱护它。

4.后续的跟踪服务

在口袋公园建成后，还要关注后续的服务，注意口袋公园使用情况等信息的长期反馈，并及时做出调整，这样才能让口袋公园持续更好地存在。例如，有口袋公园规划设计不合理、不到位的地方，设计师要根据反馈信息进行修改。而反馈信息通过多种途径来收集，如不定期对口袋公园进行观察、记录，对使用者进行访问等。

第三节　城市综合公园

一、城市综合公园的定义

城市综合公园是城市的中心景观，可以举行重要的大型活动，有较好的生态环境，可以帮助人们放松心情、休闲娱乐。它也是传播城市文化的重要形象大使，是城市文化的重要载体和特色。

二、城市综合公园的功能

1. 环境功能

大多数城市综合公园是整个城市中绿地面积最大的地方，所以政府会投资大量的人力和物力来帮助美化城市的景观。并且兴建城市综合公园还可以改善生态环境，帮助人们呼吸清新的空气，降低人们的呼吸道疾病的发病率。绿植不仅能够在很大程度上净化空气中的污秽、保持空气的新鲜，而且一个城市拥有一个好的绿化环境会给城市的居民带来好的心情，能在视觉上给人以美的享受，还会对局部小气候的改造有明显效果。绿化也是抑制灰尘、甲醛、粉尘、汽车尾气的重要手段，所以城市综合公园也被人们称为"城市中的氧吧"。

2. 经济功能

在经济快速发展的当今社会，越来越多的人追求精神上的享受，在加班、熬夜的同时计划着如何充分利用假期时间，如何丰富工作之余的生活，如何更好地放松自己，因此，旅游成了大多数人的最佳选择。这使得城市旅游业的发展越来越快速，去城市旅游的人越来越多，城市综合公园也就成了城市旅游的具有标志性的大型景点（见图9-4）。

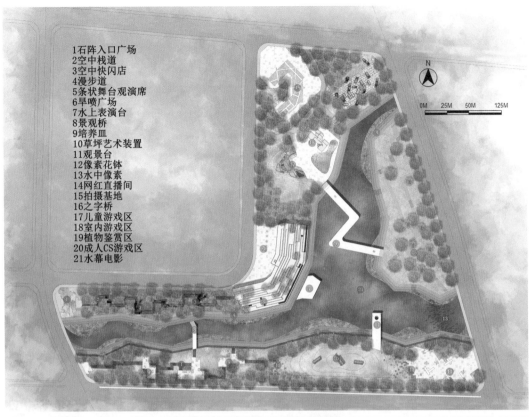

1石阵入口广场
2空中栈道
3空中快闪店
4漫步道
5条状舞台观演席
6旱喷广场
7水上表演台
8景观桥
9培养皿
10草坪艺术装置
11观景台
12像素花钵
13水中像素
14网红直播间
15拍摄基地
16之字桥
17儿童游戏区
18室内游戏区
19植物鉴赏区
20成人CS游戏区
21水幕电影

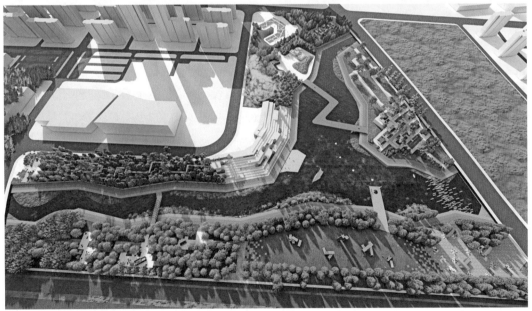

图9-4 江阴临港新城"集装箱码头"公园设计图
资料来源：张晗雪绘制

3. 社会功能

大多数的城市综合公园较为宽广，所以很多城市举行重要的活动时都会选择城市综合公园。当城市发生大型灾难时，它可以给救援游客的直升机当作降落场地，可以提供地方给游人当作安营扎寨的居住地，还可以供人们摆放避难的物资，医护人员可以设置临时急救站给受伤的人员治疗，所以防灾避难是城市综合公园至关重要的功能。

三、城市综合公园存在的问题

1. 公园雷同化

雷同通常是由于公园规划设计时没有因地制宜，设计者漠视了公园独特的文化底蕴，也缺乏深层次地挖掘当地特色资源，使设计与建设流于形式，从而使原有的自然和人文特色淡化，甚至逐渐消失。很多地方的公园设计少有创新，往往是国内学国外、西部地区抄袭东南沿海地区、大城市照搬特大城市。新建公园之间的游乐项目也差别不大，多是划船、烧烤、溜冰等项目。于是，很多市民觉得新建设的公园面孔大都有些相似，雷同化正在使公园失去特色、令人生腻。

2. 缺乏精品景点和精品游线

很多公园采用边设计、边建设、边开放的建设模式，属于所谓的"短、平、快"项目，从设计到施工都是速成的产物，在设计和施工上存在种种不足之处，这样建成的公园必然是不完善的。这种建设模式固然可以提前开放公园，及早为市民和游客提供服务，但也存在多种弊端，如缺乏精品景点和精品游线。游览路线缺乏稳定性，即便是游客较多的景点也存在游览内容单调和活动项目设置不当的问题。

3. 公园设施缺乏更新和维护

一些公园的游乐设施缺乏更新，基本设施如绿地、亭台楼阁、路灯、桌椅等缺乏维护，致使公园面貌陈旧和游乐设施过时。例如西宁市儿童公园，近年的游园人数减少，门票收入呈下跌趋势，由于资金紧张，公园的基础设施一直没能得到很好的维护；上海鲁迅公园也属于这种情况，虽然公园的基础设施有了少许改进，但游乐项目多年来没有更新，公园的人气在逐渐下降。

四、城市综合公园规划设计的原则

在进行城市综合公园的规划设计时，应注意周边环境（绿地、道路网、建筑群）与公园的密切结合，以免公园成为一个孤立的景点，规划中可充分利用建筑、水体、绿篱、地形等因素将公园进行综合性隔离，既可使街景与园景合为一体，又避免了用高墙完全封闭公园所带来的阻滞感。在具体设计过程中，应遵守以下原则：

1. 与城市整体规划相结合，彰显特色的同时富于变化；

2. 应能满足不同年龄层的居民对公园环境的要求，设置人们喜爱的活动设施；

3. 注意公园的大小比例，小园点景，大园补白；

4. 应能表现时代风格和地方特色，避免景观重复；

5. 因地制宜，充分利用现状自然地形，并与公园的各个景点有机结合；

6. 继承和发扬我国传统的山水园林艺术，同时积极吸取国外造园经验，做到推陈出新。

第四节 郊 野 公 园

关于郊野公园的概念，在我国始于香港，如香港大帽山郊野公园、香港清水湾郊野公园，随后北京、深圳也规划建设郊野公园。欧美国家也称其为郊野公园，其英文为 Country Park。在中华人民共和国住房和城乡建设部颁布的《城市绿地分类标准》（CJJ/T 85—2017）中，将郊野公园归为 EG——区域绿地，这类绿地是属于具有城乡生态环境及自然资源和文化资源保护、游憩健身、安全防护隔离、物种保护、园林苗木生产等功能的绿地。

郊野公园是介于城市公园和自然风景游览区中间状态的园林绿地，位于城市外围的绿化层，对于改善城市热岛效应和城市生态、美化城市景观背景起到了很大的作用，并与城市绿地系统中的绿点、绿线、绿面构成了完整的城市生态环境绿化体系。

一、郊野公园景观的特征

1. 自然性
郊野公园景观属于自然景观，因而具有明显的自然性。

2. 多样性

建设郊野公园就是为了保护自然生态、自然生物的多样性。从另一个角度来理解，体现了构成郊野公园景观的材料种类多样、层次丰富、结构复杂。其中包含了丰富的森林植被景观和野生动物资源，也包含了构成森林植被景观的地理环境和人文景观资源，它们共同勾勒出郊野公园景观（见图9-5和图9-6）。

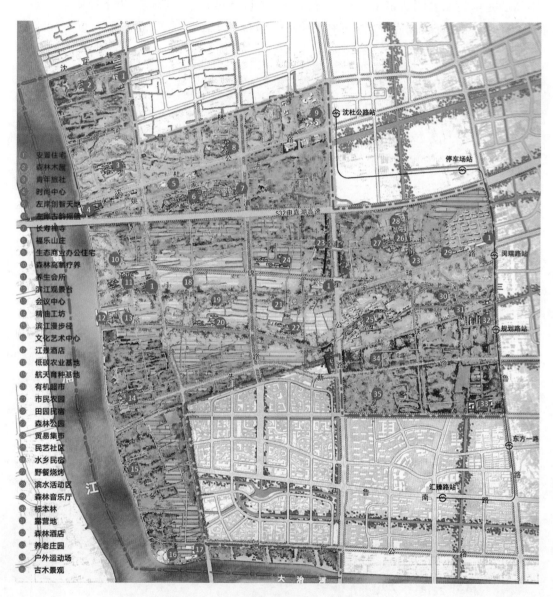

图9-5 上海浦江郊野公园总体规划图

资料来源：上海市规划和国土资源管理局，上海市城市规划设计研究院：上海郊野公园规划探索和实践，同济大学出版社2015年版

景观规划设计

图9-6 上海浦江郊野公园实景

3. 地域性

　　由于郊野公园的选址不同，形成了不同的地理环境，因而景观资源具有明显的地方特色，或者说具有鲜明的地域性。同时，也因郊野公园的类型不同，其地域性、景观的特色性更不同（见图 9-7 和图 9-8）。

上海松南郊野公园规划图

● 接待中心
● 有机农业研究院
● 生态岛小木屋 + 会议中心
● 米市渡中心
● 生态港亲水公园
● 永恒爱岛
● 有机农场中心 + 村子
● 冥想中心 + 健康 SPA

● 烹饪工作坊
● 校园农场项目
● 商住混合开发
● 影视园
● 艺术夏令营 + 丝网版画博物馆
● 体育中心
● 植物园
● 生态水处理中心

上海松南郊野公园规划图-功能分析图

上海松南郊野公园规划图-景观结构分析图

图9-7　上海松南郊野公园规划图

资料来源：上海市规划和国土资源管理局，上海市城市规划设计研究院：上海郊野公园规划探索和实践，同济大学出版社2015年版

景观规划设计

图9-8　上海金山现代农业园转型郊野公园

资料来源：德国珮帕施城市发展咨询

4. 持续性

游客的旅游、观光一般是不会消耗景观资源的，只是旅游活动会产生污染环境的副作用，对自然生态有一定的影响。只要加强保护和恢复，适度利用郊野公园景观资源，其将具有无限重复使用的价值，即具有使用的持续性。

5. 脆弱性

郊野公园景观资源虽具有使用的持续性，但有一定的承载能力，必须控制开发的强度和进行科学的保护，否则一旦人类的开发利用超过自然生态的承载能力，那么自然生态将出现危机。这体现了其具有脆弱性。

6. 增智性

郊野公园景观资源是自然文化，游人可以通过游览、观赏认识自然，包括自然的地形、地物等，从而获得丰富的知识。

二、郊野公园规划设计的理论

1. 景观生态学理论

景观生态学（Landscape Ecology）是以生态学的概念、理论和方法研究景观（即不同生态系统的地域组合）的结构、功能及其变化的生态学分支学科。其以人类和自然协调共生的思想为指导，通过将研究空间分异的地理学方法与研究生态系统动态的生态学方法相结合，研究景观在物质能量和信息交换过程中形成的空间格局、内部功能和各部分相互关系，探讨其发生发展规律，建立景观的时空动态模型，以实现对景观合理保护和优化利用的目的。这是连接自然科学、社会科学和人文科学的一门交叉学科，强调人与自然、环境的关系，对资源开发利用、土地利用规划和生态环境管理具有重大意义。

2. 自然生态美学理论

郊野公园以自然景观为主。自然生态美是郊野公园美的核心，郊野公园的保护、开发利用就要围绕这个核心展开规划设计。讲到自然生态美，就想起传统美学中的自然美。自然美是客观美，是自然风景美的根本特色，包括自然物的形式美、色彩美、动态美、静态美等。在进行郊野公园景观规划设计时，要强调自然美，但更要加强自然生态美。自然生态美指的是自然生态系统的美，这表明它不是单个自然物的美，而是自然物与自然物之间的生态关系的美。自然生态美关注的是生物与环境、生物与生物之间相互联系、相互作用所形成的生态关系是否和谐、稳定和平衡。如果和谐、稳定和平衡，那么该自然生态系统就被认为是美的，否则就是丑的。

3. 生态伦理学理论

生态伦理学（Ecological Ethics）是关于人对地球上的动物、植物、微生物、生态系统和自然界的其他事物行为的道德态度和行为规范的研究。具备生态伦理观，就是要承认自然界的价值和自然界的权利，保护地球上的生命和整个自然界，限制人类对自然的伤害行为，并担负起维持自然环境自我更新能力的责任；就是要求我们采取可持续发展观，正确处理人与自然、人与人之间的关系。可持续发展观有两个基本点：一是强调人类应当与自然保持一种和谐的关系，而不应以破坏生态和污染环境的方式来获得生产成果；二是强调当代人应留给后代人本应享有的同等生活、消费与发展机会，对自然资源不要过度掠夺或破坏，不应耗尽资源。

三、郊野公园规划设计的原则

1. 自然原则

从郊野公园的整体来说，应是自然式园林，其受保护的部分是自然的状态，所以人工建设的部分也要体现自然，与自然相协调。例如在恢复区，所种植植物的平面上应采取自然式种植，让植物自由生长，体现自然的形态，一切规则式种植或人工修剪在这里都看不到；立面上应是乔木、灌木、地被的复合层次和结构，尽显自然韵味。园路的铺装纹样也应该是自由式的，有一定的随意性，尽力抹去人工的痕迹。对于开发区中的娱乐设施，则应避免安装大型的设施，而应是结合地形、环境来布置一些趣味性的项目，少用钢架、机械类设备，以免破坏自然环境和影响景观。

2. 朴实原则

朴实，主要体现在景观的外观特征上。自然界的景观均具有此特征，郊野公园需要的也是能体现此特征的这些景观。郊野公园不同于城市公园有过多人工雕琢的造景，也不同于风景旅游胜地有秀丽的景观，它应体现的是自然景观的质朴美。因此，郊野公园景观规划设计要注意人工建设部分的构筑物和园林建筑的色彩都应朴素，可采用一些灰色调，更贴近自然色彩，更显得古朴，如此容易与自然中的其他构景素材相协调。

3. 野趣原则

人们离开城市公园奔向郊野公园，主要的目的就是追寻郊野的乐趣。所以，郊野公园景观规划设计应该根据游人的心理需求来处理各类景观，营造郊野公园特色景观。

第五节 森林公园

森林公园景观是一种特殊的景观，是指在森林公园内所有具有旅游价值或生态功能的资源，可以理解为以森林景观为主体、其他自然景观为依托、人文景观为衬托的森林旅游环境，以及一切具有观赏、文化、科学价值的森林景观资源和园外可借景物。

森林景观是特指在具有高度空间异质性的区域内相互作用的景观要素，或森林生态系统以一定规律组成的地理空间单元。它是以森林植被为主体的一种自然景色，是在一定条件下地理位置、气候、土壤、生物等多种因素长期作用的结果。森林景观不仅仅是各景观要素的简单组合，而是在特定区域内、特定的气候和光热等条件下，植物资源与山体、水体、天象、生物资源等共同作用的结果。如果有某一种景观要素有所改变，那么整个森林景观效果就会发生本质的改变。

一、森林公园的特征

森林景观资源是兴办森林公园、发展森林旅游的物质基础，是旅游资源中很重要的一部分。森林景观资源与其他自然资源一样，也有其自身的特点，主要包括以下几点。

1. 自然性
由于森林景观是未经人工雕琢的自然景观，属于一种自然客体，是由各种外界因素组合而成的景观效果，其具有明确的自然属性。

2. 多样性
组成森林环境的内容种类多样、结构复杂、分布广泛，不仅包含了丰富的森林植被景观和野生动物资源，还包含了构成森林植被景观的地理环境和人文景观资源，它们以不同的形式互相渗透，广泛分布于森林公园的地域空间里（见图9-9）。

图9-9 上海共青国家森林公园实景

3. 地域性

森林景观资源是以活的有机体为主组成的，其正常生活受到环境的制约，具有鲜明的地域性，主要体现在地方特色和民族特色上。

4. 交叉性

森林景观资源是相互作用的景观元素组成的一个地理空间单元，同一森林公园内多种类型的资源交叉分布，森林野生动植物、自然地理景观和人文景物融为一体，在互相联系和互相制约的环境中，协调共存，不断发展，共同形成独具特色的森林景观类型。

5. 永续性

绝大多数森林景观资源具有无限重复使用的价值。除少数森林景观资源会被旅游者消耗掉，需要人工培育补充外，多数森林景观资源是不会被游客消耗掉的。但是旅游活动也常产生污染环境的副作用，只有加强森林景观资源的保护，科学合理地开发利用、经营管理森林景观资源，才能使这种资源的永续性得以充分发挥。

6. 脆弱性

森林景观资源虽具有永续性，大多数资源能再生，但也有一定的承载能力，必须在合理利用和保护的基础上进行。

7. 增智性

森林景观资源具有文化属性。游人通过游览、观光，可以获得丰富的知识。许多森林公园内的森林野生动植物、独特的地质构造、奇妙的自然现象、悠久的历史文化、重要的革命旧址等，都是进行科学考察、教学实践和爱国主义教育的基地。

二、森林公园规划设计的方法

1. 场地分析法

场地是汇集自然和人文并承托自然和人文衍生变化的舞台。场地是有性格的，它的性格就来自活动在其中的自然和人文，同时也成就这些自然与人文的活动。场地也是有潜能的，我们只有通过实地观察，才能把握场地的感觉，把握场地与周围区域的关系，从而全面领会场地的状况。正如兰斯洛特·布朗所说的那样，每个场地都有巨大的潜能，要善于发现场地的灵魂。

尊重场地，因地制宜，寻求与场地和周边环境密切联系、形成整体的设计理念，是现代景观设计的基本原则。通过对场地调查，用心体验特定场地景观的独特品质，深入体会场地及其整体环境的自然属性，才能把自然与人类的关系科学化和艺术化。丹·凯利认为，"一名设计者应该从场地本身开始，以开放的思维考虑它所有的特征，当我来到场地时，通常我对它有一种直觉的理解和反应，它直接和我对话"。只有对场地景观资源进行充分发掘与利用，才能做出看上去就像没有经过设计一样的最好设计。因此，场地分析法是一种为了更好地进行场地规划设计而对场地进行实地考察，对场地内的自然特征、资源现状、人文特征、场地内外联系及景观体验等进行记录和分析的科学方法。

2. 公众参与法

公众参与法就是在社会分层、公众需求多样化、利益集团介入的情况下采取的一种协调对策，它强调公众对规划编制、管理过程的参与、决策和管理。今天，公众参与的影响一方面在空间范围上已经扩展到了欧美国家以外的更广泛的地域（如日本、韩国等），另一方面在社会操作深度上（特别是主要发达国家）通过规划的条例化和制度化以及决策机构的组织和工作程序保证了公众参与得以切实体现。

三、森林公园规划设计的要点

森林公园规划设计要最合理、科学地利用森林景观资源，开展森林游憩活动，使森林资源的保护与森林游憩利用等各种效益的利用达到和谐与统一，为游人观赏森林风景提供最佳的条件和方式，使森林公园成为环境优美，生态健全，供人们休憩、娱乐的场所。森林公园景观规划设计要点主要包括以下几个方面。

1. 以保护森林生态环境为主体，遵循开发与保护相结合的原则，突出自然、野趣和保健等多种功能，因地制宜，发挥自然优势，形成独特风格和地方特色。

2. 充分利用现有林木资源，对现有林木进行合理的改造和艺术加工，使原有的天然林和人工林适应森林游憩活动的需求，突出其森林景观，切勿在森林公园中大兴土木、加入过多的人工元素，否则会使森林公园丧失其自然、野趣的特征与优势。

3. 确定合理的环境容量，其根本目的在于确定森林公园的合理游憩或承载能力，即在一定时期、一定条件下，某一森林公园的最佳环境容量，既能对森林景观资源提供最佳保护，又能使尽量多的游客得到最大满足。因此，在确定最佳环境容量时，必须综合考虑环境容量、社会经济环境容量及影响容量的诸多因子。

4. 森林的密度不宜过大，应具有不同林分密度的变化，尤其是林道和林缘，是游客视野中最直接的观赏部分，因而对森林景观质量有显著影响。如果全部采用多层垂直郁闭景观布满林缘，往往会使游客视线闭塞、单调，易产生心理上的疲劳。因此，多层结构占比应在2/3或3/4左右，同时应注意道路两侧林缘的变化，使游客可通过林缘欣赏林下幽静深远之美，既可感受近景，又可遥视远景。

5. 森林景观应有变化，应有不同的树种、林型，不同的叶形、叶色、质感以及不同的地被植物，应具有明显的季相变化，最好是高大乔木、幼树、灌木、地被及草地共同构成的混合体。

6. 森林景观应与地形、地貌相结合，避免直线式僵硬的林缘线和几何形的块状、带状混交林，一般天然林比人工林、成熟林比幼龄林、复层林比单层林、混交林比纯林的森林景观价值高，尤其是湖泊、河流等水体，可大大提高森林景观价值。

森林公园的景观多以森林景观和自然景观为主，也不乏文物古迹及人文景观，一般多位于城市郊区或远离城市，属林业主管部门管理。因此，开展森林游憩活动，一定要树立保护文物古迹的思想，同时要建立相应的救火设施系统，并防止森林病虫害的发生，保障林木健康生长，给游客一个优美的、安全的、和谐的森林环境，这也是森林公园的主要职能。

第六节　道路绿化景观

在城市发展中，交通道路建设是一个必不可少的元素。随着人们生活水平的提高，对道路建设的质量有了更高的要求，对道路绿化也越来越重视。建设一个既满足交通功能要求又有生态美观绿化景观的道路，会给人们带来整洁、清新的感觉，也给城市建设注入了无限生机。道路绿化景观既是城市景观的网络，又能提高城市生态环境质量，使之达到人与自然和谐共生的目的。

道路绿化景观包含道路使用者所见的路内景观与路外的生态景观。路内景观的构成元素是植物、人行道、构筑物及设置的各种小品等元素。路边则有自然形成的生态景观，是两侧林带、文化、建筑等环境的统一整体。道路绿化景观既有工程属性，又有生态属性。通过整体的设计、单体的美化及绿化，可塑造一个生态和谐的道路绿化景观风格。

一、道路绿化景观规划设计的原则

道路绿化景观是城市整体面貌的"第一印象"，一个城市的道路绿化景观直接影响到这个城市的整体景观，所以设计者在进行道路绿化景观设计时必须考虑到以下原则。

（一）安全性

安全性是道路绿化景观设计中要考虑的第一要素，在设计强制性条文的指导下，要注意道路绿化景观设计中的安全视距、行道树与道路间的净空标准等原则。

（二）生态性

在进行道路绿化景观设计时，要具体情况具体分析，充分考虑道路与城市的风向、位置等，充分利用绿化的生态属性，选择优良、适宜的绿化植物，形成优美、稳定的景观。

（三）可观赏性

注意绿化的整体性和连续性，结合设计的基本原理，营造美观的绿化景观。

（四）可识别性

道路在某种程度上是一个城市的标签，也就是说设计者要有全盘思想，设计时要强化城市的地方特色，要形成有特色的街道空间。

（五）舒适性和便利性

道路绿化景观要与城乡道路的性质、功能相适应，满足人们的心理和生理需求。

（六）地域性

在设计之前，应对现场做好深入的调查研究。对道路周边自然形成的生态景观、人文景观和现有的建筑景观摸查清楚，并找到其特点。特别是要对自然的山林、湖泊、田野等进行分析，在设计中把它们有机地融入道路绿化景观中，创造出一个真正和谐共生的生态走廊。

二、道路绿化景观规划设计的要点

（一）城市道路绿化

城市道路是连接城市节点的交通网络，其功能比较多样，有以车行为主的交通干道，也有以人为主的步行街等。作为设计者，应该遵循城市规划的要求，以及因地制宜、适地适树、合理种植的要求，系统地分析此路周边地块的使用功能，解决好使用此路段的人群所需要的功能，在此前提下创造好的道路绿化景观设计（见图9-10）。

1. 两侧绿化带

两侧绿化带，应根据周边地块的使用功能对植物种植方法进行区别，以形成特点。若周围有厂、矿、仓库等，则适宜种植密林，并选用抗逆性强、抗污染、不易燃的树种。若是在人口稠密的住区内，空间资源已经相当紧张，应结合座椅、雕塑小品、大树下的平台栏板等设置组成小型的休闲空间，合理地种植浓荫、开花、有香味的植物，形成居民下班、学生放学后的休闲空间。若周边是行政办公楼，有学校、机关单位等，则应在绿化带中增加一些步道，形成绿色廊道，为

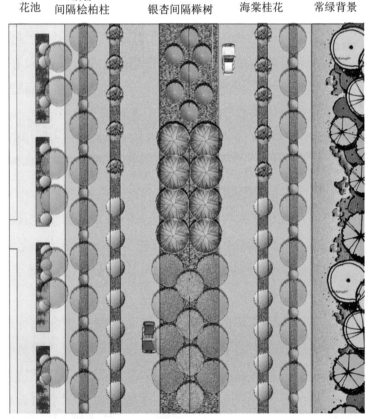

图9-10 湖州长兴开发区中央大道道路标准段绿化平立面图

人们提供污染程度较低、噪声相对较小、远离机动车尾气、气候宜人的步行环境。

2. 行道树配植

行道树应以乔木为主。行道树树种选择的一般标准如下：① 树冠冠幅大、枝叶密；② 抗性强，耐瘠薄土壤、耐寒、耐旱；③ 寿命长；④ 深根性；⑤ 病虫害少；⑥ 耐修剪；⑦ 落果少，或没有飞絮；⑧ 发芽早、落叶晚。种植 2～4 排，视干道宽度和绿化隔离带的设置而异。株距的选择则按乔木的生长情况来定，一般为 5～8 m，苗木规格小时也可以加密一倍，将来再移植抽疏。在靠机动车道的一侧，乔木分枝点的高度应在 2.2 m 以上。

3. 非机动车道

非机动车道即人行道及自行车道。此道路常使用压砖，为了色彩变化，会加上不同的色彩进行组合，但现在也会使用彩色混凝土压印地坪和彩色透水混凝土地坪，以增加变化。为了提高文化品位，可以在路面镶嵌一些有当地文化特色的装饰纹样。树池要有足够的尺寸，上面加盖隔栅，材料可以是铸铁、高分子聚酯材料，或者使用透水混凝土盖板等。在土地使用范围允许的情况下，非机动车道也可以穿插在带状绿地中，因地制宜，宽窄自如，线形丰富，使人们终年穿行在绿色之中。

（二）城郊道路绿化

城郊道路的功能是满足人们搭乘机动车往返市郊之间，其特点是穿过大量的山林、田野、湖泊、村镇、农庄等地块。设计者应创造一个由蜿蜒的平曲线和起伏的纵曲线组合形成的，令司乘人员心情愉悦、能体会到动静之美的行车环境。

1. 两侧林带的绿化

两侧林带的绿化是这类道路绿化景观设计的重点。它具有引导视线、预示道路线形、遮掩地形和隔离农庄等作用。两侧林带包含连续的纯林带和混交林带，种植手法要因地制宜、合理配植。为了协调地形，可在单调的平原利用高大的乔木来凸显，感到有高地的视觉，增加天际线的起伏感。在低洼地段种满树木，可以缓和低洼地带的压抑感，使景观轮廓线和高处的绿色植物联系起来，感觉浑然一体。相反，在高坡边种植乔木和灌木，可以掩饰路面过大的起伏。弯道处可考虑植物的行列种植，当驾驶者在阴雾天看不清路牌标志时，有警示作用（见图 9-11）。另外，在弯道、交叉路口的对侧等处，可考虑较大的植物群落，强调障碍。在变坡点与曲线、匝道的端部，种植手法应明显与一般路段不同，起到提示作用。

图9-11　湖州长兴开发区中央大道道路绿化示意图

2. 边坡和路肩的绿化

以土质为主的边坡绿化，宜采用灌木及混播抗逆性强的草种。另外，在下部可考虑种植攀藤植物，坡顶可种植一些垂吊植物。通过绿化使土坡稳定，水土不会流失。对于岩石、混凝土等硬质边坡，可选择悬挂种植槽、分级种植槽来种植垂挂和攀缘植物，或其他抗逆性较强的小乔木、灌木等进行绿化。土路肩的绿化在填方处应注意种植地被和灌木，不宜种植乔木，以防根系对路基造成破坏。既要保护和美化路肩，又要兼顾视线引导功能。

3. 中间分隔带的绿化

分隔带是司乘人员最容易注意到的景观，也是道路绿化景观设计中的重点，有保障交通和协调景观的功能。色彩和韵律是其设计的关键。一般当中间分隔带较窄（小于 1.5 m）时，主要是以灌木种植、规则式布置为主；种植手法可以是连续性、组团式等形式，树种应以少修剪、粗生、有花或有色彩的树种为主。如果中间分隔带的宽度大于 5 m，则应考虑自然式布置，种植乔木、灌木、花草；种植手法可以是组团式或有韵律变化的自然式，也可以是以种植乔木为主的连续式；品种应考虑少修剪、抗逆性强的品种，按设计车速安排种植段落。

4. 互通立交和环岛的绿化

互通立交和环岛的功能是解决复杂的交通问题。其绿化景观设计应首先能满足此功能，并注重体现地方文化特色和周围环境的特点，充分体现整体的景观特色。根据全路段的规划，判断其位置的重要性；结合地形特征，合理配置绿化植物。在植物配置时，要注意互通立交的高差变化和各个观赏角度的不同，切不可忽视其立体空间设计。大型的互通立交应设计具有地方风格的植物，可采用集中群落，不同高度和各种开花植物形成不同的空间，体现恢宏的气势。并根据沿线不同的互通立交，种植不同的骨干树种，形成各个互通立交的特征植物。既达到全线风格的统一，又有不同的特征，便于司乘人员识别，起到线形预告、强调目标、强化标志的作用。

互通立交和环岛由于地幅宽阔，是创造和表达人文文化和地方文化取向的好地方。在这里，一方面可以迎合和表现地方文化特点，另一方面可创造本身的风格。手法上是多样的，可以是大型的雕塑、灯柱、孤石、纪念性构筑物等。通过这些标志物、控制点、视觉焦点、构图中心等，凸显此处环境段落、地理位置的标识性和观赏性。

案例赏析 >>>

上海世博后滩公园

世博后滩公园为上海世博园的核心绿地景观之一，被美国景观设计师协会评为2010 年度综合设计类最高设计奖——杰出奖。世博后滩公园坐落于上海市浦东新区世博会浦东地块 C 片区西南端，西起倪家浜，东至打浦桥隧道，与世博公园紧邻，北靠黄浦江，南侧为园区浦明路，规划总面积约为 14.2 hm²，岸线长约为 1.7 km。该区域是受黄浦江水流冲积作用和潮汐作用自然形成的一片泥沙堆积区域。基地范围内现状主要为工业和仓储用地，场地边缘有较完好的厂房、码头等工业遗存。为此，设计师针对设计面临的场地文脉延续、湿地恢复与重建、会时人流等候与疏散、防洪标准与湿地之间的高差、会时与会后场地的双重需求、现代理念和先进技术的运用这六大问题和挑战，提出了如下六大设计对策：四种文明串写场地脉络，三带一区建构湿地基底，三场九园、步道网络编织交通体系，梯地禾田梳理场地高差，弹性设计满足双重需求，生态理念引领技术航向。此设计方案的主要特色是"一条蓝带串起的四种文明"，其中"蓝带"是指三带一区、三场九园、步道网络形成的总体结构，而"四种文明"分别是"滩"的回归、五谷禾田、工业遗存、后工业生态文化。

三 带 一 区

滨江芦荻带：场地北侧是由芦苇和荻草构成的生态滨河岸线，由步道穿越，自然而亲切。

内河净化湿地带：场地中部形成内河湿地，通过过滤渗透层与黄浦江相通，建立湿地生态净化系统，将河水净化，为世博园区提供景观用水。

梯地禾田带：利用"千年一遇"防洪堤与湿地的 5 m 高差，形成高差错落的梯田，植五谷与经济作物，以田埂为径辟乔木林荫空间。

原生湿地保护区：完整保留场地内滨江原生态滩涂湿地，建立湿地保护区，吸引鸟类栖息。

三 场 九 园

三场：分别为西端"空中花园"广场（通过改造利用工业建筑形成）、中部水门码头广场、东端漂浮的花园（与会展区相联系）。

九园：在场地中建立多个艺术"容器"，形成多重体验空间。

步 道 网 络

以网络的形成构建步道系统，串联各个体验空间，形成便捷、自如的人行交通系统。

"滩"的回归

保留滩涂、湿地，回归自然，回忆渔猎文明。

田 园 江 水

借用农业元素，体验农业文明。

工 业 遗 存

保留工业化时代遗迹，回顾工业文明。

后工业生态文化

构建生态系统，建立多重体验与开放空间，畅想后工业时代文明。

六大设计对策

上海世博后滩公园历经了 2 000 多年的历史变迁，目睹了黄浦江畔农耕经济的兴衰起落，见证了近代民族工业的发展历程，注视着上海跃升为世界大都市的步伐，是一处具有丰厚历史文化底蕴的珍惜绿地。随着城市的发展，它必将成为人们追忆过去、关注现在、展望未来的体验场所。因此，如何遵从生态设计原则、秉承场地文化脉络、满足双重体验需求成为设计面临的第一大问题。为综合解决以上六大问题和挑战，设计师提出了六大设计对策（见图9-12）。

第一：四种文明串写场地脉络

方案采用立体分层布局的方式，以后滩地区发展的时间脉络、空间背景和场地禀赋作为线索，将湿地公园分为湿地生态景观层、农耕文明景观层、工业文明遗存层和后工业文明体验层四个功能层次，由此叠加形成场地的总体功能布局。

第二：三带一区建构湿地基底

方案以"双滩谐生"为结构特征建立湿地体系，共有滨江芦荻带、内河净化湿地带、梯地禾田带和原生湿地保护区四个部分组成。其中，滨江芦荻带和原生湿地保护区主要是指与黄浦江直接相邻的外水滩地。

外水滩地中的原生湿地保护区通过隔离保持其原生态的自然风貌，保护自然湿地免受人为干扰；滨江芦荻带则可大体分为砾石滩湿地和粗沙滩湿地两部分，它们共同完成过滤净化、防潮护坡等功能。内河净化湿地带和梯地禾田带主要是

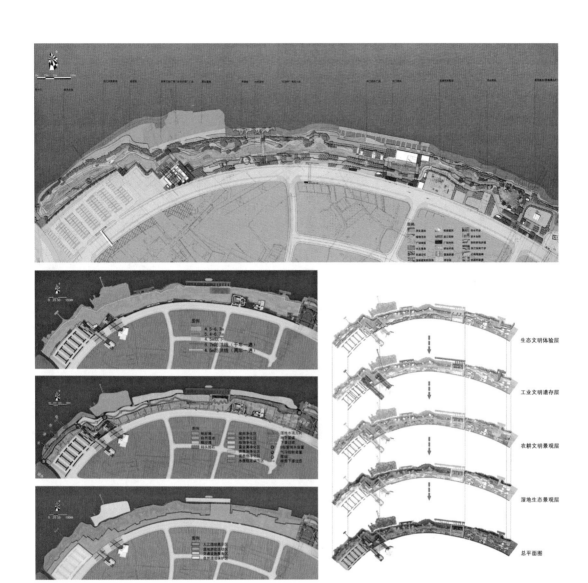

图9-12 上海世博后滩公园规划设计图

资料来源：俞孔坚，土人设计：2010上海世博园——后滩公园，中国建筑工业出版社2010年版

人工湿地带，整体突出湿地生态系统的净化功能以及湿地生态的审美启智和科普教育等功能。外水滩地和内河净化湿地带之间通过潮水涨落、无动力的自然渗滤进行联系，它们息息相关，一同营造具有地域特征的、能够可持续发展的后滩湿地生态系统。

第三：三场九园、步道网络编织交通体系

方案以一环九纵多路径的交通路网和三场九园的休憩场所共同形成场地的交通网络，既确保了场地与外界的便捷联系，又保证了场地内部便利的可达性，很好地解决了世博期间人流的分流问题；在形成不同文明景观体验空间的同时，提供了世博期间人流等候、疏散的场地。

第四：梯地禾田梳理场地高差

方案利用场地农耕文明景观层的梯地禾田来消解"千年一遇"防洪标准与内河净化湿地之间的高差。场地农耕文明景观层主要由梯地禾田带构成，它位于场地与城市的过渡地带。梯地禾田带通过提炼"田"这一特色景观，不仅消解了"千年一遇"防洪标准与内河净化湿地之间的高差，而且反映了场地近千年来的农耕文明景观，有利于场地与城市的融合，丰富了场地与城市交接的景观界面。

第五：弹性设计满足双重需求

本着节约资源、会后尽量减少改动的原则，在功能建筑体和公共服务设施、铺装场地等相关方面进行会时与会后的弹性设计。

功能建筑体和公共服务设施等结合世博会时、会后统一考虑，一方面采用可拆卸、可回收的材料，另一方面进行周密设计，方便其功能转化定位；而铺装场地等因涉及面广，可结合场地现状，选择相关可用于场地铺装的材料（如砖、石废弃物等）及乡土材料（如竹材）。砖、石废弃物等可先进行粉碎，然后在会时可作为场地铺装材料，会后则可转变为绿地的透水垫层等。竹材在会时可作为临时铺装材料，会后则可拆除、粉碎作为有机肥料。

第六：生态理念引领技术航向。

生态与人文理念贯穿于湿地公园的全部设计过程，主要体现在再造湿地公园的相关措施与技术、场地工业遗存保护再利用的措施与技术，以及其他生态可持续发展的相关措施与技术等方面。再造湿地公园的相关措施与技术主要有湿地土壤、微生物过滤等新技术的运用。场地工业遗存保护再利用的措施与技术主要有对工业厂房、构筑物等的保护意识和技术处理手段。其他生态可持续发展的相关措施与技术主要有生态护岸与生态防洪设计、乡土物种与材料的应用、生物多样性的保护意识、材料的节约与循环利用、场地废弃物的再利用等（见图9-13和图9-14）。

生态净化过程

公园的生态净化过程可分为10个步骤：① 初过滤（过滤格栅及自然沉淀）；② 蓄水池（具有自然沉淀池功能）；③ 曝气跌水净化与景观墙；④ 生物/生态净化；⑤ 重金属净化；⑥ 病原体净化；⑦ 营养物净化；⑧ 综合净化；⑨ 水质稳定和控制；⑩ 清水蓄积（清潭粉荷），然后消毒加压输送。

图9-13 上海世博后滩公园实景（1）

图9-14 上海世博后滩公园实景（2）

主要植物配置

公园内植物品种在原则上宜为黄浦江水系及其湿地的乡土湿生植物，极力回避外来物种和引进物种。湿地水生植物以湿生的草本被子植物为主，选用上海乡土的湿生乔木类、耐湿灌木类、湿地草本植物类、水生植物类植物。

动物群落的多样性

湿地介于水体和陆地之间，它的动物群落包括鸟类、兽类、爬行类、两栖类、鱼类等，而这些动物群落及其环境形成了一个整体的水生生态系统，其中生产者（浮游植物、水生植物、草本植物、耐湿乔灌木）→第一级消费者（水生昆虫、食草鱼类）→第二级消费者（两栖类、食肉鱼类）→第三级消费者（爬行类）→高级消费者（鸟类）→腐物寄生菌→无机营养盐→生产者，形成完整的食物链循环。

拓展阅读 ▶▶▶

文 化 公 园

文化公园是以宣传文化为目的公园，突出的是人文环境，是人类文化的积累，重点就是表现人文。

产 生 背 景

1. 文化公园是城市文化的具体化

文化公园以不同文化为主题，通过提纯、浓缩，并通过艺术、景观等手段展示出城市文化特征，使得城市文化成为一种雅俗共赏的、大众的、具体的实体物质形式。例如，文化主题公园中通过模拟古代发展史、文学名著故事、历史演进历程等来创造情景化景观，把现代人们从书本带到了直观的文化环境之中，在休闲中感受不受时空、思维限制的精神世界；人们对日常生活司空见惯的事物往往很难产生新奇感和探索欲望，而具备一定时空距离、较大文化差异或超出传统文化范畴的文化主题公园则很容易对游客形成吸引力。将较抽象和有距离感的文化等通过具体的旅游产品设计让游客客观感受，是很多文化主题公园成功立足的秘诀之一。

2. 文化公园是城市文化旅游发展的突破口和旅游文化创新的必然产物

一方面，正如首届中国国际文化旅游节上将大唐芙蓉园、清明上河园、锦绣中华·民俗文化村等文化公园评为"影响中国旅游的一个文化主题公园"一样，文化公园是不少文化名城提升城市文化旅游的突破口；另一方面，文化的继承与发展是以文化创新为前提的，文化公园是旅游文化创新的必然产物。例如，尽管我国许多少数民族有自己的文化，但这并不能自动地组成旅游文化，直到中华民俗文化村中把这些文化演绎成文化宣传形式时，再与特有的建筑和景观汇成一个整体，才形成了别具风格的旅游文化。

3. 文化公园是城市公园景观设计的重要内容

城市公园景观设计受到所在城市文脉的影响越来越大，因此植根于城市文脉的公园景观设计概念是十分必要的。文化公园是城市公共绿地景观的组成部分，同样可以发挥

景观规划设计

城市"绿肺功能"，改善城市生态环境，是兼具"人气"和"自然气"的"绿化器"。

主 要 特 征

1. 主题文化性

文化公园的主题可以由时间、空间和文化三个不同的角度、不同的层次权衡，并在三者互相关联和交叉的过程与结果中显示出来，强调和突显文化性。不同于城市自然风光、历史遗迹，文化公园的主题通过现代手段呈现出清晰的文脉和深厚的内涵，它是将不同时空的一种或多种文化元素集合在一起，通过科技、娱乐项目、景观营造等方式解释和传递文化。对旅游者精神生活需求的注重，提供对城市文化的感性和理性的体验场所，就要求文化公园的主题必须讲求文化性。

2. 娱乐及普遍参与性

文化公园继承了公园的娱乐性，是在人们物质文化充实下满足人们不断提高的精神需求，在文化熏陶下融合文化体验的娱乐活动于园内，体现文化的娱乐性。倘若不具备参与性的文化公园是毫无生命的机械产品，不能伴随普遍参与感的文化公园设计会导致走马观花式游览，既降低游客消费的可能性又造成资金和资源的浪费，最终一定会使文化公园的生命力减弱。

3. 独特的地域文化

文化公园相对于一般主题公园而言，在文化和地域的独特性上有更加广阔的开发价值。文化公园的区位选择必须考虑地域独特性，万万不可随时随地、肆意建造，而必须与所选的一种或者多种特定的文化主题相关，可以涉及城市从古到今、从历史到民俗、从农业到工业等主题，这些内容必须具备唯一性和不可替代性。在文化主题开发越来越饱和的今天，不同区位、不同主题的文化公园的个性区分，无论是以现代时尚文化为主、以纪念性文化为主还是以历史文化为主，都应顺应和协调地域文化并创造性地挖掘其特色的文化主题，将所在地域的历史、民俗、科技等文化作为景观表达的内容，经过景观设计方法提炼和传播，从而建造具有个性和特殊吸引力的文化公园。

4. 功能的多重性与系统的开放性

文化公园不仅与一般公园一样具有美化环境、休闲娱乐等功能，而且具有传播主题文化、提高城市形象、记载和延续城市文脉等多重功能。一个城市的文化公园不是为某几个人或某一类人群专有建造的，而是具有能够为多数人服务的多重功能。从系统论的观点来看，任何系统都必须开放，反之会在很大程度上自我循环、自我抵消、自我冲突，最后走上一条死路。只有一个和外部不断进行能量、信息、材料交换的开放性系统，才能永远保持旺盛的生命力。旅游城市是一个大系统，文化公园是这个系统内的一个子系统，需要具备系统开放性特征才能持久地发展下去。

5.景观的真实性和延展性

文化公园应反映人类文化的真实性，主题的感知靠真实的文化来传递，应按照真实的文化内涵来设计，真实地反映历史、异域风情等。文艺表演或真实情境化设计让景观变成制造文化传播的手段，可以将自然与文化资源转变为人性化的观赏体验过程，营造出直观的、真实的文化感知。文化公园可以通过对城市文化内涵的提炼、塑造，以及对某个时代特征文化元素的再次创作和升华，形成新景观设计创意和延展，提升文化公园产品的吸引力和升级空间，如典型历史故事、典型时代特征在主题景观营造中的应用。

主要表现形式

1.文学表现形式

中国园林具有深厚的文化内涵，盛唐以来，许多文人不仅参与造园过程，还将诗词、歌赋等文化融入造园中，突显了公园的人文景观。由此可见文学与公园的联系，即文学是公园文化持续发展的源泉。文化公园可以通过大量文学要素不断提升和丰富公园文化，这样既提高了游客的文学见识，也增加了公园的可赏性。

2.文化活动表现形式

公园内的各类活动是公园重要的组成部分，这类活动既有传统的，也有现代的。传统的活动包括茶艺、诗歌等，现代的活动包括展会、花艺、舞蹈、美食、宣传等。这类活动具有群众参与性，是群众喜闻乐见的一种形式。这样在宣传文化的同时，也宣传了公园。

3.科普活动表现形式

当今社会，科技水平不断提高，许多新知识、新技术的发展日新月异，并被广泛运用到日常生活中，但大多比较深奥，很难为公众所掌握。在文化公园开展科普活动是公园在文化服务功能上的一个扩展，是一种新的文化形式。

景观设计原则

1.整体设计、因地制宜的原则

文化公园景观的整体设计原则体现在景观设计初期调查、设计、施工和建成效果之中。文化公园景观塑造要整体考虑、综合设计，除了要满足植被、气候、土壤和地形之间的和谐，人文景观与自然景观的统一，建筑的布局与地形的统一等之外，还要将这些自然特征之上的人、文化也融入文化公园的整体环境中。

2. 地域性原则

文化公园继承了该地域地方景观和文化，并作为一种文明财富存在于所处地域的自然、文化和历史层面。其中，地域特征包括特定区域土地上自然和文化的特征，它是由自然成因构成的天然景观，或是由人类长期生产、生活所形成的人文景观。要想使文化公园具有持久的生命力，需要从地域文化、历史渊源或民俗风情入手，以地域性原则设计与游人对城市文化形象感知相符合的景观环境（见图9-15）。

3. 可持续性原则

文化公园景观不是镜花水月，也不是昙花一现，其景观的人化或人化的景观都应建立在经济、社会、文化等的可持续发展的基础上，保证所在城市发展的和谐。一方面，在不破坏已有自然资源的基础上，利用可再生资源和不可再生的自然材料进行科学的景观设计；另一方面，文化公园属于文化旅游资源，除具有科研、教育、游憩利用价值

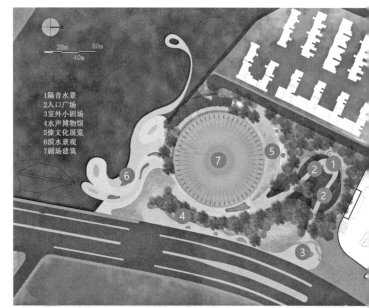

1 隔音水景
2 入口广场
3 室外小剧场
4 水声博物馆
5 傣文化展览
6 滨水景观
7 剧场建筑

图9-15 西双版纳傣秀剧场公园设计图
资料来源：耿聚堂绘制

外，需具有可供人们将来或子孙后代利用的存在价值、遗产价值和选择价值。

4.文化的真实与创新性原则

文化公园景观设计的核心是它所反映的人类的时代观念，以及科技与审美的真实性，历史、异域风情和文化的真实性，应尽力做到"假景真做""假景真文化"。另外，文化公园景观不可千篇一律，文化主题的演绎应新颖和独特。例如，清明上河园是以《清明上河图》为蓝本，创造性地再现了一千多年前北宋汴京城的繁华景象，开创了国内文化主题公园大型实景演出先河，为后人了解、感知、体验北宋文化提供了一个真实的场景。

复习思考

一、公园、绿地景观规划设计的类型有哪些?

二、当代公园、绿地景观规划设计的主要原则有哪些?

三、简述不同类型的公园、绿地景观规划设计的主要设计手法。

四、结合当代特色的公园、绿地景观规划设计案例，简述其主要创新点。

五、思考公园、绿地景观规划设计的未来发展趋势。

第十章

Chapter 10

旅游度假
规划

旅游业的发展带动了所在地区周边经济的发展，在我国的国民经济当中有着举足轻重的地位。近些年，我国经济的快速发展，加之现代化的快速发展、交通的便捷，出门旅游成为人们生活当中不可或缺的一部分。旅游度假的产生体现了人们对精神需要的追求。旅游度假是经济体系发展与历史环境价值的总和的体现，有助于提高城市知名度、带动市场经济发展，更有助于保护当地的自然环境，使其成为人们旅游度假的场所。随着经济的高速发展，物质消费已经不能满足人们多样化的需求了。现代人群更喜欢感受自然的美好，通过体验生态旅游和大自然零距离接触。当人们饱食精神的食粮、充分享受精神的满足时，就体现了人与自然的和谐、历史景观和现代科技的融合，这就意味着一个旅游度假区的外观设计是很重要的。

第一节　旅游度假区规划概述

一、我国旅游度假产业发展的现状及存在的问题

（一）我国旅游度假产业发展的现状

旅游业的发展离不开经济的支撑，旅游度假产业更是如此。我国的旅游度假产业兴起的第一大原因就在于经济的增长。因此，可以说我国旅游度假产业是在改革开放以后才逐渐兴起的。在经过多年的发展后，我国旅游度假产业已进入了一个黄金发展期，全国上下兴起了一股旅游度假区建设热潮，形成了众多旅游度假区，我

国的旅游度假产业呈现出蓬勃发展的态势。

1. 休闲旅游的发展范围不断拓宽，不管是城市还是乡村的休闲旅游产品，在设计上逐步体系化与多样化，很多地方都将地方规划与休闲旅游发展相结合，一方面能够发挥出旅游业的新经济增长点优势，另一方面能将休闲旅游作为提升城市形象、促进城市招商引资的重要手段。

2. 休闲旅游在旅游业中所占的比重越来越大，所承担的角色也越来越重要，并带动了制造业、农业、房地产业的繁荣。休闲旅游逐渐呈现出家庭化、国内化、多元化、郊区化等发展趋势。

（二）我国旅游度假产业发展存在的问题

我国的旅游度假产业虽然发展十分迅速，但因起步较晚、前期发展相对缓慢等，目前还存在着诸多问题，如产品结构失调、休闲设施设备落后、休闲意识薄弱、旅游度假区建设同质化严重等。同国外发达国家和地区相比，我国的旅游度假产业的发展水平在数量、规模、档次、内涵上都还存在着较大的差距。其主要表现如下：相似产品、雷同产品使得目标市场的重叠度高，经营规模较小，度假区之间价格恶性竞争严重，旅游度假产品的特色性不够，缺乏休闲元素与文化内涵，缺少创新性产品，未体现出旅游度假产品的多样性、普及性、趣味性等特质。

二、我国旅游度假区的发展趋势

随着旅游度假产业的快速发展和旅游度假区之间竞争的加剧，我国旅游度假区呈现出新的发展趋势，具体表现在以下五个方面。

（一）主题度假形式受到青睐

所谓主题，就是指旅游度假区发展的主要理念或核心内容。其主要目的是形成或强化旅游度假区的特色，增强旅游度假区的竞争优势，满足旅游度假区核心客源市场的休闲度假需求。旅游度假区的主题是与其形象联系在一起的。随着休闲度假需求的日益多样化，旅游度假区的类型也日益增多，除了综合性的旅游度假区继续发展外，具有特定主题和专门内容的旅游度假区得到了较快发展。

（二）突出地方特色文化

文化是旅游度假区的灵魂，是旅游度假区能够存在与发展的源泉，是旅游度假区形成特色的主要组成部分。这是因为文化既是现在旅游度假区的特色之重，又是旅游度假区旅游吸引力的主要内容。旅游度假区的文化一般由地域特色文化

和现代休闲度假文化两部分组成，以既形成具有地方文化特色又满足特殊客源市场的休闲度假需求为目的（见图 10-1）。

（三）追求康体保健功能

从度假的主要目的来看，早期的度假主要以保健疗养为目的，即使现在的度假目的多样化了，但保健疗养仍是重要目的。更重要的是，从旅游者的特征来看，度假的逗留时间长、重游率高，对环境和康体设施的要求也较高，因此追求健康是当今世界发展的一大趋势，也是今后旅游度假区发展的趋势之一。

很多旅游度假区都已将健康元素融入旅游度假区的开发规划建设中，通过建设各种康体设施和开展健康的休闲娱乐活动，比如在旅游度假区内建设高尔夫球场、运动健身场、保健康疗中心等人工设施与服务设施，增

图 10-1　南昌主题公园规划设计图（1）

强旅游度假区的保健功能，为旅游者在心理、身体上创造一种健康、有益的度假环境。

（四）旅游度假形式趋向多样化

传统的度假目的主要是保健疗养，现在的度假目的则逐渐扩大，除传统的健康消费外，亲情回归、社会交往、素质提升、会议商务、消费闲暇等也成为度假目的，今后的旅游度假区可满足各层次度假者的需求，为各类度假者提供一系列服务，以

　　　　　　　　　　　　　　　　　　　景观规划设计

投其所好，比如购物、水上运动、学习传统音乐及绘画艺术知识、观赏表演等，将使旅游者的生活变得丰富多彩。

（五）旅游度假区游客大多以家庭为基本单元

随着家庭范围的日益缩小，全家出游度假成为当今世界度假的重要趋势之一。常见的旅游度假区游客大多是夫妻两人，或者再加上孩子。环城市旅游度假设施更加适合家庭式短期旅游度假的需求，将成为今后很长一段时间内旅游度假区开发的热点。

三、旅游度假区的相关概念

旅游度假区是指康体休闲设施与服务综合配套、环境优美、区位条件优越、适合旅游者短期居住的旅游目的地。当前国内外的旅游度假区基本上属于旅游经济开发区，划出一定的范围作为整体单元，进行成片开发，形成旅游业在一定地域范围内的规模集聚。我国旅游度假区都是采用旅游经济开发区的方式征地建设的，这为我国旅游度假产业由点到面的开发提供了一种模式，面状开发能够形成一批服务设施综合配套的、以旅游业为核心的一些社区，这对改善我国旅游度假产品的结构具有重要意义。

旅游度假区是一个有机系统，从功能的角度出发，可以拆分成住宿设施、餐饮设施、交通设施、康体休闲活动设施、基础设施和商店服务设施，这六种类型的旅游服务设施共同满足旅游者多方面的旅游需求。从物质构成的角度来看，旅游度假区是由土地、旅游资源、服务设施、基础设施等子系统构成的。土地是旅游度假区的载体，旅游资源、服务设施和基础设施是旅游度假区的主体构成部分，是连接旅游者与旅游供给商的纽带和桥梁。可以这么说，旅游度假区是土地、旅游资源和旅游服务设施的交集，可简单表达为：旅游度假区 = 土地 ∩ 旅游资源 ∩ 旅游服务设施。

四、旅游度假区规划设计的特征

旅游度假区景观规划设计的内容除了包括一些主要通过视觉感官感受到的具体事物外，还包括一种可以抽象地感受到而难以表达出来的"气氛"，它往往与宗教教义、社会观念、民风民俗以及科技与艺术等非物质因素有关。这里的景观包含以下几个特征。

（一）景观文化深刻性

从景观本身的特性来看，它具有深刻的文化性。"文化景观"的概念本身就是一种文化形成和发展过程高度"融缩"的结果，是对自然要素加以"规划""经营"之后形成的人文活动景观。"文化"与"景观"两个词合成的过程本身就体现了文化景观的人文化和综合化。一个地区最具特色与魅力的旅游吸引力往往就是这些蕴涵在文化背景之中的文化要素，所以体验主导的旅游度假区景观营造更倾向于这个特定地域群体的习俗、精神、生活和情感等非物质文化要素的挖掘。

（二）景观功能体验性

从景观的功能来看，它主要可满足消费者的社会交往、求知审美、自我实现等高层次的需要。所以，旅游度假区景观营造以消费者的心理特征和行为模式为基础，紧扣人们的精神需求，从景观设计到项目的组织开展，尤为重视旅游者的参与性和供需双方的互动性，使景观和项目能引起消费者的联想和共鸣，让旅游者在游赏过程中体验某种情感，实现自我尊重和自我完善。

（三）主题展示多元性

从主题的展示来看，它更加注重综合性，从各个方面进行全方位的展示。传统旅游景观主题的体现与传达主要依靠对旅游者听觉器官和视觉器官的刺激，不能很好地将景观内涵外化，使得旅游者无法深刻体会其价值，从而印象淡漠。所以，综合利用声、光、电、味，从建筑、音乐、活动项目、景区氛围等各个方面，全方位刺激旅游者的感觉器官和心灵，使其充分感知和理解主题与内涵，从而留下难忘的经历（见图 10-2）。

（四）景观表达双重性

从景观的表达方式来看，它具有多样性的特点。一方面，文化景观的营造以大众文化为基础，以民俗、礼仪、歌舞等大众化的形式广泛地渗透于旅游者的现实生活之中；另一方面，又以经典为载体，将其审美情趣和艺术观念通过实践活动凝结为高雅的、经典的物质景观作品。

（五）景区可发展性

从长远来看，整个旅游度假区景观的营造是一个不断积累和更新的过程。在这个过程中，许多自然的或人文的景观要素由于实践的推动而积淀成可以长久传承的精神文化形态，而原先积淀已久的精神文化形态在一定的历史条件下也可以通过新的物质形态或手段得以表达，甚至赋予其新的精神意义。

组团规划概述

洋塱
○人文风情度假小镇

壹 侯云谷景区 印象欧洲主题组团
1.入口迎宾大道
2.集中停车场
3.行政及服务中心
4.花卉市场
5.主题温室
6.异国花卉园
7.景亭

贰 碧英湖景区 环湖旅游度假主题组团
1.情景会馆/创意工坊
2.意大利台地玫瑰园/婚庆服务
3.游艇俱乐部
4.入口市政广场/MOHO/超市
5.度假酒店
6.淡水美街/度假公寓
7.艺术创意街/酒店式公寓
8.主题音乐广场
9.四季海汤泉/探索馆奇世界
10.山地中-小高层住宅
11.山地观光缆车
12.眺望台
13.商务互动公馆
14.红酒山庄
15.高层公寓
16.企业拓展基地
17.企业度假别墅
18.企业公馆核心区
19.独栋别墅及高级会所
20.科莫西纳度假区
21.科莫西纳生态岛
22.主题水疗Townhouse
23.直升机停机坪
24.湖畔度假别墅
25.南国水上娱乐中庭
26.会展会议中心别墅
27.超白金城堡酒店
28.欧式景观多拱桥

叁 蓝山茶景区 生态运动休闲主题组团
1.WELLNESS养生别墅
2.山地度假别墅
3.康体俱乐部
4.白鹭主题餐饮
5.白鹭湿地园/木栈道/观鹭亭
6.网球训练基地
7.生态百果园
8.会所码头
9.运动休闲会所
10.高尔夫训练基地
11.地地高尔夫球场
12.蓝山谷度假庄园
13.高级会所
14.蓝山谷主题餐饮
15.会员制高尔夫会所
16.18+1洞标准难山地高尔夫球场

肆 逸溪谷景区 极品体闲养生主题组团
1.景观奇石
2.黑衣草女子会所
3.逸溪谷企业度假会所
4.溪流雅钓

惠州 汝湖

洋塱
○人文风情度假小镇

湖滨幽谷 度假天堂
意式小镇 岭南博鳌

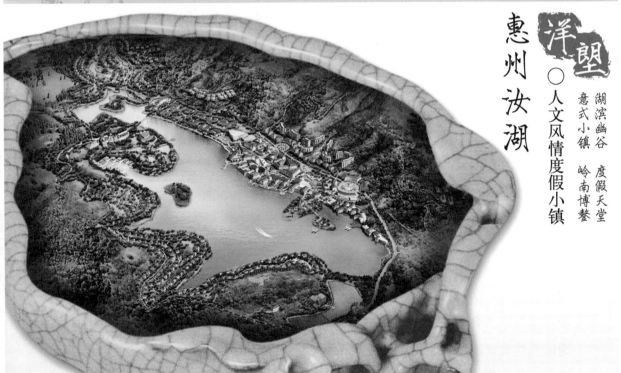

图10-2 惠州汝湖洋塱人文风情度假小镇规划设计图

五、旅游度假区规划设计的原则

（一）主题性原则

主题是体验的基础和灵魂，鲜明的主题能充分调动游客的感官，触动游客的心灵，使之留下深刻的感受和强烈的印象。按照主题性原则，应从景区的大环境到具体的服务氛围，从景物、建筑的外观形式到各环节的项目内容，用一条清晰、明确的主线贯串起来，全方位地展示一种文化、一种情调，使游客通过视觉、听觉、嗅觉、味觉和触觉多层面、多角度地获得一种整体、统一的美好感受，形成难以忘怀的记忆。

（二）整体性原则

景观是由景观要素组成的复杂系统，一个健康的景观系统具有功能上的整体性和连续性，只有从景观系统的整体性出发研究景观的结构、功能和变化，才能正确指导景观规划设计。从旅游六大要素的关系来看，旅游景观作为旅游者的游览对象只是旅游活动形成的要素之一，只有保持地域景观的整体性，使每个旅游景观成为诸要素有机联系的整体，成片成线，才能更好地组织旅游活动（见图10-3）。因此，旅游度假区景观规划设计应遵循整体性原则，对旅游景观合理布局、有序安排，在最大限度地展现旅游景观价值的同时，充分考虑旅游景观与整体环境的协调一致。既要求自然景观与人文景观的有机结合，又要求旅游活动所涉及的餐厅、宾馆、道路交通、停车场等配套设施以及座椅、路灯、指示牌、垃圾箱等环境艺术设计能与景观、环境融为一体。

（三）独特性原则

旅游度假区的吸引力在很大程度上取决于它的独特性，如果旅游度假区景观有个性、有特色，就容易在旅游者心中留下深刻的印象，其就具有强大的吸引力、竞争力。因此，在旅游度假区景观规划设计中，应做到"人无我有、人有我特"，避免雷同和将旅游景观开发成其他知名旅游景观的复制品。要研究和分析当地的地理、历史、文脉，比照其竞争对手，提炼和确立旅游度假区发展可长期依存的"地方特色"，坚持走地域特色道路，因地制宜地规划设计富有当地特色的旅游景观。旅游景观内部各要素的组合也应各具特色，通过不同主题展示不同风格，为旅游者提供不同味道的"景观大餐"。景观规划设计的独特性不仅要求在横向对比中突出不同地域的景观特色，还要求在纵向对比中不断实现景观自身的创新。

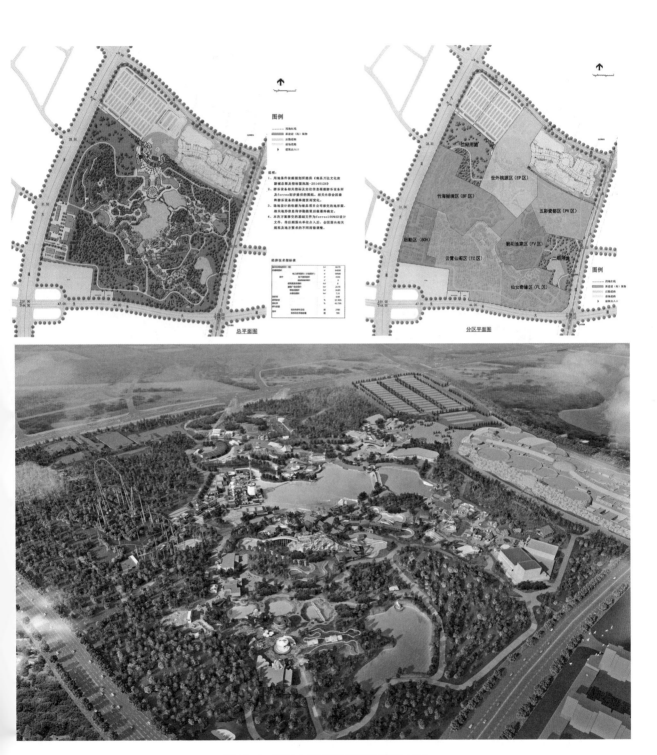

图10-3 南昌主题.公园规划设计图（2）

（四）参与性原则

理想的旅游景观不仅为旅游者提供静态的观赏景观，还会在其游览过程中添加动态的表演，吸引游客的参与。现代人文地理学派及现象主义学派都强调人在场所和景观中的体验，强调场所的物理特征、人的活动及含义的"三位一体"。丰富的表演和游客的参与为旅游目的地的景观注入了活力和生机，为旅游者增添了艺术享受和生活情趣，对旅游景观而言有"点睛"之效。

在旅游度假区景观规划设计中，应针对不同类型的旅游者采用不同的参与性项目设计，如对于年龄稍长、文化程度较高的旅游者，可设计相对平和、文化含量较高的参与项目；对热情、开放的年轻旅游者，可设立刺激、新奇的旅游设施和项目。景观规划设计的参与性原则还包括另一层含义，即景观规划设计本身需要公众（包括旅游者和当地居民）的参与。景观规划设计的最直接目的是通过提升景观的审美价值、文化价值服务于旅游者，以实现其经济效益，是否抓住大众旅游者的消费心理将影响这种服务的质量和回报率。

（五）持续性原则

以体验为特色的景观规划设计同时需要注重生态、社会和经济影响的评价，保持旅游度假区大环境的稳定性和可持续发展。坚持"严格保护、统一管理、合理发展、永续利用"的工作方针，协调处理好开发、利用与治理、保护的关系，保护旅游度假区环境，达到环境效益、社会效益和经济效益的有机统一。

在旅游度假区景观规划设计中，应遵循可持续性原则，即充分考虑旅游活动与旅游景观、整体环境的相互作用和影响，以维持生态多样性和保护生态环境为前提，合理布局旅游景观要素、规划旅游活动空间、安排旅游线路、设计旅游方式，最终谋求旅游与自然、文化和人类生存环境的协调发展。这就要求设计合理的旅游容量，构建多样化的功能单元，引导旅游者在景观生态承载力范围内开展活动；选择合理的资源利用方式，确定合理的景观格局，在人类活动斑块之间设立绿色走廊或生态走廊，维持物种多样性，保护生态环境；景观配套设施应尽量采用环保材料，设计合理的防污系统，避免生态环境的恶化。

六、旅游度假区规划设计的要点

（一）以休闲度假为宗旨

无论在何种旅游资源基础上建立起来的旅游度假区，其休闲度假功能始终是第一位的，一切功能设施要服从与服务于旅游度假生活，因而旅游度假区的开发一定要把营造一个舒适的度假环境放在第一位，综合服务区、度假休闲区作为主体功能部分，第二才是旅游生活和文化生活的充实。切不可本末倒置，更不可借旅游度假区之名行房地产开发之实，或盲目冠以旅游度假区之名。

（二）重视环境质量和区位条件

虽然旅游度假区可选之地日趋减少，但我们绝不能降低标准，盲目选址。旅游度假区的选址应综合分析环境和区位两大方面。环境、资源依托是旅游度假区选址必不可少的，选址前要进行科学论证，分析其自然条件、社会环境、景观品质等开发因素。环境幽静、风光优美、气候适宜、空气新鲜，有设置旅游度假区的实质环境（如滑雪坡、湖泊、海滨、森林区等），且旅游度假区的构筑环境相对独立和易于封闭（有明确的自然边界），此类环境是旅游度假区的首选之地。旅游度假区的选址还要分析客源市场的潜力、交通的便捷状况、依托地的基础设施及经济水平等区位条件。

（三）系统规划度假设施和度假活动

根据统一的功能构成体系及旅游度假区的自身状况，进一步完善功能设置和度假设施，开展多种活动项目，丰富度假活动形式，提供高质量的度假服务，形成具有完整、独立的旅游功能，能满足游客休闲、度假、健身、康体、观光、娱乐等多种需求的旅游度假区。例如，更新各种体育运动设施、建设大型文化艺术设施、兴建度假型酒店、更换疗养院硬件体系等。

（四）塑造特色主题

突出地方的地理、文化、历史、民俗等特色，因地制宜地挖掘潜力、深化内涵，塑造旅游度假区的主题形象，形成特殊的、持久的吸引力。旅游度假是一种高消费的旅游形式，旅游者对旅游度假区的要求很高，甚至可以说是挑剔、苛刻。想要不断吸引新游客并尽可能地提高游客重游率，旅游度假区须具有特殊的吸引力，即要有自己独特鲜明的个性，塑造独具一格的主题形象，确立自己的品牌。例如：山川类的杭州之江国家旅游度假区，以大型淡水沙滩浴场和宋城文化区为特殊功能区；滨海类的青岛石老人国家旅游度假区，以海上公园、海上游乐园、啤酒文化城作为主题公园和特殊功能区；而同为滨海类的大连金石滩国家旅游度假区，则以地质景观区、国际游艇俱乐部、森林狩猎区、海上游览区为特殊功能区。为塑造、深化主题形象，在宣传和促销方面要通过各种方式和利用媒体来体现旅游度假区的个性特色，将其凝聚于简短、有力的宣传口号和其他符号形式之中。

（五）平衡季节失衡

应正视这种季节失衡，淡季毕竟是淡季，不能过高期望它会比旺季有更多游客，但也应积极采取措施，使淡季的损失减至最低程度。例如：保护、挖掘、突出、深化文物古迹旅游；发展室内娱乐、游乐项目；发展商务旅游，提供会议服务和培训基地等。这些项目受季节性影响较小或基本不受季节限制，可成为超季节的旅游项目，避免淡旺季严重失衡，降低淡季损失。另外，还可根据自身条件确立综合产业发展目标。不把旅游作为区内唯一的产业发展目标，而结合本地资源、交通、通信等条件，兴办与旅游互补或促进的工业、服务业等副业，其产品销售应以对外为主。也可结合区位条件、政策特征等发展外向型产业。但综合产业的发展必须以不破坏旅游度假区的环境质量、环境氛围为前提。

（六）旅游度假区建筑设计

旅游度假区的建筑设计不能仅局限于普通思维，要跳出惯性思维，带给游客不一样的体验，以便增加旅游度假区的知名度，并通过景观和体验来进行发展。旅游度假区与平原地带不同，旅游度假区的建筑之间因地形限制可能较为一致，但在内部建设上可以别出心裁，让人仿佛步入新天地一样。建筑形象往往是旅游度假区形象的体现，是旅游度假区特色的重要体现元素，风格和色调要与当地文化、旅游度假区的主题互相结合、统一，带给游客轻松、愉快的感觉。

第二节　乡村旅游景观

在乡村旅游景观规划设计中，首先要充分认识自然的客观规律以及人类活动与自然环境相互影响、相互作用的历程，根据景观优化利用原则，协调好自然、经济和文化之间的关系，选择最优景观利用方式，实现景观的可持续性发展。乡村旅游景观规划要以保护乡村景观为前提，以合理、高效利用乡村资源为出发点，根据乡村自然景观的功能性和生态适宜性、经济景观的合适性、社会景观的人文性，合理、科学地规划和设计乡村的各种自然体系和行为体系，以此来创造一个美观、舒适、健康的乡村生活体系。

一、乡村旅游景观的概念

乡村旅游景观是人们通过长期的农业活动、开发自然、实现天人合一的自然景观，在进行农业生产的同时，实现对自然界的雕刻，很好地表现出自然与人的和谐相处，同时也最大限度地保留了农业耕种的生态文明，乡村的空气、阳光、水及一系列整齐排列的田地，无不体现出人们对于自然生态的热爱，展现出大自然同人类的和谐之美。乡村旅游景观作为自然景观的一部分，随着城市化进程的逐步加快，城市和农村开始逐步地融合，必然会成为城市景观规划的一部分，进而被有计划地安排和开发，因此保留乡村旅游景观的历史文化和地域文化至关重要。

二、乡村文化与景观

在现代文化的冲击下，传统的乡村文化、悠久的民俗民风受到外来文化的侵蚀，有些人已经不觉得本土的、民间的景观是美好的，如何将景观艺术与乡村艺术完美结合起来，创造出民族自身的设计作品，同时兼顾游憩和生活功能，成为研究的一个新方向。力求在乡村文化中寻找某些元素，找到精神的非物质性空间为设计的切入点，再将它结合到景观规划设计中，恢复场所的人气，使之产生新的生命力、创造新的形象。这些元素可以是一种抽象符号的表达，也可以是一种情境的塑造。归根结底，它应该是对现代多元文化的一种全新的理解。在理解文化多元性的同时，强调传统文化的自尊、自强和自立，充分地保护地域文化，通过在继承中求创新的方法来延续文脉、挖掘内涵并予以创造性地再现。

南京栖霞桦墅美丽乡村是将文化与自然融为一体的乡村旅游景观。美丽乡村中种有油菜和小麦，利用两种植物的不同色彩组成"桦墅"图案，通过乡村农业文化与文字相结合来创造出景观图案，使得大地景观的恢弘气势更具有弘扬民族气节、宣扬地域文化精神的感染力（见图10-4）。

三、乡村旅游景观规划设计的原则

（一）尊重和保护自然生态环境

自然生态环境为人类提供阳光、空气、温度、食物等生存必需的条件和物质，是人类生命得以延续的基础。因此，乡村旅游景观规划设计要以尊重和保护自然生

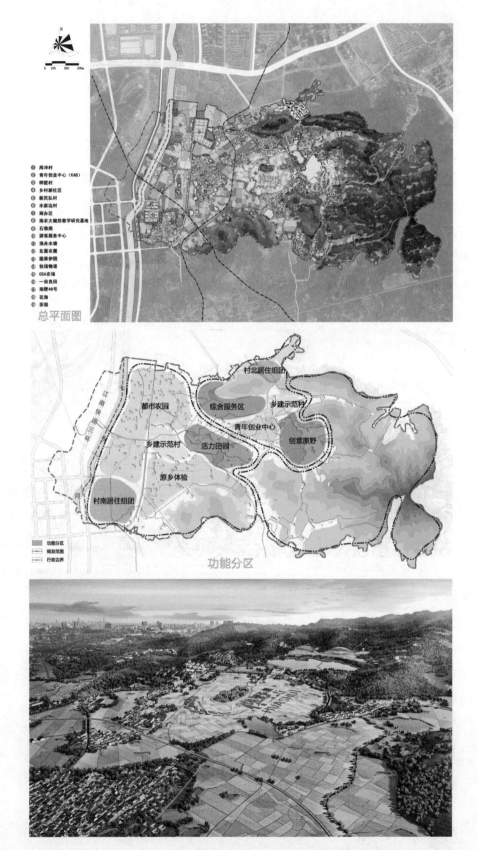

图10-4　南京栖霞桦墅美丽乡村规划设计图

景观规划设计

态环境为首要原则。乡村旅游景观规划设计主要是通过科学技术将人类社会和自然融合在一起，创造出一个生态健康、协调共生的理想的人类乡村生活环境。

（二）尊重地域文化特色

乡村地域文化包含民俗风情风物、历史传统等，是当地百姓不可或缺的精神财富。因此，乡村旅游景观规划设计要充分发挥和利用地域特色，保护传统文化，丰富当地的文化生活，重振当地百姓的精神面貌。

（三）坚持可持续性发展

乡村在我国漫长的发展历程中受限于人口、经济、文化和技术条件等，偏重资源的粗放型开发利用，如森林乱砍滥伐、围湖造田、陡坡地开荒等，给乡村环境和资源造成了极大的伤害，生物和景观的多样性也不可避免地被破坏。因此，善待自然环境，规范人类开发行为，实现乡村自然资源可持续开发利用，是乡村旅游景观规划设计的重要任务。

四、乡村旅游景观规划设计的要点

（一）乡村聚落性景观

乡村聚落性景观由乡村建筑景观和乡村生活环境景观组成，是乡村基础性的环境景观，保存完好、历史悠久的乡村聚落性景观具有非常好的观赏价值。

乡村建筑景观：乡村建筑景观记载了村庄悠久的历史文化，体现出村庄独特的审美倾向。著名的安徽宏村将徽派民居很好地保留下来，给当代人重现了几百年前村庄的历史风貌，具有极高的文化价值。

乡村生活环境景观：乡村生活环境景观主要体现在庭院、街道、广场、公园、户外体育和文化设施场所等乡村的公共活动空间，这些环境是村民生活中接触最密切的景观，能给村民带来最直接的感受。

乡村聚落性景观规划设计要尊重原有的村庄肌理，尽可能少地破坏原始的村庄形态，在这基础上控制建设用地的扩张，对村庄聚落的风貌和基础设施进行规划设计。

（二）乡村生态性景观

植被、水系、自然保护区等构成乡村生态性景观，是乡村不可建设用地的景观资源，以保护为主、规划为辅。植被包括道路绿化走廊、森林绿地、生态防护林及大面积的植被斑块，在保护的前提下，景观规划设计应当将这些自然生态环境进行统一的布局和设计，创造出宜人、合理的开放空间，与乡村生活环境相协调（见图10-5）。水系指的是河流、湿地等，通过对水系进行生态设计和规划布局，创造出优质、灵动的水体景观。自然保护区通常是重要的需要保护的生态敏感区，是相对独立的环境，对于地域的生态平衡有很大的影响，应尽量防止人为活动给它带来破坏。

（三）乡村生产性景观

乡村生产性景观主要体现在农业生产景象上，除了表现农村的生产景象外，还包括农作物的生长景观。乡村生产性景观是以生产者为主导的生产过程的自然体现，

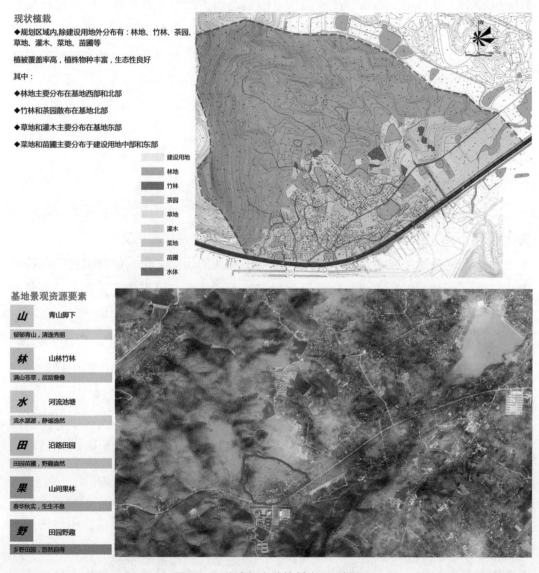

图10-5　南京江宁渣塘村资源分析图

　　　　　　　　　　　　　　　　　　　　　　　景观规划设计

它的生产性质和生产过程决定了乡村生产性景观的特色。从景观生态学的角度来看，农田可以看作一种版块类型，它的设计内容有大小、种类、数量、格局等。农田的整体风貌和农作物的生长景观，让乡村生产性景观兼具美学价值和生态价值。

五、乡村旅游景观的保护方法

（一）实施可行性评估

乡村旅游景观遭到较大破坏，常常是由新城（或城市新区）的建设和高速公路的开发等大规模的移山填河、改变自然地形地貌、抹杀乡土特征的建设运动引起的。至于各地区的这种建设开发是否合适需要从多个方面进行侧面的研究探讨，但有时也是不可避免的，就必须进行以自然地形地貌为基础的景观方面的研讨，即可行性评估。例如，在由自然村落、农田组成景观的地区，城市道路能否不经过这里？作为背景林的防护带能否不开发？由建筑群形成的天际线是否能不被切断？这些问题都应该用平面图来说明。特别是对于较成熟的乡村旅游景观的处理，不仅要考虑视觉方面，还应该从当地居民群众的生活和精神等有关方面进行研究。

（二）土地的综合利用

考虑土地利用的差别性。对于土质较好、渗透性强的土地，适合于耕种庄稼的利用类型；对于石块较多、土层较薄的土地，适合于放牧的利用类型；对于河流周边地区的林地和野生动物栖息的土地，适合于保护和游憩的利用类型。

在这些不同土地利用类型的基础上规划其功能，例如，哪些适合耕作，哪些适合放牧，哪些适合种植树木和农作物，哪些适合用作园艺，哪些适合作为自然保护区等。还可以根据游憩的价值进行安排，如滑雪、狩猎、水上运动、野餐、徒步旅行、风景观赏等。再者，根据土地的历史文化价值、含水层可补充地下水的价值、蓄洪的价值等，将所绘的价值分析图进行累计叠加，得出最适宜的土地利用规划图，进行相应的景观规划设计（见图10-6）。

同时考虑乡村区域与城市的位置关系。如果位于城市附近，即使土地拥有很高的生产能力，资金的投入也应该花在保护和建设乡村游憩空间上。因为具有较高农业价值的土地通常具有较高的观赏价值、娱乐价值，不适合野生生物生存和进行城市化建设。要重视发挥土地利用的综合价值。古老的乡村和经过规划的现代乡村之间有明显的差别。古老的乡村以各种各样的树篱、古老的树木、田埂路

规划设计
Planning and design

5.1 规划结构

形成"一核、一轴、两带、四区、多节点"的
规划结构，描绘一个村中有田、田中有村、环
路联系、步移景异、新旧互动、有机生长的新
农村蓝图

一核： 军事演绎中心，整理基地内部低洼菜地
及空地，规划军事文化展示区、军民大舞台、
军事演绎馆、商业服务、主题餐厅等，形成基
地的核心

一轴： 军事演绎中心、野战区的瞭望塔、山顶
观景台形成主要轴线

两带：

村庄军事体验带：依据主要游览道路，将主要
的军事休闲娱乐节点串联起来

山林野趣探险带：结合远期山林的开发，沿路
设置直自然乡土景观，形成绿色休闲带

四区： 兵器体验区、战事体验区、野战区、探
险区

多节点： 规划形成多个景观节点，为村民提供
休闲娱乐的场所，提供各种军事题材的观光活
动区域

规划设计
Planning and design

5.2 方案设计

① 入口广场（主要入口）	⑮ 军事大道
② 次要入口	⑯ 军民宅
③ 停车场	⑰ 凯旋大道
④ 军事演绎中心	⑱ 地雷战区
⑤ 配套服务	⑲ 地道战区
⑥ 餐饮	⑳ 露营区
⑦ 商业休闲	㉑ 山林作战区
⑧ 迎战大道	㉒ 水战区
⑨ 兵器体验区	㉓ 野战区
⑩ 果林兵舍	㉔ 丘陵作战区
⑪ 临水旗道	㉕ 军事菜田区
⑫ 军民大舞台	㉖ 荷塘
⑬ 花田	㉗ 探险丛林
⑭ 巷战区	㉘ 观景台

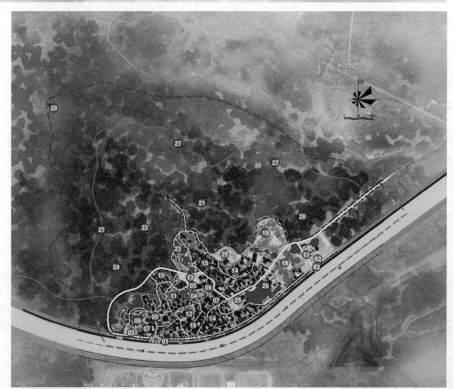

图10-6 南京江宁渣塘村规划平面及结构图

　　　　　　　　　　　　　　　　　　　　　　　　　　景观规划设计

为特征，倾向于小村庄和城镇的发展模式。如英国的乡村规划是在 18 世纪和 19 世纪圈地法案制定之后慢慢发展起来的。它是把经过规划的乡村用作生产区，而把古老的乡村用作保护区和娱乐区，处于两者之间的土地可以用作一种战略性的土地储备。

六、乡村旅游景观规划设计的策略

（一）尊重传统村庄肌理，构建聚落温馨格局

从历史地理学的角度来说，一个村落从其选址开始，经过几百年甚至上千年与环境的适应和演化发展，已然成为大地生命肌理的有机构成部分。温馨的聚落格局第一体现在村庄居住区良好的围合感上，有利于村民之间良好的协作互助及感情的交流；第二体现在乡村的劳作场所、休憩场所、娱乐场所分布合理上，它们之间的路线顺畅，这样可以方便各部分联系。乡村旅游景观规划设计应当从乡村聚落原有的形态入手，充分挖掘在维护乡村聚落的景观塑造过程中起关键作用的景观素材、节点元素、空间位置及空间肌理，从而构建完善的乡村聚落温馨格局。

（二）发扬乡村的地域特色和魅力

乡村的地域特色包含乡村历史传统、民俗风情风物，其都是当地百姓不可缺少的精神财富。因此，在景观规划设计上要突出地域特色，在设计和营造景观上要充分运用当地的乡土元素，如乡土建筑模式（见图 10-7）、乡土植物、乡土石材及当地特有的风俗小品。发扬地域特色，就是要让生活环境和自然融合，同时在景观规划设计上强调和突出地域景观的特殊性，体现地域特有的文化内涵，提升乡村旅游景观的独特魅力，这对乡村旅游业的发展很有裨益。

（三）构造尺度宜人的乡村生活空间

乡村的街道就像大地的纹理，将乡村的空间编织起来，形成独特的乡村空间。合适的尺度体现在公共服务设施的规划半径上及村民步行进行人际交往的活动半径上。以步行速度为 1 m/s 作为参考，合适的公共服务设施应当满足 15 分钟内可以达到，所以公共服务设施的半径在 900 m 以内。合适的人际交往距离应该能满足 10 分钟内可以达到，同样以步行速度为 1 m/s 进行计算，所以人际交往的半径在 600 m 以内。这说明乡村的建设用地不能盲目地扩张和无序地蔓延，这不利于形成通达性好、尺度宜人的乡村生活空间。

◆建筑拆迁方案：

三类建筑全部拆除，计94处；

汤铜公路规划红线和规划防护绿地绿线内全部建筑需全部拆除。其中一类建筑67处，二类建筑6处。另外由于方案的需求，基地内仍需拆除一类建筑2处，二类建筑1处，小计：拆除一类建筑69处，二类建筑7处。

◆建筑改造方案：

二类建筑除须拆迁的7处外，余下57处皆需改造

◆建筑新增方案：

在基地中部新增8处建筑，其中一处为美丽乡村风貌展示区，另外7处为新农村样板房

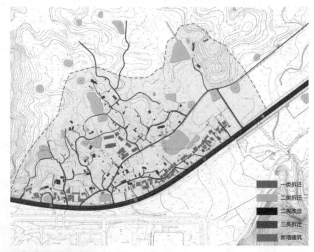

建筑拆建统计			
分类		数量／处	合计
拆除	一类	69（由于方案原因拆除）	170
	二类	7（由于方案原因拆除）	
	三类	94（全部拆除）	
二类改造建筑		57	57
新增建筑		8	8

◆立面改造：

立面刷新（刷白）

窗户增添深棕色外框

◆建筑修补：

修缮破损的栏杆、屋顶

置换损坏的门窗

图10-7　南京江宁渣塘村建筑改造设计图

七、乡村旅游景观规划设计的融合机制

（一）传承乡村的历史文脉

乡村的历史文脉主要是指乡村在长期的发展中逐步形成的历史文化，这种历史文化有很大的独特性和原创性。我国许多的乡村文化在乡村的城市化进程中逐渐被磨灭，因此必须将乡村文化作为历史文化加以保护。乡村的历史文脉具有乡村的地域性，城市园林设计师在进行城市园林的规划设计中，可以将设计的概念延伸到乡村景观，比如在风景园林的道路上骑行，可以在道路的尽头设计展现出乡村景观的耕田或者建筑物等。此外，在园林景观的设计上，可以采取农家乐的方式，将乡村的一部分田地改造为农家乐，方便城市居民通过耕种农田来更好地体验农家风情。随着城市化进程的发展，乡村景观必然会逐步融入城市景观中，所以在进行城市规划时，必须保留乡村的道路、河流等体现出乡村风情的部分，避免乡村文化在城市化进程中丢失。

（二）增加农业体验，体现田园风光

目前，我国城市居民，尤其是城市里的孩子们，很少接触到农业劳作，对于农业生产的知识缺乏了解，不清楚耕种的过程，也不熟悉各种果蔬的耕种时间和成熟时间等。针对这些问题，城市园林设计师在规划设计城市园林景观时，可以融入乡村景观，使城市居民体会到乡村耕作的乐趣。城市居民加入乡村耕作，不是单纯地体验农业劳作，而是对我国的农业文明、乡村文化和社会风俗等内容进行体验。在乡村的景观建设上，可以设置一些农业体验地和农业体验馆等，进而构建一个全新的乡村景观，让城市居民可以更好地体验乡村景观的独特性。我国举行的每届园林博览会，都对于乡村的田园景观有很好的展现，比如在江苏南通举行的第五届江苏省园艺博览会上，有一个名为"桑树村庐"的自然景观，就是通过融入乡村景观，通过桑树、茶树、棉花、向日葵等农作物加以点缀，进而展现出一个全新的乡村自然景观，而这也成为城市近郊的生态基地。

（三）统一规划风景园林与乡村景观，实现经济效益与生态效益的统一

在我国，部分风景园林的景区逐步呈现出半开放式的特点，主要表现在进行自然景观的设计时，将景区内原有的乡村景观很好地保留下来，并且融入了新的自然景观设计。这样不仅保留了乡村景观的独特历史文化，还很好地实现了经济效益与生态效益的统一。游客在持票进入自然景区之后，原有居民依旧进行耕作而并未受到影响，有的居民甚至在景区内经营起一些与乡村景观相关的生意，游客在景区内

可以选择农家乐客栈进行食宿，晚上还可以参与当地的户外娱乐活动。这样不仅保留了乡村的民俗风情风物，也减少了因为景区规划而不必要的拆迁过程，进而实现了风景园林与乡村景观的统一性。

案例赏析 〉〉〉

南京江宁七仙大福村

在全国美丽乡村建设如火如荼展开的背景下，该规划以七仙大福村生态旅游特色村的打造为契机，带动规划范围内 3.27 平方公里的旅游开发建设。规划场地内外交通便捷，连接外围交通的有 S313、X104，东部有丹向公路、幸福大道以及与南京主城连接的宁丹公路，西北部有规划在建的常马高速公路，因此，该规划交通优势明显。

现状历史及旅游资源

1. 历史沿革

深厚的"七仙"历史文化：七仙大福村位于南京江宁区横溪街道西岗社区，处于苏皖行政分界处，距离南京市区约 60 公里，西与丹阳新市镇毗邻，南临安徽马鞍山，西靠云台山，历史资源丰富。相传村内的七仙山即传说中七仙女下凡的地方。那里有传说中七仙女下凡的古迹——七仙山、七仙女庙、七仙女脚印、古槐树等，当地还流传着这样的故事："从前，乡民们如果有脚病，只要到七仙女脚印上踩踩，就会祛病消灾。"由此，七仙山这个地名就永远留存了下来。

2. 旅游资源

观音寺：方山定林寺下属的观音寺，其寺庙及佛教文化成为重要的旅游资源，是居民交流的一种方式和精神寄托，同时也是融洽乡村居民的纽带。

传统手工作坊：丹阳及江南古镇特色传统手工作坊，正积极申报省市非物质文化遗产。

商业街：正在规划建设的铜钱广场及一条以徽派四合院为特色的商业街，发展"七仙"特色文化产业。

农耕旅游：农耕文化历史悠久，新规划的万顷良田也能够促进农耕旅游。

畜禽养殖场：孔雀等禽类的养殖场。

茶园：村内已扩大茶叶、葡萄、草莓的种植面积，利用丘陵、山地开发建设白茶基地、苗圃基地、园艺区，提供农业文化体验的场所。

现状景观质量

1. 地形地貌：地势西北及西南高，丘陵起伏，高差不大，景观视野开阔；东南部地势平坦，水面较多。

2. 农田景观：万顷良田进行场地整理后，除杂草外无任何作物，增加后期规划的灵活性。现状农田大多种植油菜花，部分以松林、竹林为背景，金黄色与墨绿、翠绿形成强烈对比，丰富了景观层次。从观音阁上鸟瞰，农田上黄绿相间的植物景观如精心编织的缎带，别具风味。

3. 水体景观：园内有三处较大的水面，仙女亭处为硬质驳岸，另两处为自然驳岸。自然驳岸以草皮覆盖。另有一处长方形水面正在开挖，位于十二坊南侧。

4. 山林景观：植物资源丰富，松林、竹园、茶园等依托低丘起伏，层次丰富，成为景观打造的良好绿色基底。

5. 道路景观：场地内主要道路仅一侧有落叶乔木和色叶球灌木相间；村庄入口道路的植物搭配形式为常绿灌木和色叶灌木球，并且都是新近种植，甚至有部分道路未实施种植。道路景观比较单调，有待改进和完善。

6. 居住区景观：吴峰新社区房前屋后绿化中有较多村民自行种植的菜地，景观效果较好；朱高村被农田和低丘环绕，在油菜花和松林的映衬下，呈现恬静、自然的乡村风貌。

总 体 定 位

依托江宁区以及横溪街道城乡统筹和片区联动的发展战略，秉承七仙大福村现有产业及旅游基础，深度挖掘当地自然、文化和产业资源特色，集区位、资源、政策等优势，美化农村、优化农业，将规划片区打造成集甜蜜浪漫爱情体验、清雅脱俗佛教感悟、美丽乡村休闲度假为一体的乡村游览综合体（见图10-8）。

主 要 规 划

1. 蔬菜镶玉万顷田：通过蔬菜种植展现大规模农田壮观景象——田成方、树成行，突出以农业生产景观为载体的农业旅游景点开发。

2. 祈福纳瑞吉祥地：对观音寺、铜钱广场、莲花大道等旅游资源进行整合，突出佛教文化的传承和寺庙园林的营造，使其成为人们拜佛许愿的好去处。

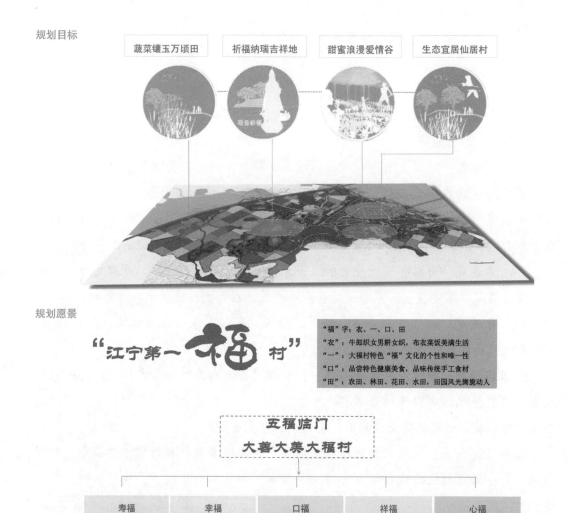

規劃目標

蔬菜鑲玉萬頃田　　祈福納瑞吉祥地　　甜蜜浪漫愛情谷　　生態宜居仙居村

規劃願景

"江宁第一福村"

"福"字：衣、一、口、田
"衣"：牛郎织女男耕女织，布衣菜饭美满生活
"一"：大福村特色"福"文化的个性和唯一性
"口"：品尝特色健康美食，品味传统手工食材
"田"：农田、林田、花田、水田，田园风光旖旎动人

五福临门
大善大美大福村

寿福	幸福	口福	样福	心福
生态宜居吴峰新社区	玫瑰爱情幸福朱高、陶高村	传统手工食材品味十二坊	祈福纳瑞观音寺	养身静心唐山村

图10-8　南京江宁七仙大福村美丽乡村规划定位图

3. 甜蜜浪漫爱情谷：整合自然、文化、产业特色，打造蝴蝶谷、玫瑰园、七彩花带、爱情树等主题景点，使其成为著名的婚纱摄影基地。

4. 生态宜居仙居村：通过对村落建筑及软质环境的综合整治，提升整体环境质量，带动旅游服务业发展，打造有山、有水、有绿的宜居之所，使居民及游客受益。

南京江宁七仙大福村美丽乡村主要规划及分区见图10-9。

　　　　　　　　　　　　　　　　　　　　　　　　景观规划设计

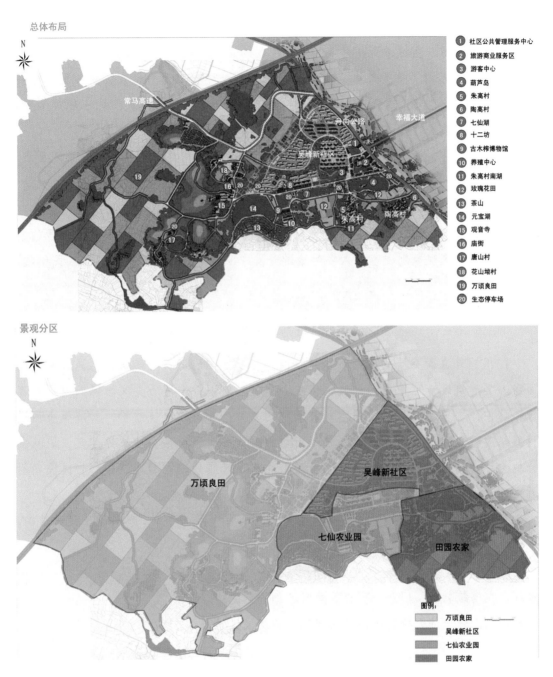

总体布局

N

常马高速

丹向公路 幸福大道

吴峰新社区

朱高村

陶高村

1. 社区公共管理服务中心
2. 旅游商业服务区
3. 游客中心
4. 葫芦岛
5. 朱高村
6. 陶高村
7. 七仙湖
8. 十二坊
9. 古木榨博物馆
10. 养殖中心
11. 朱高村南湖
12. 玫瑰花田
13. 茶山
14. 元宝湖
15. 观音寺
16. 庙街
17. 唐山村
18. 花山坳村
19. 万顷良田
20. 生态停车场

景观分区

N

万顷良田

吴峰新社区

七仙农业园

田园农家

图例:
万顷良田
吴峰新社区
七仙农业园
田园农家

图10-9 南京江宁七仙大福村美丽乡村规划及分区图

规 划 原 则

1. 尊重现状，特色突出：在解读上位规划及相关规划的基础上，以朱高村、陶高村的现状资源为出发点进行综合考虑，以"七仙传说""观音祈福""欢乐十二坊"

为特色关键词，强调旅游项目策划、景观规划设计，重点打造生态旅游特色村品牌，最大限度地提高朱高村、陶高村及其周围片区的综合效益。

2. 建筑为基，环境为重：以建筑改造为基础、环境整治为重点，对七仙大福村内大部分建筑外立面进行粉刷、装饰出新，拆除违规、废弃建筑，统一建筑形象，同时通过绿化手法对庭院、道路、街巷等附属空间进行优化、美化。

3. 生态优先，游赏结合：注重植物造景，强化生态村旅游主题，提升景观品质，同时人可以通过参与来融入环境，根据季节特点挖掘游乐资源，使得四季皆有景、有乐。

4. 美丽同行，促进建设：通过乡村特色旅游的开发、文化资源和自然资源的整合与利用，将景观规划内容融入乡村旅游开发中，带动区域经济发展，为农民创收，促进乡村建设。

建筑改造及设计

1. 根据外立面材质的不同将建筑分类，主要为红砖房、青砖房、水泥及瓷砖贴面房。其建筑改造可挖掘当地文化传统、建筑材质，将当地历史文脉融入有形的建筑实体中，合理组织其与附属空间及景观的关系；保留原建筑结构，对建筑表面进行修缮改造、粉刷出新。对于与村落街坊的整体环境风貌存在冲突的建筑，应从融合的大环境角度对建筑进行改造；而对于现状建筑质量较差的建筑，如村民住宅附属用房、临时用房、村民猪圈及厕所等，可考虑改造或重建。

2. 建筑风格：以当地简洁民居风格为主，采用檐部、墙身、勒脚的三段式结构，材料以砖、瓦、仿木、玻璃、石灰（粉刷）为主。

3. 建筑外观：采用灰色坡屋顶，形式统一，色彩和谐；对建筑外立面进行粉刷清理，在砌筑勒脚、门头、窗户等处时增加细节装饰。

南京江宁七仙大福村美丽乡村建筑改造及设计见图10-10。

拓展阅读 》》》

美丽乡村规划

乡村建设是国家现代化建设的重点内容。财政部曾表示，从2016年起，中央财政按照每村每年150万元，连续支持两年，计划"十三五"期间全国建成6 000个左

1.1 红砖建筑外立面改造

（1）建筑立面改造方式图

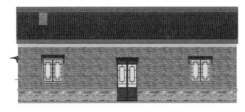

（2）居住建筑单体效果图

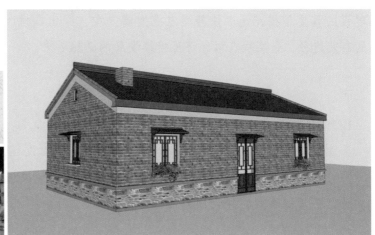

1.2 青砖墙建筑外立面改造

（1）建筑立面改造方式图

（2）居住建筑单体效果图

图10-10　南京江宁七仙大福村建筑改造图

右美丽乡村。

2018 年，中央一号文件《中共中央 国务院关于实施乡村振兴战略的意见》以实施乡村振兴战略为主题，强调"乡村振兴，生态宜居是关键。良好生态环境是农村最大优势和宝贵财富。必须尊重自然、顺应自然、保护自然，推动乡村自然资本加快增值，实现百姓富、生态美的统一"。习近平总书记在考察美丽浙江建设新成果时曾指出：美丽中国要靠美丽乡村打基础。建设美丽乡村是我国农村地区落实生态文明建设的重要举措，是加快转变农业发展方式、深化农村改革、实现城乡一体化发展的有效途径，是实现农村经济可持续发展的必然要求。

规 划 模 式

1. 产业发展型模式

产业发展型模式主要产生在东部沿海等经济相对发达地区的乡村，基本形成"一村一品""一乡一业"，实现了农业生产集聚、农业规模经营。

规划路径：初步构建美丽乡村旅游产业链，针对每个乡村特色，以主导产业融合相关产业。

2. 生态保护型模式

生态保护型模式多在生态优美、环境污染少的地区，其特点是自然条件优越、水资源和森林资源丰富、具有传统的田园风光和乡村特色、生态环境优势明显、把生态环境优势变为经济优势的潜力大、适宜发展生态旅游。

规划路径：以优质生态环境为依托、以规模化单一大农业资源为基础、以泛旅游产业集群化为方向的区域生态农业旅游综合开发项目。

3. 城郊集约型模式

城郊集约型模式主要存在于大中城市郊区，其特点是经济条件较好，公共设施和基础设施较为完善，交通便捷，农业集约化、规模化经营水平高，土地产出率高，农民收入水平相对较高，是大中城市重要的"菜篮子"基地。

规划路径：在一线、二线城市周边以品质乡村旅游为导向的新型城镇化和新农村社区建设示范项目。

4. 资源整合型模式

资源整合型模式主要在沿海和水网地区的传统渔区，或者在我国牧区半牧区县（旗、市），或者其他农业资源发达地区，产业以渔业或者牧业或者其他农业资源为主。

规划路径：大农业资源与其他旅游休闲业态有机融合的农业旅游综合项目。

　　　　　　　　　　　　　　　　　　　　　　　　　　景观规划设计

5.高效农业型模式

高效农业型模式主要在我国的农业主产区，其特点是以发展农业作物生产为主，农田水利等农业基础设施相对完善，农产品商品化率、农业机械化水平高，人均耕地资源丰富，农作物秸秆产量大。

规划路径：以当地特有的优质大农业资源与差异化"高、精、尖、新"农业科普展示内容相结合，建立现代都市型生态科技农业产业示范园。

6.休闲旅游型模式

休闲旅游型模式主要在适宜发展乡村旅游的地区，其特点是旅游资源丰富，住宿、餐饮、休闲娱乐设施完善、齐备，交通便捷，距离城市较近，适合休闲度假，发展乡村旅游潜力大。

规划路径：规划建设家庭休闲农场、家庭农庄、企业乡村会所等。

7.文化传承型模式

文化传承型模式主要在具有特殊人文景观，包括古村落、古建筑、古民居及传统文化丰富的地区，其特点是乡村文化资源丰富、具有优秀民俗文化和非物质文化、文化展示和传承的潜力大。

规划路径：文化传承型乡村的规划。

五 大 要 点

通过全国各地的乡村建设规划设计工作，对不同区域乡村进行分析与实践，针对美丽乡村建设中各层面存在的不足，形成了系统、科学且行之有效的乡村规划实操经验。下面，我们将美丽乡村项目规划实操经验总结为"三纲五点"。

1.基本原则

"以民为天纲"——将农民利益置于首位，通过返聘农民工和农民参与分红，建立有效的农民利益补偿机制，保障农民权益。

"以宜为地纲"——功能分布准确，布局规划合理，因地制宜，在产业发展、村庄整治、农民素质、文化建设等方面明确相应的目标和措施。

"以和为人纲"——注重资源生态和谐、自然环境和谐、人文环境和谐。

2.五大要点

超级IP引爆源——分析、挖掘旅游资源，找到共通的情感及文化认同感，通过一种普遍的认知感觉，构建隐藏在资源里的灵魂、个性、精神，聚焦最具发展潜力、最有核心吸引力的超级旅游产品IP，形成超级IP引爆源。

构建活力乡村——关注农民主体，组织农民群体，整合社区资源，引入共建、共享等新理念，释放农村生产力和活力。

传统乡愁回归——体现农村特点，注意乡土味道，保留乡村风貌，传承世代共同记忆。

跨界延伸玩转——整合资源，以超级 IP 为核心，加速第一、二、三产业融合发展，不断催生新产品、新业态，拓展旅游产业面，延伸旅游产业链；同时借助互联网平台，延伸消费，促进社会化口碑传播。

生态聚合持续——聚合优势资源，创新生态模式，让政府、游客、农民、投资者等有持续收益，打造良性的产业和环境生态链，形成可持续圈层。

复习思考

一、旅游度假规划设计的类型有哪些？

二、当代旅游度假规划设计的主要原则有哪些？

三、简述不同类型的旅游度假规划设计的主要设计手法。

四、结合当代特色的旅游度假规划设计案例，阐述其主要创新点。

五、思考美丽乡村规划的未来发展趋势。

第十一章

Chapter
11

工业遗产
景观

第一节　工业遗产景观概述

　　在城市建设日新月异的背景下，遗产类景观的艺术、文化和科学等方面的研究价值遭到了严重的破坏。通过对遗产类景观的研究，可以寻找到人类历史发展轨迹，其脆弱性、敏感度使人们对历史文脉和传统文化的感知具有不可替代性及不可再生性。这要求我们不仅要将遗产类景观作为历史遗存进行保护、展示与科研，也要使其有景观所具备的住居、办公、休憩的功能。我国的遗产类景观是碎片化、片段化的"城市孤岛"，保护起来不仅要以"点、线、面"的方式进行整理，更要注意"碎片"间的关联性，一旦某块"碎片"被遗忘，其很有可能会被城市发展蚕食而亡。"碎片"间的关联性可以通过两种方式来实现：物理上的与精神上的。物理上的联系不仅要依靠法律法规与政府政策的实施，同时也需要城市规划的合理安排。等待这些保护措施的切实落成，需要耗费大量的人力、物力与时间。而从精神上来看，诸如遗址景观的意象符号、场所记忆、景观叙事等，却可以较快速地将"碎片"化景观遗址联系在一起。

一、工业遗产景观的定义

　　工业遗产景观是由设计师对具有历史价值、技术价值、社会意义、建筑或科研价值的工业文化遗存赋予新的功能、内容、含义所改造成的特色景观，与时代、社会发展有紧密联系。工业遗产景观是人们对工业遗产地进行再利用所形成的，它是在工业遗产存在的前提下进行再利用，由此可以分为两种类型：覆盖取代型与再生利用型。

覆盖取代型即去除原有的工业遗产，代之以其他不相关的景观形态；再生利用型则是利用或部分利用工业遗产地的一切遗留，创造新的景观形态。将再生利用型工业遗产景观形态进行分类，可分为博览场馆类、再生设施类、风景园林类三大类。

二、工业遗产景观的发展

人类发展在各个时期对自然环境的开发利用使历史遗址景观的特征及其风貌遭到了破坏。一方面，历史建筑及建筑群在时代的更替中大多只留下残垣断壁，其中只有很少一部分被继续利用，使得各地区的文化、艺术面临无法修复的险境；另一方面，我国在城市经济迅猛发展的背景下，忽略了工业发展历史遗存在城市发展史中的重要意义，以推倒建新的方式来满足快速实现城市经济增长的要求。在文化需求和经济发展的矛盾中，这些遗产类景观阻碍了城市的发展建设，而我国对于遗产类景观研究的现状也不容乐观。

我国遗产类景观保护研究的时间较短，理论的最初形成来自对西方发达国家理论的借鉴，从《雅典宪章》《马尔罗法令》《威尼斯宪章》《内罗毕建议》《马丘比宪章》到《华盛顿宪章》等，由于中西方文化观念不同，国情也不尽相同，对这些法规宪章的借鉴并不能切实解决自身的问题。

从具体实践上看，中西方保护观念的差别突出体现在历史遗存"原真性"问题的理解上。西方国家认为，历史建筑的"原真性"一旦消失就无法恢复，"原真性"也是历史遗产存在的基本原则。西方国家讲求"真"，即历史遗产的真实性。但在中国，追求的是"天人合一"的"一"，历史则是作为一种精神被传承下来。

在遗产保护领域的技术手段方面，我国运用地理信息系统（Geographic Information System，GIS）、空间句法（Space Syntax，SS）、遥感（Remote Sensing，RS）等技术手段的研究成果仍不成熟。在场地环境特质上，又由于城市的发展建设，许多遗产类景观被迫压缩、破坏，形成闲置地带。一方面，由于城市需求不断发展，许多企业、事业单位与开发商无节制地开发和扩张，历史遗存呈现空间破碎化的情况；另一方面，一些被保护的历史遗存因为周边建筑体量过大、过高，破坏了遗产类景观的特征和风貌。

三、工业遗产景观形态的构成

工业遗产景观形态的创造是建立在人们对工业遗产地景观形态构成系统的感知

的基础上的。没有工业遗产地景观形态构成系统的构建，工业遗产景观形态的创造就成了无源之水。从工业遗产景观形态的层次来看，可以分为五个层级（见表11-1）。

表 11-1　工业遗产景观形态的五个层级

层　级	景　观　形　态
艺术层	地景艺术、造型艺术
体验层	怀旧、感知、联想、体验等
历史层	产业发展历史、科技发展历史等
功能层	生产功能、科普教育功能等
环境层	土地、植被、水体、空气、声音等

处于最底端的环境层，包括自然形态的方方面面，是景观形态构成系统的基础。而处于最顶端的艺术层，则来源于人们对工业遗产地景观的深层思考，往往是景观形态构成系统中最活跃、最引人注目的层级。从下往上的功能层、历史层、体验层，就工业遗产地与人的关系来说，距离越来越远，人们对它们的创造呈现出越来越由表及里地深入工业文明的特征。工业遗产景观形态构成系统包括物质形态和形式结构两个基本要素（见表11-2），美的工业遗产景观形态的创造，必须在物质形态和形式结构这两个方面提供美的基本条件。

表 11-2　工业遗产景观形态构成系统

物质形态	自然形态	无机形态：地形、水体、天象等 有机形态：动植物、微生物
	人工形态	实用形态：建筑物、构筑物、路桥、船车、机械设备 艺术形态：小品、绘画等
形式结构	内部结构 形态	平面布局：轴线、模式等 空间结构：肌理、格局、图底等
	外部结构 形态	物理属性：形状、色彩、体积、亮度、质感、质量等 相互关系：对比、虚实、动静、位置、节奏、均衡、韵律等

从根本上说，工业遗产地的内容是工业的文化和历史，而形式就表现为外在景

观，工业遗产景观形态构成系统就是内容与形式的统一，也就是一种"有意味的形式"的构成系统，创造工业遗产景观形态就是创造这种"有意味的形式"。

第二节　工业遗产景观的多元价值观

一、工业遗产景观的生态价值观

　　景观由生态决定，景观规划设计必须按生态原则进行，把生态原理作为重要价值取向。因为合理规划的实质是研究如何有效使用资源的问题，而生态学观点是让人类把自然当作一个过程来理解，把自然过程当成资源来理解。如果把景观规划设计理解为一个对任何有关人类使用户外空间及土地问题的分析、提出解决问题的方法以及监理这一解决方法的实施过程，而景观设计师的职责就是使人、建筑物、社区、城市及人类的生活与地球和谐相处。那么从本质上说，景观规划设计就应该是对户外空间及土地的生态设计，生态原理是景观设计学价值观的核心。因此，尊重场地、恢复场地中的自然生态过程、少用辅助能源、利用生态系统的自我组织功能而形成了一种综合的"栖息环境"。这种栖息环境具有丰富的层次和组织结构，能自行生长、成熟、演化，并能抵御一定程度的外来影响，即使遭到破坏，也有能力自我更新、复生。这意味着人工的低度管理和景观资源的永续维持，利用此方法可以实现人与自然的和谐共处。无论是后工业景观规划设计，还是其他景观规划设计，都应遵循可持续发展的生态价值观（见图11-1）。

　　城市工业遗产景观的更新设计，是人类对其整体生态系统中各景观元素主动进行设计和协调的过程。优化地解决整体生态系统的各种问题，是这个时代景观规划设计的最终目的。因此，对于规划为绿地的工业遗产地，我们要树立可持续发展的生态价值观，尽量尊重场地上的景观特征，规划设计时不对场地做大的改动，保留场地中重要的文化特征。工业残骸也好，铁轨也好，烟囱也好，这些都记录着工业场地的历史，承载着工业场地的发展演变，因此，我们应给予其尊重。应保护场地中自然生长的野生植被，建立"栖息环境"以获得场地的自我恢复能力，形成场地中能量的自我维持和废弃物的再利用，重建正常的水文循环系统。恢复场地的自然生态系统，建立综合的"栖息环境"，使得场地能够逐渐走向自然发展、生态自我恢复的过程。

图11-1　北京798艺术区

二、工业遗产景观的美学价值观

建立可持续发展的美学价值观，就意味着在城市工业遗产景观的更新设计过程中，艺术形式是规划设计的手段而不是规划设计的终极目标。也就是说，只要能够满足规划设计的需要，能够帮助城市工业遗产景观更新，能够解决场地艺术形式问题，我们均可采用。

景观规划设计

现代艺术的发展为城市工业遗产景观的更新设计提供了重要的设计思想和灵感，丰富了城市工业遗产景观更新设计的理念和手段。它将工业遗产转换成充满艺术气息的空间，重新解释了工业遗产景观的含义。构成主义，它彻底申明了雕塑作为三维空间艺术的要点在于空间而非体量，其成就突出反映了工业、科技观念向艺术的介入；它引导了一种崭新的价值观——工程技术建造所应用的材料、所造就的场地肌理、所塑造的结构形式，像如画的风景一样能够打动人心。而达达艺术则完全不同，它的重要性在于一种精神状态，任何存在的东西和人为的东西都是艺术，艺术可以是愉悦的、厌烦的、粗野的、甜蜜的、危险的、悦耳的、丑陋的，生锈的高炉、废弃的厂房、停产的设备、荒芜的土地都可以提升为艺术。对于出现的极简艺术，它追求抽象、简化、几何秩序，使用工业材料，在审美趣味上具有工业文明的时代感，采用现代机器生产中的技术和加工过程来制造作品，崇尚工业化的结构。这些观念和手法都不同程度地与工业弃置地的物质与形态构成要素相切合。随着极简艺术开始走出画廊、走向社会，一种新的大尺度的艺术形式——大地艺术开始崭露头角，它以过程的体验来表现时间这种不可视的非物质空间，以瞬间的消逝来表达对传统艺术的叛逆。大地艺术与极简艺术一样，一方面，从思想上潜移默化地影响着人们的社会意识、生态观念和自然观念；另一方面，造型语言为设计提供了丰富的借鉴，从思想上和实践上都为城市工业遗产景观的更新设计提供了丰富的源泉。

三、工业遗产景观的文化价值观

城市工业遗产景观规划设计，在某些方面表现出人们对多元化设计的追求，对历史价值、基本伦理价值、传统文化价值的尊重。在城市后工业公园中，最触动人心、具有强烈视觉冲击力的是工业遗产。这些厂房环境诉说着场地上辉煌的工业历史，记载着一段灿烂的工业文明，正是由于它们的存在，才使得这块工业遗产地的文脉得以延续。被保留的工业遗产设施，大多通过精心设计和转换得到了再利用。这些工业建筑物、构筑物、设备设施，不仅成为场地的工业景观，更是一个城市中"回忆过去的地方"。因此，对于规划为绿地的工业遗产地，我们要树立可持续发展的文化价值观，正确认识工业遗产地的历史文化价值，承认并接受它。工业遗产地不可再成为城市建设的牺牲品，它完全可以做到可持续发展，改造再利用。城市的记忆应该是连续的、多样的，城市不可失去工业记忆和工业文明的魅力，失去历史文化发展的积淀。城市后工业公园，作为利用工业遗产景观进行规划设计的一种新的景观类型，它可以利用景观的语言来承载城市工业文明的记忆、工业场所的精神，使得这块工业遗产地的文脉得以延续（见图11-2）。

图11-2　山东淄博古窑村规划设计图

第三节　多学科方法的综合运用

一、多学科合作法

针对工业遗产地的改造设计，有两类不同专业的专家、学者独立而富有成果地从事土地更新和再利用的研究：一类是环境和土木工程师；另一类是日益增长的场地设计师，包括景观师、建筑师、城市规划师和城市设计师。大量的科学研究机构不断创造新的环境技术，并且付诸实践，在场地污染处理、绿色技术应用、水循环系统和植被的适应性种植等方面为景观设计师提供了技术保障。另外，景观设计师通过不断更新的设计理念，为城市工业遗产地的景观再生提供了更加广阔的可能性、丰富的表现形式以及工程师和艺术家参与的舞台，从而使得后工业景观实践日益呈现出多学科、多专业参与协作的特点，这也将城市工业遗产景观的更新设计提升到了一个前所未有的高度。

要更好地完成此类项目，就需要有多学科背景人员的设计团队和多学科合作方法的加入，这样可以在一定程度上避免进行项目时单一学科的片面性，并且能为项目的顺利展开提供新的思考角度和技术保障。首先，需要邀请环境工程背景的专业人员加入，或与当地环境监测中心合作，对场地进行专项调查，明确土壤的污染程度和污染类别，以便有针对性地采取相应的措施和选择相关的乡土树种；其次，需要有建筑学背景的专业人员加入，开展对工业厂房等工业遗产的调查，根据调查结果确定工业遗产的价值，共同讨论其功能定位并提出具体的改造措施；最后，需要生态专业、水利工程专业、环境能源专业、植物专业技术人员等的加入，也可根据场地的不同，通过确定需要合作的人员或确定相关的单位来获取有关资料，以保证项目的成功。多学科、多专业合作开展的前提取决于项目决策者能力和水平的高低，他们需要明白自己想要什么，弄清往哪个方向努力，以及如何使各学科人员紧密合作以实现最终的规划设计目标。

二、场地分析法

分析法又称态势分析法，即对内外部环境进行分析，包括与研究对象密切相关的各种主要内部优势因素、弱势因素、机会因素和威胁因素。其中，内部因素主要用来分析内部条件，着眼于企业的自身实力及其与竞争对手的比较；外部因素主要用来分析外部条件，强调外部环境的变化及其对企业可能的影响，如政治、经济、社会文化及技术产业新进入的威胁和替代产品的威胁等。分析法是哈佛大学商学院的企业战略决策教授安德鲁斯（个别观点认为该思想最初由安索夫提出）在 20 世纪 60 年代提出来的。分析法的大致步骤是通过分析企业内部和外部环境来绘制矩阵进行策略组分析。分析法由于具有简便易行、直观实效的优点，近年来越来越受到规划界、旅游界的专家、学者的青睐。

在今天的中国，仍需要特别强调分析法，应该说它是中国的景观规划设计从经验到科学转变所采用的一种有效的实践途径，它提供了一个吸引更多学科介入的平台。通过景观规划设计来进行工业遗产改造，场地本身涉及的问题比较复杂，如工业废弃物、土壤污染等，因此对于城市工业遗产景观的更新设计来说，理性主义方法显得尤为重要。场地的内部因素优势和劣势分析包括场地现状用地分类，如何在图纸上表达、分析的意义、场地竖向现状、现状绿地植被情况等，以及现状景观各元素汇总分类（见图 11-3）。

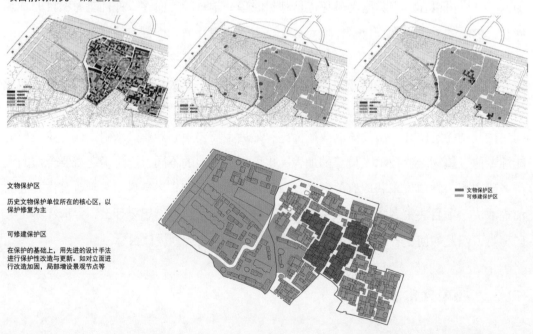

Project Background: Conservation Area Zoning
项目前期研究　保护区分区

文物保护区

历史文物保护单位所在的核心区，以保护修复为主

可修建保护区

在保护的基础上，用先进的设计手法进行保护性改造与更新。如对立面进行改造加固，局部增设景观节点等

文物保护区
可修建保护区

　　　　　　　　　　　　景观规划设计

Regeneration Strategies: Circulation Layout
保护规划策略　项目旅游交通梳理

在保留和更新古窑村村落肌理的
前提下，考虑未来旅游发展对道
路交通的需求

通过规划旅游交通的设计理念：

1. 明确旅游交通节点
——城市主干路与景点重要节点
设置主要交通节点

2. 合理规划停车场位置和数量
——古窑村周围设置3个停车场

3. 合理串联不同功能区与景点
——通过规划旅游道路衔接南部
大师村与东部美陶中心与古窑村
的旅游线路

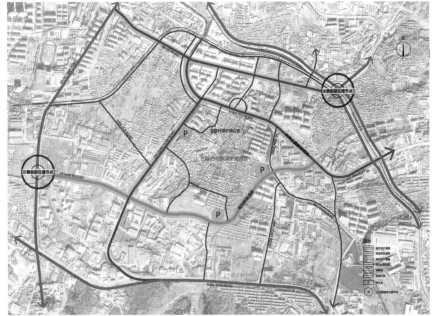

Regeneration Strategies: Development Strategey
保护规划策略　　项目战略概念

通过对项目基地现状和地域人文的分析，古窑村现存不同年代的房屋破损程度不
同，部分房屋几乎丧失原貌成为危房，有的房屋保护完整，具有高度保护价值，因
此需要分片区有针对性地加以保护

建筑不像文物文玩可以放置在博物馆里束之高阁来保护，建筑的保护需要面向社
会，迎合时代潮流，使之历史文化价值在当代发挥作用。古窑村的保护要迎合博山
旅游文化产业的发展，让其文化价值为当地的文化事业和旅游事业增光添彩。由于
历史传统原因（私搭乱建、过度修盖），现状建筑巷道行走十分不便，巷子狭窄而
且闭塞，这种现状极不利于游览和未来功能的组织

基于以上分析，保护规划通过三个环环相扣的步骤来进行。1. 通过疏通核心来拓宽
和疏通道路，来划分保护片区。2. 通过开发边缘来纳入完善的社会服务功能，为其
焕发生机提供基础。3. 通过激活核心来带动整个古窑片区的发展，借机引入整合社
会资源，全面保护开发古窑村，让古窑村成为山东乃至全国古村落保护的文化名片，
并带动博山陶琉产业、文化旅游、地产开发成为新的经济增长极

· 疏通核心
· 开发边缘
· 激活核心

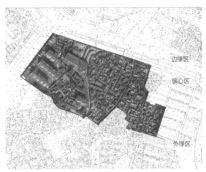

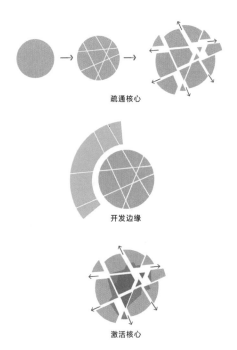

疏通核心

开发边缘

激活核心

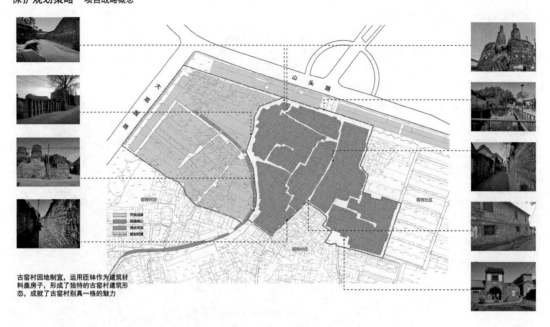

古窑村因地制宜，运用匣钵作为建筑材
料盖房子，形成了独特的古窑村建筑形
态，成就了古窑村别具一格的魅力

图11-3 山东淄博古窑村规划分析图

场地的外部因素机遇和威胁分析包括分析场地历史沿革和时代背景，即分析不同历史发展时期的场地发展情况；分析区位、功能定位，即在现阶段处于一个什么样的情况之中。对于城市工业遗产景观的更新设计，除了正常的场地调查外，还有两点需要特别提出并进行专项调查，一是土壤的污染状况，二是工业厂房、工业遗产可能成为工业遗产地的调查分析主要数据，两者均需要提供详细的说明报告。

三、鱼骨图法

鱼骨图是由日本管理大师石川馨先生发明的，故又名石川图。鱼骨图法是一种发现问题"根本原因"的方法，它也可以被称为因果图法。鱼骨图法原本用于质量管理领域，是一个用来分析有许多相关原因的复杂问题、找出问题的所有原因的创新方法。它将量化困难的、复杂的定性问题（如人们主观感受等）逐步量化，并且对人们所做判断的一致性程度进行统计分析。此方法要求项目组负责人有丰富的指导经验，在整个过程中，负责人应尽可能地为工作组成员创造友好、平等、宽松的讨论环境，使每个成员的意见都能得到完全表达。鱼骨图法是能够体现人的大脑对复杂科学检验的实用决策方法，充分反映了人们思考问题的方式。鱼骨图因形如鱼骨而得名，其作图过程一般如下：由问题的负责人召集与问题有关的人员组成一个工作组，该组成员必须对问题有一定深度的了解；问题的负责人将拟找出原因的问题写在黑板或白纸右边的一个三角形框内，并在其尾部引出一条水平直线，该直线即为鱼脊；工作组成员在鱼脊上画出与鱼脊成 45°角的直线，并在其上标出引起问题的主要原因，这些直线即为大骨；对引起问题的原因进一步细化，画出中骨、小骨等。鱼骨图不以数值来表示，而是通过整理问题与它的原因的层次来标明关系，因此能很好地描述定性问题。鱼骨图的实施是对复杂问题的分解过程。在对城市工业遗产景观的分析中，可充分运用鱼骨图法。首先确定鱼脊，即场地要解决的重大问题，其直接影响着场地的成败，但此类问题相对较大、较空泛；其次确定中骨和小骨，即重大问题下包含的具体矛盾和具体矛盾下的具体问题；最后，根据具体问题进行分类解决。这样可以针对场地的核心关键问题给出解决策略，将定性问题转化为定量问题来解决。

四、案例分析法

对景观学、建筑学等实践性较强的学科来说，分析优秀案例，及时总结好的设计方法和具有前沿性的理论实践，对于学科的发展和所做项目的合理实施有着至关重要的作用。西方城市工业遗产景观的更新设计经过近半个世纪的实践和经验总结，已经具有自身的原则方法和生态性的尺度。它强调工业遗产的价值、人与自然的和谐，强调社会公平、尊重生命和可持续发展，强调场所精神和人内心的愉悦，这些越来越清晰地成为构成城市工业遗产景观更新设计价值体系的基石。从美国西雅图煤气厂公园到德国北杜伊斯堡景观公园，其实践中所包含的人文关怀价值在不断地发展。每个优秀的设计都是美学、社会、生态三个价值领域的平衡和综合，而不仅仅是图案化的形式或者功能的简单满足。因此，分析国外的城市后工业公园作品，分析其产生背景、现状问题、相应的规划设计方法和先进技术，对于我国此类项目的发展具有积极作用。

第四节　工业遗产景观的规划原则

城市更新中产生的大量工业废弃建筑，是城市建设的文化资源，是今天城市发展的源泉和养分，它包含着建筑空间丰富多彩的内涵。我们应该运用更多的理性思维来探索这些建筑、空间和环境本身的魅力，发掘其优秀的文化。在继承的基础上发挥创造性思维，将其改造再利用。因此，在工业遗产景观改造设计中，研究和了解现有建筑的基本状况，探寻建筑空间的逻辑关系，挖掘建筑蕴涵的文化特色，在改造设计中坚持尊重本体建筑、形式与功能相匹配、综合平衡以及绿色和生态的原则是改造设计成功的关键。

一、尊重本体建筑的改造设计原则

尊重本体建筑的改造设计原则是指在工业遗产景观改造再利用的过程中，尊重原有建筑的历史和空间的逻辑关系以及建筑的体量关系、空间特点、结构体系等。对于那些具有历史文化和艺术价值的工业遗产景观的改造设计，应该尊重工业遗产建筑的历史文化气息、空间秩序、形态及建筑风格。

二、形式与功能相匹配的改造设计原则

形式与功能相匹配的改造设计原则是指改造设计在满足新功能要求的前提下，做到结构上合理、经济上可行、维护上方便，从而使新的使用功能与建筑原有空间形式之间相互匹配。

三、综合平衡的改造设计原则

城市的和谐发展除了要有良好的物质环境外，社会环境的自由和公正以及经济的持续繁荣也是至关重要的。国外大量工业遗产景观的改造设计在很大程度上都担负着发展经济的任务。因而，工业遗产景观的改造再利用是为了使其在完成一个历史阶段的使命后重新焕发新的活力，并且通过建筑自身的良性循环带动经济的发展，实现整个地段的复兴。因此，我们对待工业遗产景观改造再利用一定要本着综合平衡的原则，不能简单地从经济角度考虑，而应该将其放在综合比较的天平上，分别以经济、社会、文化、生态等砝码去度量。

四、绿色和生态的改造设计原则

绿色和生态的改造设计原则是指在工业遗产景观改造再利用的过程中，在材

料的选择、空间形式的变更及细部设计等方面体现可持续发展的思想，体现绿色和生态的理念。例如改造设计中需要进行材料变更，结构加固时可采用生态的、无毒的、可循环再生的材料来代替原有的材料，或者在现有结构上喷涂无毒的环保型涂料，结构选择时可采用寿命较长的钢结构等。绿色和生态的改造设计原则是建筑活动的基本准则，也是工业遗产景观改造再利用必须遵循的基本原则。

第五节　工业遗产景观的规划设计

一、空间重构

工业遗产公共空间是场地开放性景观的重要组成部分，不同的条件会形成不同的公共空间。空间氛围的营造对物质条件的依赖程度很高，构成空间的要素一旦改变，空间感知状况将随之发生明显的变化。公共空间也是创意人员工作和休息的主要场所，空间的舒适度关系到使用者最终能否融入创意氛围之中，还关系到能否将工业遗产的自身价值转嫁到使用者身上。公共空间主要包括室外公共空间、内庭院、室内公共空间。工业建筑的主体空间多为大跨度、空旷、开敞空间，辅助用房为单层或多层建筑，空间单一、机械，缺乏近人尺度。改造过程中需通过对空间形态的重构来满足适应工业遗产新功能的需求，同时营造出内容丰富、近人尺度的内部空间和平等开放、灵活多样的室外空间。室内空间"化整为零"，室外空间"化零为整"，空间形态和功能是使用者最直接接触和感受的物质形态（见图11-4）。影响公共空间的主要要素有空间尺度、空间形态、空间界面、空间联系等。工业遗产园中的空间主要有三种功能：创作、交往和放松。

1. 创作

创新是创意产业的核心，创意阶层的思维特点决定其需要的空间要具有可塑性、创意性、多样性。创意工作者多数时间需要独立的思考，但又不能完全隔绝、闭门造车，交流与协作成为思考后的必要环节，不同思维风暴的碰撞、交织、融合并最终衍生出更好的创意，这就是团队协作的过程。公共空间为团队协作提供场所，使灵感的交流成为可能。

2. 交往

交往空间根据情境的不同分为正式与非正式两种。正式交往空间包括会展中心、

图11-4　上海1933老场坊建筑空间重构

培训中心、展示空间、研讨空间等，要求较大的室内空间尺度以及较正式的筹划和布置，为创意工作者与创意工作者之间、创意工作者与非专业人士之间提供适宜的互动交流空间。非正式交往空间的种类有很多，包括工业遗产园中常有的特色餐厅、咖啡屋、酒吧、书吧等小型休憩场所，以及广场、平台、庭院，甚至是台阶，都可以成为户外交流的空间。这类交往空间轻松、自由、积极，交流的内容不限、范围广阔，许多最新的、超前性的信息和经验可以通过此种方式为人所了解并得以有效传播。

3. 放松

创意工作者的工作不同于普通的体力劳动，高强度的脑力活动、巨大的压力都常常使创意工作者深陷问题之中而无法自拔，精神疲惫不堪，工作效率下降。公共空间是创意工作者得以从工作中暂时脱离的场所，在这里可以进行短暂的凝思、冥想、发呆、打盹，使紧绷的心弦得以暂时缓解。

二、道路系统设计

道路系统是园区交通流线的规划引导者，影响道路环境的景观元素主要包括路网、线形、横断面、建筑、绿化、铺装、照明、小品等。作为工业遗产园的水平界面道路系统，它隶属于外部公共空间，但其自身的功能特点使其在整个园区的规划设计中又肩负着贯穿、连接、整合园区的重要角色。创意园中的道路系统并不是作为交通系统而单一存在的，一般与标识系统、给排水系统、灯光系统、休憩设施等共同构成园区的景观复合系统。这些景观元素之间是相对独立的，并在不同程度上影响道路景观的美学质量；同时各景观元素之间又是互相影响、互相作用的，它们共同作用于道路景观的美学质量。

三、景观小品设计

景观小品是景观的重要组成部分，通常它的数量不会很多，但却是画龙点睛之笔。人是景观小品的使用主体，人设计并创造了景观小品，景观小品又以自身的功能与美学特征反作用于人，使人感知它的意义与价值。人与景观小品之间具有双重性特征，两者之间相互作用、相互感知、相互认同。景观小品应以恰当的方式对人进行引导，合理有效地展示其自身的内容、艺术价值、实际意义等，使人通过简单、有效的方式与其产生共鸣（见图11-5）。

图11-5　上海红坊创意园小品

四、标识及导向系统设计

标识设施具有很强的引导作用，包括导游图、指示牌、广告牌、展示橱窗、展台等。标识设施的体积往往较小，但却是信息传达的有效途径，是创意园中必不可少的要素。对于游览的人来说，通过它可以正确判断自己的位置，并且寻找到想到达的目的地；对于生活和工作在这里的人来说，它是宣传、展示和发布信息的有效途径。标识设施的样式因为园区的要求而各有不同，在工业遗产类创意园中，标识设施往往作为景观小品的组成部分而进行统一设计。在场所环境中，标识及导向系统根据功能的不同可大体上分为两类：一类是场所识别标识系统；另一类是空间导向标识系统。空间导向标识系统是将场所环境的三维展示平面化，也可看作场所环境中的引导者。空间导向标识系统主要有两种：一是对各个空间、场所的名称、内容或概况的介绍；二是对空间在园区中所处方位的指示（见图11-6）。

图11-6 上海八号桥创意园

五、植物配置

植物是景观中必不可少的设计要素，也是景观设计与建筑设计的最大区别所在。景观设计是软质的绿色设计，而建筑设计则是硬朗的物质设计。植物在景观中所占的地位不低、比例不小，它是景观的基底，是所有要素中唯一具有真正生命的材质。植物具有空间性和景观性两种功效。空间性是指植物在空间的围合、限定、组合与营造上所具有的作用，使空间形成所需要的空间序列方式和视觉序列形式，植物在此起到围合、连接、控制开放与私密程度的作用。景观性是指植物要素作为主景、配景或背景，在景观的样式、空间氛围、场景塑造上所起的作用，使人们对空间产生一定的心理感受与行为反馈。而植物个体或群体所展现的特性，是植物的空间功能和景观功能实现所依赖的基础。其中，植物个体的高度、枝叶疏密度，群体组合的植株数量、密度、配置方法等，对植物空间性的影响较大；而植物群体的密度、组合形式，个体的颜色、肌理、长势、形态等特性，对植物景观性的影响较大。同时，植物通过自身的形体、质地、色泽、季相变化、气味等影响场地的空间形态和氛围，通过色彩、气味等影响观赏者的感官和心理反应，并产生微妙的感知变化和情感联想。

六、景观构筑物设计

工业遗产园内的景观构筑物是园中的特色元素，往往体现了工业遗产的历史及现今的产业内容。工业遗产园内的景观构筑物根据原材料的来源可分为旧材料旧形式、旧材料新形式、新材料旧形式、新材料新形式。旧材料旧形式是复古风的首选，是指利用原有工业遗址内工艺精美的构筑物，经过简单的加工处理，恢复其历史风貌甚至更沧桑的形象。旧材料新形式是指利用原有工业遗址内的材料，经过较大的加工改动，重塑新的艺术形象，作为装置艺术而重新出现在世人面前。新材料旧形式是指利用新型材料，重塑旧工业时代的某些标志性的场景，给人一种模糊的、似曾相识的感受。新材料新形式是指通过前卫的艺术手法，利用最新的材料，展现当前流行的设计理念，为新的理论、方法等提供展示的机会。

七、水体设计

水景如同一面镜子，折射着过去与未来。在工业遗产园里加入水景的元素，往往可以起到画龙点睛的作用，这个柔性的景观要素可以缓解工业大型建筑过度硬朗的形象，缓冲过大的力度，起到刚柔并济的作用。水体能够简洁并有效地提升景观品质，利用人的亲水性，拉近人与建筑的距离，使冰冷的工业建筑不再陌生。水体根据形态可分为静水和动水两种类型。静水给人以安静感、稳定感，令人遐想、沉思，适于思考，它宁静、祥和的外表下却蕴藏着丰富的意境和无限的生命力。人具有亲水性，对于环境中的水体最为敏感。"水，具有灵动、清澈、纯净的特质。这种流动的透明物质，常常能带来圣洁之感。"水体有不同的张力、边际、形态，可带给人不同的视觉享受和心理暗示。正因为水体的可塑性强，人们把自己不同的情感和理想寄于其中，又在其中得到丰富的精神反馈。

中山岐江公园

岐江公园是在广东省中山市粤中造船厂旧址上改建而成的主题公园，引入了一些西方环境主义、生态恢复及城市更新的设计理念，是工业旧址保护和再利用的一个成功典范。岐江公园位于中山市区中心地带，东临石岐河（岐江），西与中山路毗邻，南依中山大桥，北邻富华酒店，东北方向不远处是孙文西路文化旅游步行街和中山公园，再往北一点就是逸仙湖公园。岐江公园于 2001 年 10 月建成，曾获得 2002 年度美国景观设计师协会年度荣誉设计奖、2003 年度中国建筑艺术奖、2004 年度第十届全国美展金奖和中国现代优秀民族建筑综合金奖。2009 年，岐江公园再次凭借其独特的设计从美国旧金山捧回了 2009 年度城市土地协会全球卓越奖。

岐江公园的总体规划面积为 11 hm²，其中水体面积有 3.6 hm²，建筑面积有 3 000 m²。岐江公园合理地保留了原场地上最具代表性的植物、建筑物和生产工具，运用现代设计手法对它们进行了艺术处理，诠释了一片有故事的场地，将船坞、骨骼水塔、铁轨、机器、龙门吊等原场地上的标志性物体串联起来，记录了船厂曾经的辉煌和火红的记忆，形成了一个完整的故事（见图 11-7 和图 11-8）。

主 要 景 点

岐江公园内一些主要的景观、装置和建筑包括琥珀水塔、骨骼水塔、"红色记忆"、中山美术馆等（见图 11-9 和图 11-10）。

1. 琥珀水塔位于岐江边上的榕树岛上，由一座有五六十年历史的废旧水塔罩上一个金属框架的玻璃外壳组成。设计者认为该水塔如同一个古世纪的昆虫被凝固在琥珀之中，所以将其命名为琥珀水塔。该水塔顶部的发光体接收太阳能后在夜晚发光，灯光与水塔成了构成岐江夜晚的一景，还起到了引航的作用。

2. 骨骼水塔是位于岐江公园中间的另一座水塔。最初的设计是将一座废旧水塔剥去水泥后，剩下钢筋留在原处，设计者认为这就如同世界上的人，无论男女、贵贱，最终都将归于一副白骨。不过由于最初的设计中原水塔结构存在安全问题，因此不能得到成功处理，最终用钢按原来的大小重新制作而成。

3. "红色记忆"是一个装置艺术作品，由一个红色的敞口铁盒围成，内有一潭清水，它的一个入口正对着岐江公园的入口，而两个出口则分别对着琥珀水塔和骨骼

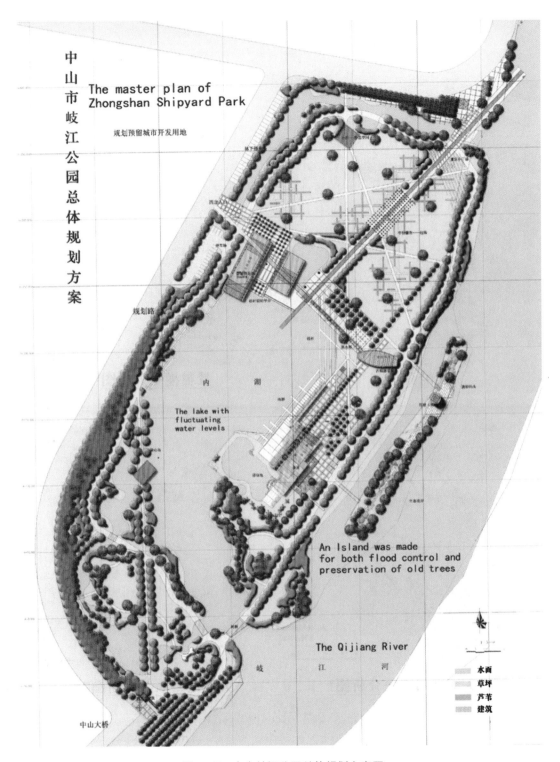

图 11-7　中山岐江公园总体规划方案图

资料来源：俞孔坚，庞伟：《足下文化与野草之美——产业用地再生设计探索，岐江公园案例》，中国建筑工业出版社2003年版

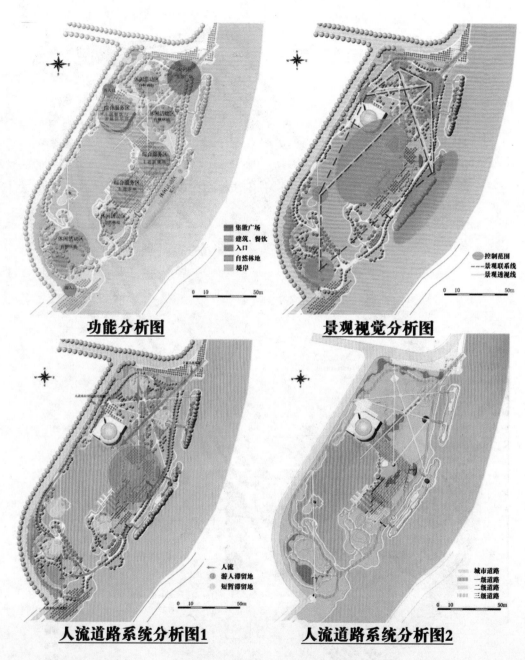

图 11-8　中山岐江公园规划分析图

资料来源：俞孔坚，庞伟：《足下文化与野草之美——产业用地再生设计探索，岐江公园案例》，中国建筑工业出版社 2003 年版

　　　　　　　　　　　　　　　　　　　　　　　　　　　景观规划设计

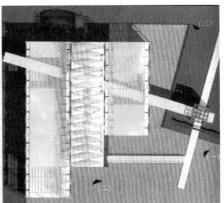

图11-9 中山岐江公园规划设计图

资料来源：俞孔坚，庞伟：《足下文化与野草之美——产业用地再生设计探索，岐江公园案例》，中国建筑工业出版社2003年版

图 11-10　中山岐江公园实景

水塔。设计者的构思来源于粤中船厂所经历的那个革命年代，并想通过热烈的红色让人们联想起"革命不是请客吃饭"这一名句。

4. 中山美术馆是岐江公园的主体建筑，有两层楼高，建筑面积为 2 500 m²。该馆的外形设计也是采用工业元素为主题，与岐江公园一脉相承。该馆的外墙立柱采用柠檬黄色的水泥立柱，上架铁青色的工字钢钢架，并用大幅的落地玻璃镶嵌其中，整个设计如同一个工厂车间。

公 园 特 色

1. 承载着当地市民的过往回忆是岐江公园的第一个特色。岐江公园场地为粤中造船厂旧址。至今，厂内仍遗留着不少造船厂的旧厂房和设备。粤中船厂经历了中国工业化进程艰辛而富有特殊意义的历史沧桑，以及特定年代和那代人艰苦的创业历程，已沉淀为真实和弥足珍贵的城市记忆。那些驻足在岐江公园内旧厂房、设备、树木前的中老年人久久不愿离去，可能正是那曾经熟悉的船坞、车间、灯塔、龙门吊让他们倍感亲切，引发了他们对如烟往事的回顾和无尽的怀想……这种让人感受到不同于其他城市的中山地域文化韵味，正是岐江公园成功的重要因素之一。

2. 历史特色和现代性交融是岐江公园的第二个特色。岐江公园以原有树木、部分厂房等为骨架，采用原有船厂的特有元素（如铁轨、铁舫、灯塔等）进行组织，反映了历史特色，同时又采用新工艺、新材料、新技术构筑部分小品及雕塑（如孤囱长影、裸钢水塔和杆柱阵列等），形成新与旧的对比、历史与现实的交织。以公园路网的设计为例，该路网采用若干组放射性道路组成，既不同于中国传统园林的曲线形路网，又有别于西方园林规整的几何图形路网，手法新颖，别树一帜。由此可见，岐江公园在设计上既有新意又具内涵，既能反映中山工业化进程的历史，又具有现代社会的特征，使得岐江公园充分体现了自己独特的个性。

3. 亲水和保护生态是岐江公园的第三个特色。岐江公园内保留了岐江河边原有船厂内的大树，保护了原有的生态，采用绿岛的方式，以河内有河的办法来满足岐江过水断面的要求，这样既满足了水利要求，也为园内增加了古榕新岛。岐江公园还较好地处理了内湖与外河的关系，将岐江景色引入园内。尤其值得称道的是，岐江公园不设围墙，巧妙地运用溪流来界定内外，使得公园与四周融洽、和谐地连在一起。亲水是人的天性，这条水流的设计正是要让人们尽情挥洒人之天性。

拓展阅读 >>>

文 脉 主 义

文脉主义形成于美国，受 20 世纪 60 年代的历史保护运动推动而产生。以康奈尔学派为代表的、着重于"含义论"的文脉主义，一时成为人们讨论的焦点。20 世纪 70 年代，文脉主义传播到欧洲并开始普及，代表性的有英国伦敦学派。作为建筑学领域的用语，"文脉"的一层含义是关注的标准为组织的构造，即从地形、街道等空间特征到城市中建筑的位置、样式的整体特征之间的相互关系。"文脉"的另一层含义是将信息作为"符号",关注它的有效范围,它是指人从建筑形态中感受到的象征作用。

上述两点,得到了语言学、心理学理论成果的支撑。丹麦心理学家将人们的知觉过程中有关对象的"周围"作为"底",并且对其进行了语义上的区分。因此,格式塔心理学的重要理论——"图底"关系理论,被用来解释建筑与城市街道、广场的平面关系。语言学家戈特洛布·弗雷格首先提出"文脉"这一用语。在信息的传递中,信息的接收过程即语言学里"代码""文脉"的提取与补充过程。在建筑造型上,这一理论被引用来理解对历史形式的提取与修补。

文脉主义是后现代主义理论的重要组成部分,文脉主义者认为城市在历史上形成的文脉应是建筑师设计的基础,它展示着特定场所的识别性。在城市方面,注重城市文脉,即从人文、历史的角度先研究群体,再研究城市,强调特定空间范围内的个别环境因素与环境整体应保持时间和空间的连续性以及和谐的对应关系。文脉主义将不完善的、过程中的建筑形式和谐地安置在自然环境、历史环境或人工环境之中,以使建筑反映出它所在地段的历时性。文脉主义并非照搬传统或历史,对历史和自然文脉的理解与表现应该是创造性的,使常见的要素以隐喻、象征、片断联想的方式得到物质和历史文脉的双重解释,从物理上表现出这种新的解释下的文脉。"各个部分、各种式样及辅助系统都用于新的创造的综合之中",这就是文脉主义开放、诚恳的态度。从某种意义上来说,现代派建筑艺术和城市规划的失败,就在于它们缺乏对城市文脉的理解,过分强调了对象本身,而忽视了对象之间的脉络,过分强调了从里向外的设计,而忽略了外部空间向建筑物内部的过渡。

在罗伯特·文丘里(Robert Venturi)著的《建筑的矛盾性与复杂性》一书中,他对建筑部件的功能主张"既可以……也可以……"的多重功能的肯定。其代表作Guild House Philadelphia,是"化学"的文脉主义。由鲍尔斯(Julia Bowles)和威尔松(Peter Wilson)共同设计的明斯特市立图书馆,与周围建筑融为一体,将建筑划为更大城市的一部分。理查德·迈耶(Richard Meier)的建筑纯净,但并非有意与所在地周围的建筑对抗。1969年,迈耶设计的Twin Parks Notheast集合式住宅,保持了城市尺度外围街道模式,同时在平面形态上,三栋建筑之间互相围合广场,与城市相接。

一、工业遗产景观规划设计的类型有哪些?

二、当代工业遗产景观规划设计的主要原则有哪些?

三、简述不同类型的工业遗产景观规划设计的主要设计手法。

四、结合当代特色的工业遗产景观规划设计案例,简述其主要创新点。

五、思考工业遗产景观规划设计的未来发展趋势。

参考文献

［1］伊恩·伦诺克斯·麦克哈格. 设计结合自然［M］. 芮经纬，译. 天津：天津大学出版社，2006.

［2］罗伯特·文丘里. 建筑的复杂性与矛盾性［M］. 周卜颐，译. 北京：知识产权出版社，2006.

［3］约翰·O. 西蒙兹，巴里·W. 斯塔克. 景观设计学：场地规划与设计手册［M］. 朱强，俞孔坚，郭兰，等译. 北京：中国建筑工业出版社，2019.

［4］汪辉. 园林规划设计［M］. 南京：东南大学出版社，2018.

［5］龚苏宁. 中国旅游地产开发模式创新研究［M］. 南京：东南大学出版社，2018.

［6］蔡志昶. 生态整体规划与设计［M］. 南京：东南大学出版社，2014.

［7］俞孔坚，土人设计. 2010 上海世博园：后滩公园［M］. 北京：中国建筑工业出版社，2010.

［8］上海市规划和国土资源管理局，上海市城市规划设计研究院. 上海郊野公园规划探索和实践［M］. 上海：同济大学出版社，2015.

［9］奥斯瓦尔特. 收缩的城市［M］. 胡恒，史永高，诸葛净，译. 上海：同济大学出版社，2012.

［10］霍尔. 明日之城［M］. 童明，译. 上海：同济大学出版社，2009.

［11］刘易斯·芒福德. 城市发展史：起源、演变和前景［M］. 北京：中国建筑工业出版社，1989.

［12］简·布朗·吉勒特. 彼得·沃克［M］. 大连：大连理工大学出版社，2006.

［13］里尔·莱威，彼得·沃克. 彼得·沃克的极简主义庭园［M］. 王晓俊，译. 南京：东南大学出版社，2003.

［14］诺伯格·舒尔茨. 场所精神：迈向建筑现象学［M］. 施植明，译. 武汉：华中科技大学出版社，2010.

景观规划设计

［15］诺伯格・舒尔兹. 存在・空间・建筑［M］. 尹培桐，译. 北京：中国建筑工业出版社，1990.

［16］S.E・拉斯姆森. 建筑体验［M］. 刘亚芬，译. 北京：知识产权出版社，2003.

［17］芦原义信. 外部空间设计［M］. 尹培桐，译. 北京：中国建筑工业出版社，1985.

［18］陈从周. 园综［M］. 上海：同济大学出版社，2004.

［19］陈从周. 说园［M］. 上海：同济大学出版社，2007.

［20］李渔. 闲情偶寄［M］. 上海：上海古籍出版社，2000.

［21］计成. 园冶注释［M］. 北京：中国建筑工业出版社，2006.

［22］童寯. 江南园林志［M］. 北京：中国建筑工业出版社，1984.

［23］童寯. 园论［M］. 天津：百花文艺出版社，2006.

［24］刘敦桢. 苏州古典园林［M］. 北京：中国建筑工业出版社，2005.

［25］杨鸿勋. 中国造园论［M］. 上海：上海人民出版社，1996.

［26］荀平，宋赟，董喆. 城市规划与公众参与［J］. 后勤工程学院学报，2004，20（4）：53-55，71.

［27］王向荣，林箐. 西方现代景观设计的理论与实践：图集［M］. 北京：中国建筑工业出版社，2002.

［28］刘滨谊. 现代景观规划设计［M］. 3 版. 南京：东南大学出版社，2010.

［29］刘滨谊. 纪念性景观与旅游规划设计［M］. 南京：东南大学出版社，2005.

［30］刘滨谊. 景观学学科发展战略研究［J］. 风景园林，2005（2）：50-52.

［31］刘滨谊. 景观规划设计三元论：寻求中国景观规划设计发展创新的基点［J］. 新建筑，2005（5）：1-3.

［32］俞孔坚. 景观：生态・文化・感知［M］. 北京：科学出版社，1998.

［33］俞孔坚. 关于中国工业遗产保护的建议［J］. 景观设计，2006（4）：70-71.

［34］俞孔坚，庞伟. 理解设计：中山岐江公园工业旧址再利用［J］. 建筑学报，2002（8）：47-52.

［35］俞孔坚，李迪华，李伟. 论大运河区域生态基础设施战略和实施途径［J］. 地理科学进展，2004，23（1）：1-12.

［36］朱家瑾. 居住区规划设计［M］. 2 版. 北京：中国建筑工业出版社，2007.

［37］尚金凯，张大为，李捷. 景观环境设计［M］. 北京：化学工业出版社，2007.

［38］肖笃宁，李秀珍. 当代景观生态学的进展和展望［J］. 地理科学，1997，17（4）：355-364.

［39］胡德君. 学造园［M］. 天津：天津大学出版社，2000.

［40］凯文·林奇. 城市意象［M］. 项秉仁，译. 北京：中国建筑工业出版社，2001.

［41］查尔斯·瓦尔德海姆. 都市景观主义［M］. 刘海龙，刘东云，孙璐，译. 北京：中国建筑工业出版社，2011.

［42］阿尔伯特·J. 拉特利奇. 大众行为与公园设计［M］. 王求是，高峰，译. 北京：中国建筑工业出版社，1990.

［43］克莱尔·库珀·马库斯，卡罗琳·弗朗西斯. 人性场所［M］. 俞孔坚，王志芳，孙鹏，译. 北京：中国建筑工业出版社，2001.

［44］俞孔坚，庞伟. 足下文化与野草之美：产业用地再生设计探索，岐江公园案例［M］. 北京：中国建筑工业出版社，2003.

［45］埃比尼泽·霍华德. 明日田园城市［M］. 金经元，译. 北京：商务印书馆，2000.

［46］Scott Shrader. The Art of Outdoor Living: Gardens for Entertaining Family and Friends［M］. New York: Rizzoli, 2019.

［47］夏宜平. 园林花境景观设计［M］. 北京：化学工业出版社，2020.

［48］乔治·路易·拉鲁日，维罗妮克·华耶，伊丽莎贝塔·赛何吉尼，等. 世界园林图鉴：英中式园林［M］. 王轶，译. 南京：江苏凤凰科学技术出版社，2018.

［49］吕圣东，谭平安，滕路玮. 图解设计：风景园林快速设计手册［M］. 武汉：华中科技大学出版社，2017.

［50］朱燕辉. 园林景观施工图设计实例图解：景观建筑及小品工程［M］. 北京：机械工业出版社，2018.

［51］岳邦瑞. 图解景观生态规划设计原理［M］. 北京：中国建筑工业出版社，2017.

［52］俞昌斌，陈远. 源于中国的现代景观设计［M］. 北京：机械工业出版社，2010.

［53］夏宜平. 园林花境景观设计［M］. 北京：化学工业出版社，2020.

［54］罗伯特·布朗. 设计与规划中的景观评估［M］. 管悦，译. 北京：中国建筑工业出版社，2009.

［55］陈丙秋，张肖宁. 铺装景观设计方法及应用［M］. 北京：中国建筑工业出版社，2006.

后　记

　　随着我国社会经济的快速发展，人们不再受物质文化的限制，逐渐将注意力转向精神层面的追求。当代景观规划设计的发展满足了人们在城市建设和环境建设中对美的追求。很多高校开设了景观规划设计相关专业，进行各类设计课程的教学。时代在发展，科技在进步，景观规划设计的方法、内容、技术等也需要与时俱进，相关的教学内容、模式、方法也需要革新。2012年年初，张杰教授初步策划了本教材，前期进行了大量的文献阅读和调研，团队成员一起进行框架和构思讨论，形成基本框架和初步内容，但是受到新冠肺炎疫情的影响，部分调研工作暂缓，团队成员潜心进行内容的深入打磨，之后又经过两年多的不断优化调整，最终形成本教材，望能给景观规划设计方面的教学注入新鲜血液。

　　本教材由华东理工大学艺术设计与传媒学院的博士生导师张杰教授制定总体框架并撰写了第一章至第四章，上海工艺美术职业学院的正高级工艺美术师龚苏宁教授撰写了第五章至第十一章，华东理工大学艺术设计与传媒学院的夏圣雪老师主要对教材的整体框架、图片、文字等进行了总体优化和细节调整，对本教材进行了完善。

　　时光荏苒，岁月如梭。回首撰写的过程，磨炼了意志，积累了经验，最终使得本教材日益成熟。这段经历，将是一份受益终身的财富，将激励着我们不断追求新的发展。由衷地感谢在撰写过程中给予我们帮助的同事、学生和朋友。首先要感谢学校、学院的领导，在他们的支持和不断鼓励下，本教材得以顺利完成，他们对选题、框架、研究方法、研究内容进行了细心教导；感谢华东理工大学出版社的编校同志，她们对文字的表述、引注、标题、图片、结构等内容进行了逐字逐句的斟酌，给予了我们宝贵的意见；感谢撰写过程中给予指导的各位专家和朋友们；感谢相关设计公司在我们进行数据收集、资料整理、访谈、调研时给予的大力支持；同时还要感谢我们的家人给予的大力支持和帮助。

由于时间仓促，收集、整理的资料还不够完善，本教材中的内容难免会存在比较片面、偏颇之处，也难免存在一些错误，敬请各位读者朋友们批评指正，谢谢！

张杰、龚苏宁、夏圣雪

2022 年 9 月 1 日